省级一流专业建设成果

高等学校会计类在线开放课程教材

面向对象程序设计与数据分析编程

C#语言版

Object-Oriented Programming and Data Analysis Coding

C# Language

李山 曾伟 王文乐 邹宏 编著

东北财经大学出版社
Dongbei University of Finance & Economics Press
大连

图书在版编目（CIP）数据

面向对象程序设计与数据分析编程：C#语言版 / 李山等编著. —大连：东北财经大学出版社，2021.12

（高等学校会计类在线开放课程教材）

ISBN 978-7-5654-4384-8

Ⅰ. 面…　Ⅱ. 李…　Ⅲ. C语言-程序设计-高等学校-教材　Ⅳ. TP312.8

中国版本图书馆CIP数据核字（2021）第261328号

东北财经大学出版社出版

（大连市黑石礁尖山街217号　邮政编码　116025）

网　　址：http：//www.dufep.cn

读者信箱：dufep@dufe.edu.cn

大连东泰彩印技术开发有限公司印刷　东北财经大学出版社发行

幅面尺寸：185mm×260mm　字数：512千字　印张：22

2021年12月第1版　2021年12月第1次印刷

责任编辑：王　莹　刘晓彤　责任校对：王　筱

封面设计：张智波　版式设计：原　皓

定价：48.00元

教学支持　售后服务　联系电话：（0411）84710309

如有印装质量问题，请联系营销部：（0411）84710711

前言

虽然面向对象程序设计从提出、发展到成熟已经有60年的历史了，但在作者20多年的程序编写与教学生涯中，越来越发现面向对象程序设计的入门教学不是一件简单的事情。最初认为，面向对象这一贴近人们对世界认知方式的程序设计思想，应该会更容易被初学者接受。但是，教学实践下来发现并非如此，初学者更容易接受的是面向过程的编程方式，例如，用C语言求解一组数据和，或者计算出杨辉三角的数值等。因为这些问题本身相对简单，无需用复杂的面向对象程序思想进行设计。同时，根据认知心理学的研究发现，传统编程方式需要更多的是左脑半球的认知活动，而面向对象程序设计（OOP）则需要全脑活动（White和Sivitanides，2005），这实际上对初学者提出了更高的思维与认知要求。反映到教学实践中，初学者常常会表现出“听课很认真，代码难下手”的现象，尤其是学习类、对象、继承、多态这些抽象概念之后，更是出现“只知概念，不知代码”的现象。为此，作者成立了课题组，从初学者如何学习面向对象程序设计着手，研究学生对OOP的认知特点、OOP传统教学的困境、怎样的教学内容会更好地引导学生学习OOP三个问题。结果发现，以介绍某种面向对象程序语言语法知识为主的传统教学内容，无法让初学者逾越面向对象众多抽象概念与具体代码之间的鸿沟。也就是会出现这样的情形：教师可以很认真地讲授语法知识与概念，学生也能很认真地学习与练习，但无法让学生针对实际问题用OOP的代码加以解决，或者编写出来的代码退化为面向过程的代码。课题组进而思考问题的症结所在，这是由“OOP偏向抽象思维，而初学者偏向解题思维”的矛盾所致。我们面对的学生都是经过十多年小学、初中、高中，再到大学数学课程的学习训练与“熏陶”的，他们更加适应去完成数学中的证明题、应用题。这是由于数学中会通过引入很多定理、公式，按照相对固定的模式完成题目的求解与证明任务。由此联想到，是否能够在OOP中也引入模式化的内容展开教学？众所周知，1995年由Gamma等四人著述的《设计模式：可复用面向对象软件的基础》中就收录了23种OOP的编码模式，但这本书以及书中提到的23种设计模式是只有经验丰富的程序员才能理解和掌握的，非常不适合OOP的初学者。对此，我们提出并设计了一套针对初学者的OOP编码“微模式”，并以学生习惯的数学课程授课内容与方式进行讲授，例如，定义了若干“代码推导规则”，按照这些规则将问题域“推导成”OOP的代码，而不是像“撞大运”一样把代码“凑”出来。通过行动研究范式将这一教学改革措施引入到课程教学活动中，以观察、访谈、问卷调查等方式验证其有效性。在最终的研究结果中，我们发现确实在学生外化知识过程中起到了效果，即学生能够通过这种“微模式”，以“代码推导”的方式正确写出符合OOP范式的代码，并且“OOP概念只是概念而已，与代码无关”的认知也相对减少。

另外，很多高校的信息管理与信息系统、大数据、物流管理、经济统计等专业都开设了“面向对象程序设计语言”课程，甚至目前的会计+大数据、市场营销+大数据等复合专业，也开设了此类课程。但现行的课程教材都是针对计算机科学与技术、软件工程等专业编写的，工科背景相对较强。为此，我们在编写本书的过程中引入了符合经济管理类专业实践的案例与示例，并以通篇案例的形式进行了跨章节编排，以此连贯性介绍OOP的重要核心概念，让读者充分理解这些概念的作用与意义。同时，大数据时代，各行各业都在强调数据科学的重要性，因此我们及时修改了最初确定的书目大纲，专门增设了数据分析编程的章节内容，也是适应了新文科与新工科融合发展的需要。

此外需要说明的是，关于“为什么会选择C#作为OOP介绍的承载语言”，除了考虑C#与.Net平台自身的优势外，还有部分原因是作者从2002年起就从Java转到了.Net平台，并一直从事C#的项目开发与教学工作，对C#的更迭以及.Net平台的演进跟踪至今。因此，作者对C#的OOP有着自己的理解，并愿意发挥自身的优势，将这些知识传递给各位学习者。

1）本书读者

本书第一部分介绍的是编程基础，可以作为编程的起始读物，让没有编程概念的读者能够进入到基本的程序世界。更重要的是第二部分，介绍了面向对象绝大多数的核心编码知识，是作为OOP的入门书籍。但这不仅限于初学者，对于有一定项目编码经验的学习者，也能从中反思OOP的核心概念与代码之间密不可分的联系。而增加的以OOP为基础的数据分析编程内容，可以作为数据处理人员了解数据分析编码原理的参考书籍。

2）本书内容

本书分为两个部分，其中，第一部分以介绍程序设计基础知识为主，包括：第一章绪论，介绍了程序发展史与OOP的基本概念；第二章编写程序，介绍了编程的基本概念，如变量、数据类型、运算符、表达式、语句、代码块、函数等；第三章数据分析编程的基础，介绍了典型的四种集合数据类型、泛型、基本数据操作。第二部分主要是面向对象程序设计，包括：第四章对象、类与抽象性，给出了类、属性、行为定义，以及对象定义、初始化等代码推导规则，并从类的层面、属性与行为层面介绍抽象性特征，该章配以矩阵计算、订单管理、会计科目三个案例；第五章对象之间的关联关系、依赖关系的概念与代码推导规则，该章配以订单业务和会计科目两个案例；第六章继承关系与多态性特征，具体包括继承关系定义、代码推导规则，狭义与广义多态性定义与代码实现技术，该章延续了矩阵计算的案例，并新增了问卷系统的案例；第七章封装性特征，具体包括封装性定义，类、命名空间、程序集三个层面的封装技术，同时介绍了接口编程以及遵循的原则；第八章面向对象的数据分析编程，通过基于矩阵的描述性统计、客户分类分析、产品盈利分析、销售业绩方差分析四个实例，展示数据分析编程的基本原理。

本书由李山、曾伟、王文乐、邹宏编著，具体撰写分工为：华东交通大学经济管理学院李山负责编写第三、四、五、八章，以及全书统稿工作；华东交通大学信息工程学院曾伟负责编写第一、二章，以及所有章节的习题编写；江西师范大学软件学院王文乐负责编写第六章，以及所有代码的测试；江西武警总队医院信息科邹宏负责编写第七章，并审核实例代码。另外，华东交通大学软件学院邓先礼、经济管理学院赵珑负责课件制作与课程资源维护。

3）本书特色

（1）引入“代码推导规则”，以“微模式”弥合初学者在理解OOP概念和程序代码之间的罅隙，让编写代码成为从问题域“推导得出”的过程。

（2）引入“通篇案例，跨章解析”的编排方式，以避免OOP概念之间被章节所割裂，使之成为连贯性的知识体系，并能够让读者明晰OOP概念存在的意图与价值。

（3）引入“OOP的数据分析编程”内容，让大数据时代的各类专业了解数据分析的基本原理，并建立起“数据思维”方式。

（4）强调面向对象的编程范式，重点在于理清OOP的概念，并将整个OOP思想归结为“两个概念、三种关系、三个特征”的学习体系。

（5）规范编码示例，包括介绍各种标识符应遵循的命名规范，以及代码排版格式等。

（6）以OOP介绍为主线，同时注重延伸阅读，并通过二维码形式将延伸阅读的内容导向读者。

4）教学资源

本书的所有代码、PPT、习题答案均可以在“Gitee开源项目”中获取，其相关链接为：https://gitee.com/lishan_work/OOPTextBoookCode。

另外，与本书相关的微课视频与资源，可以通过“智慧树”平台加入“天天三分钟面向对象”课程获取。

5）致谢

本书获得了江西省高等学校教学改革研究课题（JXJG-16-5-30）、江西省一流专业华东交通大学经济统计学专业建设经费资助，并得到了东北财经大学出版社的鼎力支持，在课题组各位同仁以及历届学生的帮助下得以完成。

虽然本书的课题研究成果获得了结题鉴定专家的认可，并评价为优秀，但毕竟是第一次成稿，并且带有作者自身的理解，难免存在偏颇之处，还希望能够得到更多同行的不吝赐教。

编著者

2021年8月

目录

第二篇　面向对象

课程思政元素

“要把思想政治工作贯穿教育教学全过程，充分发挥各门课程的育人功能”。课程思政是当前课程建设中必不可少的环节，是立德育人的关键。本书的课程思政元素设计以习近平新时代中国特色社会主义思想为指导，以社会主义核心价值观为导向，结合面向对象程序设计语言课程教学特点，坚持以马克思主义的科学立场与方法，解决理论与实践问题。通过我国科技发展史、案例分析、延伸阅读等栏目将思政元素自然融入课程内容，以“潜移默化”的方式将先进的技术价值观传递给学习者，全面提高大学生的科学责任感、锲而不舍的敬业精神、职业能力、创新能力、安全法治意识等，以培养德智体美劳全面发展的高素质人才。

面向对象程序设计语言课程的特点是技术性强、工程化、抽象化，相关思政元素由专业知识点展开，将专业知识传授与思政育人有机结合。本书每个思政教学活动都包括专业知识导引、思考与研讨、总结分析与凝练等环节，并将思政元素融入其中。教师可参考表1中的专业知识导引，针对相关知识点，启发学生进行思考与研讨。

表1 专业知识导引与思政元素

序号	专业知识导引	思考与研讨	思政元素
1	计算机发展史	（1）你知道我国的第一台计算机是什么时候，并由谁制造的吗？ （2）为什么要提出面向对象的程序设计语言？	艰苦创业 创新精神
2	数据类型	（1）为什么要区分不同的数据类型？ （2）值类型与引用类型有什么区别？	探索精神
3	变量与常量	（1）遵循变量命名规范的原因是什么？ （2）变量定义与常量定义的区别是什么？	职业精神
4	运算符与表达式	（1）计算机中的表达式是如何求解的？ （2）通过实例探讨一些典型的表达式运算结果。	专业精神
5	语句与程序控制	（1）为什么只要顺序、选择、循环三种结构就能解决一切程序问题？ （2）程序的三类错误怎么才能防范？ （3）如何调试程序，并发现错误？	科学精神 安全意识 锲而不舍
6	函数	（1）探讨程序中函数与数学函数的联系与区别。 （2）函数的四要素是什么？	专业能力 职业精神
7	集合型数据	（1）如何利用数组、列表、元组、字典中任意两种集合类型表达出二维表格数据？ （2）怎样使得列表、字典像数组和元组一样具有不变性？	探索精神 创新能力
8	泛型	（1）泛型的存在价值是什么？ （2）探讨泛型与集合型数据之间的天然联系。	探索精神 安全意识
9	基本数据操作	（1）常见的数据处理有哪些？ （2）数据连接与数据库表连接是否相同？	职业能力
10	类与对象定义	（1）类与对象两者究竟有什么不同？ （2）为什么对象需要进行生命周期管理？	专业精神
11	类与对象代码推导规则	（1）探讨类、属性、行为定义的代码推导规则。 （2）探讨对象定义、初始化的代码推导规则。	专业精神
12	抽象性	（1）探讨对象化的抽象过程。 （2）属性提取应满足哪些条件？ （3）行为提取应满足哪些条件？	职业能力
13	关联关系定义	（1）怎样确定关联关系？ （2）关联关系的三个特性是什么？ （3）区别组合与聚合的关键点是什么？	专业精神 质疑精神
14	关联关系代码推导规则	（1）探讨不同多重性关联关系的代码表达。 （2）探讨为何要提取关联类。	专业精神

续表

序　号	专业知识导引	思考与研讨	思政元素
15	关联关系网络化	（1）关联关系带来的复杂性体现在哪些方面？ （2）探讨如何降低关联网络的复杂程度。	探索精神 职业能力
16	依赖关系定义	（1）关联关系是不是也可以算作一种依赖关系？ （2）依赖关系和关联关系哪个会使程序变得更复杂？	探索精神 创新能力
17	依赖关系代码推导规则	（1）狭义依赖关系的代码如何表达？ （2）广义依赖关系的代码表现有哪些？	探索精神
18	继承关系定义	（1）探讨继承关系的三种定义形式。 （2）为什么继承体系中同一继承路径的类型可以进行兼容性互转？	探索精神
19	继承关系代码推导规则	（1）探讨特有成员、继承成员定义代码推导规则。 （2）探讨继承体系中构造函数定义代码推导规则。	专业能力
20	多态性定义	（1）为什么OOP需要表达多态性？ （2）OOP中的多态性与生物界的多态性有什么区别？	科学精神
21	多态性代码实现技术	（1）向上与向下转型是否只能发生在同一继承路径的类型上？ （2）虚方法与抽象方法的区别是什么？ （3）你认为多态性还可以用哪些其他技术加以实现？	科学精神 探索精神
22	封装性定义	（1）探讨哪些编码方式会破坏封装性。 （2）探讨哪些代码元素之间存在上、下位关系。	探索精神
23	类封装	（1）探讨类成员的三种可访问性控制。 （2）如何将集合属性变为只读？	职业能力 探索精神
24	命名空间封装	（1）为什么C#不提供命名空间的可访问性控制？ （2）如果你来设计命名空间，会遵循什么原则？	质疑精神 探索精神
25	程序集封装	（1）探讨基于程序集的可访问性控制。 （2）为什么要对可访问性级别倒置采取两种处理策略？	科学精神 职业能力
26	接口编程	（1）探讨接口编程体现了现代化大工业生产的哪些特点。 （2）探讨接口编程应遵循的原则。	换位思考 责任意识
27	数据分析编程实例	（1）思考客户分类、产品盈利分析的要点。 （2）探讨方差分析的步骤与算法。	职业能力

注：本表所提供的只是其中具有代表性的一部分内容，供各位同行专家参考，不当之处敬请批评指正。

第一篇　编程基础

第一章　绪论

【学习要点】

●程序设计的发展史
●面向对象程序设计的基本概念
●面向对象程序设计的基本特征
●面向对象与数据分析编程

【学习目标】

了解程序设计的发展历史，理解程序设计的一些基本原则；面向对象程序设计的基本概念，包括类、对象、关系，以及具有的抽象性、继承性、多态性的基本特征；数据分析编程的特点，以及与面向对象编程的关系。

第一节 程序设计的发展

一、程序的演变

世界上第一台电子计算机ENIAC，于1946年在美国宾夕法尼亚大学研制出来，这台占地170多平方米的庞然大物，开启了电子计算机的时代。但是，它的计算能力还不及现在的一台计算器，而且程序和数据的输入输出也不像现在的电脑，通过键盘、鼠标和显示器这么简单和直观。

【思政专栏】
计算机发展史

早期的程序设计也和现在的完全不同，下面这段代码只是为了输出“Hello World!”的问候语，采用的是最原始的机器语言和汇编语言。

```
00401010    push        ebp
00401011    mov         ebp,esp
00401013    sub         esp,40h
00401016    push        ebx
00401017    push        esi
00401018    push        edi
00401019    lea         edi,[ebp-40h]
0040101C    mov         ecx,10h
00401021    mov         eax,0CCCCCCCCh
00401026    rep stos    dword ptr [edi]
00401028    push        offset string "Hello World!\n" (0042001c)
0040102D    call        printf (00401060)
00401032    add         esp,4
00401035    xor         eax,eax
```

如果还是采用这种程序设计语言编写程序，我们就不会看到如今这么丰富多彩的信息世界，我们的手机上也不会运行如今各种各样的APP软件。

幸运的是，人们发明了高级程序设计语言。这种编程语言接近英语这种人类的自然语言，以及数学语言。下面是采用C语言编写的输出“Hello World!”问候语的程序。

```
int main(int argc, char* argv[])
{
    printf("Hello World!\n");
    return 0;
}
```

这样的程序相比之前的机器语言和汇编语言编写的代码要简单许多。

世界上第一个高级程序设计语言是FORTRAN，一般用于科学计算，如今的FORTRAN语言编写的代码普通人已经难得一见了。

可是，人们仍然不满足，面对超大型的应用软件系统设计，采用早期的高级语言还是比较困难，尤其是维护起来相当麻烦。于是，挪威奥斯陆计算机中心的Ole-Johan Dahl和Kristen Nygaard在1967年发明了Simula 67这一编程语言，用于模拟多艘船只的航行问题。这种编程语言采用了类与对象的概念，让编程更加贴近人类思考问题的方式。例如，我们如何根据不同国家和地区的人，输出不同的问候语？如果采用C语言，我们可能会写出以下的程序：

```
int main(int argc, char* argv[])
{
    int p; scanf(&p);
    if(p == 1)
        printf("世界，你好!\n");
    if(p == 2)
        printf("Hello World!\n");
    return 0;
}
```

这段代码是根据输入的值p来判断是哪个国家和地区的人，然后用if这种条件判断语句输出不同的问候语。

但是，我们来看一下采用C++这种面向对象的编程语言写出来的程序：

```
void main(void)
{
    Person  aPerson = new Chinese();
    aPerson.SayHello(); // 输出"世界，你好！"
    aPerson = new American();
    aPerson.SayHello(); // 输出"Hello World!"
}
```

上述代码以更加自然的方式完成了“问候语”的输出。我们可以将“Person aPerson = new Chinese();”这句代码理解为有一位中国人，“aPerson.SayHello();”则是这位中国人向世界打了声招呼，输出：“世界，你好！”。而“aPerson = new American();”则表示有一位美国人，接着同样的“aPerson.SayHello();”也向世界打了声招呼，输出：“Hello World!”。

由此，我们可以看到面向对象程序设计语言的特点和魅力。其后出现的Smalltalk是被广泛认可的一种面向对象程序设计语言，而真正让面向对象编程流行起来的是在20世纪80年代出现的大名鼎鼎的C++。由于C++是在C语言的基础上发展起来的，而C语言当时已经是首屈一指的高级程序语言，因此，C++也就顺理成章成为助推面向对象编程发展的主打语言。

20世纪90年代，随着互联网的兴起，一种全新的、纯粹的面向对象程序设计语言Java出现，从此掀起了人们对面向对象编程关注的新高潮，并由此发展出面向对象分析、面向对象设计等完整的面向对象程序开发的方法学。与此同时，另一门在当时如日中天的面向对象程序设计语言，就是微软推出的VB语言。配合傻瓜式的、图形化的编程工具软件Visual Studio，让VB成为一个低门槛的面向对象程序设计语言。很多非专业人士都可以利用VB快速做出应用系统。但是，由于Java免费、开放的特点，威胁到了微软VB语言的发展；而且VB也不是纯正的面向对象程序语言，其存在无法直接表达继承、多态性等关键技术限制。在此背景下，2000年之后微软推出了Visual Basic .Net这一VB的重大升级，并发明了全新的C#语言。从此开辟了与Java并驾齐驱的.Net面向对象编程平台的新阵营。

另外，当下非常流行的Python语言也是一门面向对象程序设计语言。由此可见，面向对象程序语言具有非常强大的生命力，如果要从事编程的相关工作，了解面向对象程序设计成了必修课。

由上面的介绍可以看出程序设计的一个发展脉络：从最早的机器语言写程序，到早期的高级语言编代码，再到后来的面向对象程序，撰写代码的方式越来越接近人类思考问题的方式，而不是计算机思考问题的方式，也就是更加的“人性化”。程序设计发展脉络，如图1-1所示。

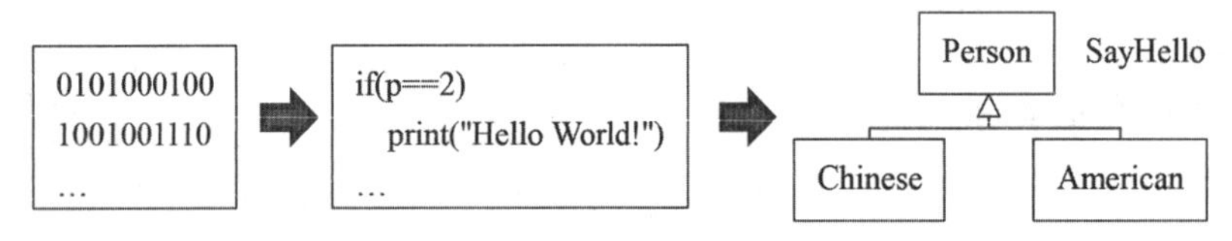

图1-1 程序设计发展脉络

二、程序设计原则

在人们追求程序设计人性化的同时，一般还需要遵循以下基本原则：

1.可读性

即写出来的代码应该是人类可阅读的，而不是机器阅读的。这是首要原则，也是程序设计整个发展历程的核心推动力。

2.重用性

即写出来的代码应该可以在多种场景下使用，而不是只能使用一次。这是从经济学的角度考虑的原则，随着程序要解决的问题规模越来越大，这一原则就越显突出。

3.扩展性

即可以在不改变现有代码，或者极少改变的情况下，加入新的代码，实现新的功能。这与重用性原则是互补的，既要能够重复利用现成的代码，但又不能是无法更新的。

4.伸缩性

即写出来的程序能够适应大规模访问的需要，不至于访问用户量增大而出现崩溃。这是云计算、大数据等技术发展的要求，成为越来越重要的原则。

同时满足上述原则，实际上是对从事程序设计工作的人员极高的要求，没有丰富的经验和众多大型应用系统项目开发经历的人员是很难达到的。

本书旨在介绍面向对象程序设计与数据分析编程的基础知识，而不是大数据处理技术，因此只强调前面三个原则。

了解目前流行的大数据编程语言

第二节 面向对象程序设计的基本概念

在面向对象的世界中有对象、类、关系三个核心概念需要重点了解，它们也是构建整个面向对象开发方法的三个最基本的概念。

一、对象

世界是由各种各样的对象构成的，只要是这个世界客观存在的一切事物都是对象，例如，日常生活中的“一个人”“一本书”“一片树叶”，还有大到“宇宙”，小到“原子”等的事物，这些都是能看得见或摸得着的有形事物，它们都是对象，如图1-2所示。另外，“某个时刻”“一项任务”“一种思想”等，这些是看不到，但是可以感受得到并真实存在的事物，它们也是对象；甚至人们想象出来的虚拟的事物，如“一个游戏人物”，也可以是对象，如图1-3所示。

图1-2 “有形的”对象

图1-3 “无形的、抽象的、虚拟的”对象

如何区分出来不同的对象呢？就像是如何知道“他是张三，而不是李四”呢？通过进一步地分析对象，可以发现对象具有两个方面的特性：表示事物静态特征的属性和表示事物动态行为的操作。例如，一个人有“姓名”“性别”“身高”“体重”“血型”等这些静态特征，称为对象的属性（Property，或Attribute）；而一个人会有“走路”“吃饭”“跳舞”等这些动态行为，称为对象的行为（Behavior，或Operation）。

正是通过这些属性的内容不同，或者通过这些行为的表现差异，可以判断出两个不同的对象。属性和行为在面向对象的程序代码上可以对应着“成员变量”和“成员函数（或方法）”的概念。例如，下面的代码就是赋予了两个不同的“人”对象不同的属性内容，通过不同的属性内容就能区分出来不同的对象。

```
Person aPerson = new Person();//构造了一个“人”对象
aPerson.Name = “张三”;//给定“姓名”属性内容
aPerson.Height = 1.70;//给定“身高”属性内容
aPerson.Gender = “男”;//给定“性别”属性内容
Person otherPerson = new Person();//构造了另一个“人”对象
otherPerson.Name = “王晶”;//给定另外一个人的“姓名”属性内容
otherPerson.Height = 1.68;//给定另外一个人的“身高”属性内容
otherPerson.Gender = “女”;//给定另外一个人的“性别”属性内容
```

二、类

人们认识世界，总会将众多具有同样属性和行为的对象分门别类，这也是人类对世界认知的一种行之有效，而且很常用的基本方法之一。在面向对象开发方法中，类的概念就是这种人类认识世界基本技能运用的具体表现。“类”是指具有共同属性和行为的一组对象的集合。例如，“张三”“李四”这些对象可以归入“人”这个类；“信息系统分析与设计”“会计学原理”这些对象可以归入“书”这个类。同时，“类”也是作为构造对象实例的一个模板，而需要被首先定义出来。就像要生产一个机械零件，需要有相应的模具一样，“类”好比就是生产“零件”对象的“模具”。

例如，在C#中“类”可以用以下代码进行声明定义：

```
class Person //声明了类,以及类的名称
{
    public string Name;//声明了类的“姓名”属性
    public float Height;//声明了类的“身高”属性
    public string Gender;//声明了类的“性别”属性
    public void Walk( ) { ... } //声明了类的“行走”行为
    public void Run( ) { ... } //声明了类的“奔跑”行为
    public void Eat( ) { ... } //声明了类的“吃饭”行为
    public void Dance( ) { ... } //声明了类的“跳舞”行为
}
```

三、关系

这个世界的对象之间不是孤立存在的，它们彼此之间相互联系，发生作用。在面向对象开发方法中，对象之间众多的关系被归纳成三种基本的关系，即“关联”“泛化”“依赖”，并从这三种关系演化出更多、更丰富的关系。

(一)“关联”关系

关联关系表示两个对象之间存在拥有和属于的关系，例如，“一个人”和“一套住房”、“一名作者”和“一本书”。这在一些面向对象程序设计语言的代码上对应了“类的组合”概念。例如，在C#中：

```
class Hand {} //声明了"手"类
class Person //声明了"人"类
{
    Hand  rightHand;//(1)这是Person类与Hand类通过成员变量组合在一起，
    Hand  leftHand; //    这样Person类与Hand类之间就存在关联关系
    string  Name;    //(2)这也是类的组合，string这种抽象事物的类与Person
                          这种有形事物的类之间通过成员变量的组合也具有了关联关系
}
```

通过上述代码，可以看出在C#中：

- 关联关系是通过成员变量，即类的组合方式表示的；
- 有形事物的对象和无形、抽象事物的对象之间也可以具有关联关系。

UML概念

关联的UML表示，如图1-4所示。在UML中，两个关联的类之间用实线段连接，就表示两个类之间存在关联关系。

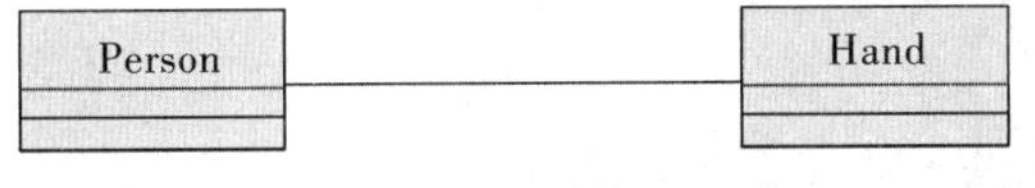

图1-4　关联的UML表示

(二)"泛化"关系

泛化关系表示两个对象之间存在包含与被包含的层次关系。例如，"一本小说"和"一本书"、"一项紧急任务"和"一项任务"、"一个中国人"和"一个人"，前者被包含在后者的范围之内，可以通过判断"一本小说是一本书"的说法是否成立，来确定两个对象之间是不是存在泛化关系。这在面向对象编程中称为"继承"，例如，在C#中：

```
class Chinese : Person   //Chinese继承自Person
```

泛化的UML表示，如图1-5所示。在UML中，将带有空心箭头的线段从子类（派生类）指向父类，则表示了两个类之间的泛化关系。

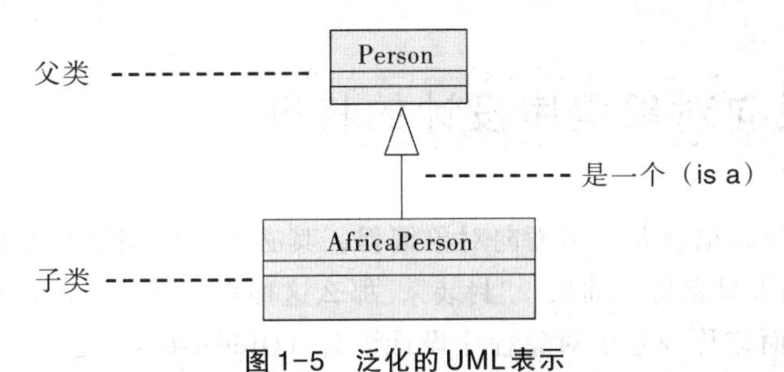

图1-5　泛化的UML表示

(三)"依赖"关系

依赖关系表示一个对象的改变会引起另一个对象的改变。依赖关系是一种普遍存在的关系，可以说正是由于各个对象之间的依赖关系才能让我们的世界正常"运转"起来。而在C#中，依赖关系体现为以下三种情况：

- 对象变量A作为对象变量B成员函数的参数，从而A和B产生依赖关系。
- 对象变量A作为对象变量B成员函数中的本地变量，从而A和B产生依赖关系。

● 对象变量A作为对象变量B成员函数的返回值，从而A和B产生依赖关系。

例如，以下的三种情况都说明了“Hand”类和“Person”类，或者说它们的“对象”之间产生了依赖关系。

```
class Hand //声明并定义了“手”类
{ ... }
class Person //声明并定义了“人”类
{
    void HandUp( Hand aHand ) // (1)Hand对象作为了Person的HandUp成员函数的参数
    { ... }
    Hand GetRightHand( )
    {
        Hand rightHand = new Hand(); // (2) Hand类的对象不仅作为Person类函数中
        return righHand;                //      的本地变量,而且还作为了返回值
    }
    void Eat( )
    {
        Hand rightHand = GetRightHand(); // (3) Hand类的对象作为了Person类的
        rightHand.TakeChopSticks( );     //     函数中的本地变量
        ...
    }
}
```

依赖的UML表示，如图1-6所示。在UML中，将带有箭头的虚线段指向依赖的类，则表示了“Person”依赖于“Hand”。

图1-6 依赖的UML表示

第三节 面向对象程序设计的特征

如果一种程序设计语言要支持面向对象编程，其必须同时满足三大基本特征：“抽象”“封装”“多态”。如果只支持“抽象”“封装”，那么这种程序设计语言就不是真正的面向对象程序设计语言，而应称为基于对象程序设计语言（Object-Based Programming Language）。下面简单介绍这三大基本特征。

一、抽象

抽象（Abstract）是指将世界上的事物表述成类的概念，即对象的静态属性可以被抽象成类的属性定义，对象的动态行为可以被抽象成类的操作定义。我们要学会抽象的能力，在我们的眼中一切都是有属性和操作的对象，这些对象同时又可以分

门别类。

因此，概括起来，抽象包括了两层含义：

（一）将对象抽象为类

例如，可以将“张强”“王勇”“赵武”等具体的人抽象成“人”类（Person），如图1-7所示。

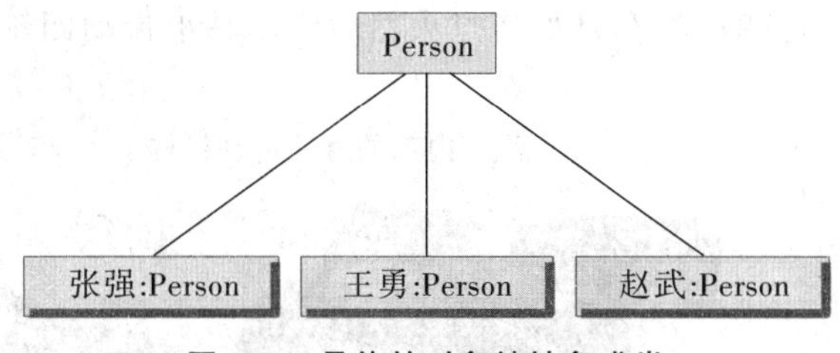

图1-7　具体的对象被抽象成类

（二）抽象出类的属性和行为

类可以抽象出“静态属性”和“动态行为”，这在C#代码上对应“对象属性”和“对象方法”。例如，“人”类具有“姓名”“性别”“年龄”等属性，并且都具有“吃饭”“跳舞”“奔跑”等行为，可以使用UML表示，如图1-8所示。

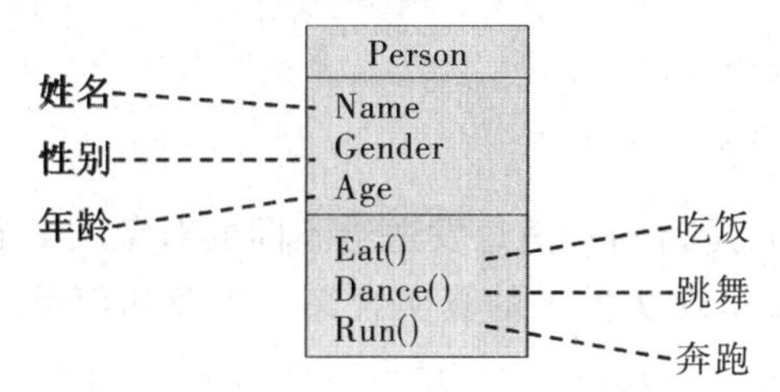

图1-8　抽象出类的属性和行为

在抽象类的属性和行为的时候，不能赋予不属于这个类的属性和行为，如图1-9所示，“Student”类代表所有的学生对象，但是具有“所在班级名称”的属性和“增加班级”的行为。很显然，“所在班级名称”应该作为“班级”类的属性，“增加班级”则应该作为“班级”类的行为。

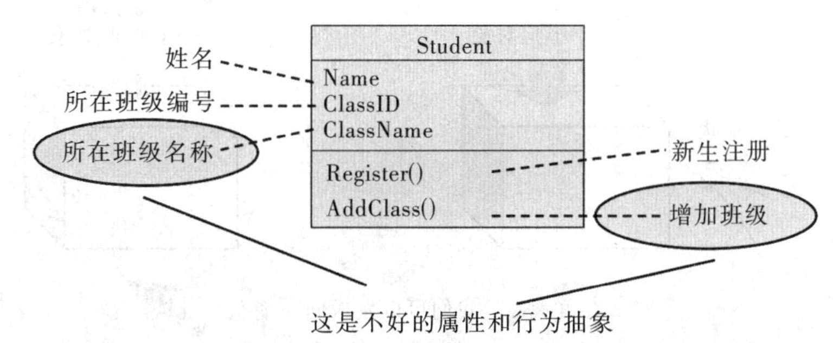

图1-9　类的属性和行为抽象要符合类的自身特性

二、封装

世界上的某些事物，我们可以观察到它们的行为动作，或通过它们提供的某些“接口”来操纵它们，但是一般不知道它们是如何行动的。例如，“一辆小汽车”，可以通过“启动点火开关”“挂档”“踩油门”“踩刹车”等操作来完成驾驶，但是作为小汽车的驾驶者来说，并不需要知道这辆小汽车是如何点火然后驱动轴承带动四轮旋转使小汽车开动起来的，如图1-10所示。

汽车的悬挂传动机构被封装在汽车的内部，我们无需了解它的具体工作，只需通过“汽车”类提供“点火”“挂档”等外部操作完成驾驶任务

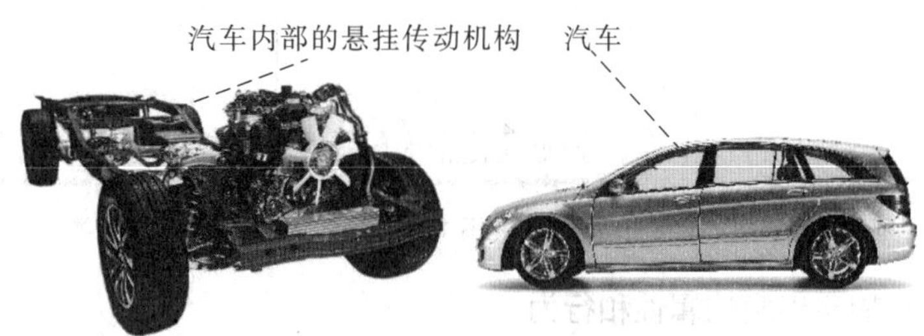

图1-10　汽车内部工作的细节被封装成外部的操作

因此，我们将对象的操作包装成只有名称、参数、返回值，而不提供外部使用者如何实现该操作具体行为细节和操作过程的方法，称为封装（Encapsulation）。

三、多态

多态（Polymorphism）是指同一消息发送给不同的对象，会有不同的响应。先举一个例子说明多态性是如何表示现实世界的真实含义，以及如何反映在面向对象程序代码上的，如图1-11所示。

当它们被放在一个密封的笼子里，我们将如何判断哪个笼子里放的是狗，而哪个笼子里放的是猫呢

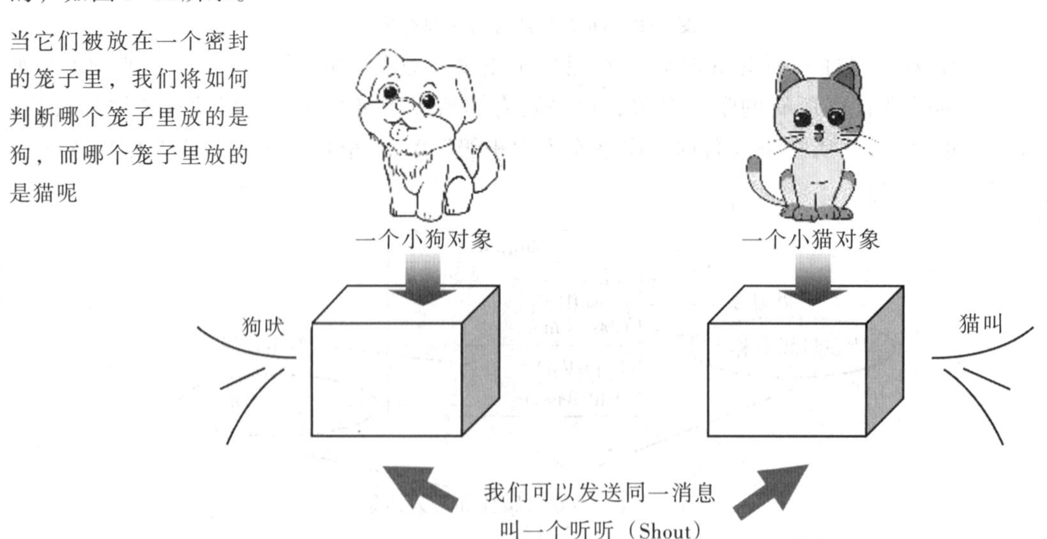

图1-11　多态性表示现实世界的真实含义

上述例子可以对应如下的C#代码：

```
class abstract Animal//定义了父类“动物”
```

```
{
    public abstract void Shout( );//定义了抽象函数“Shout”
}
class Dog : Animal//定义了子类“狗”
{
    public override void Shout( )//实现了父类的“Shout”抽象函数
    {
        Console.WriteLine(" Dog is barking. ");
    }
};
class Cat : Animal//定义了子类“猫”
{
    public override void Shout( )//实现了父类的“Shout”抽象函数
    {
        Console.WriteLine(" Cast is barking. ");
    }
};
void Main(void)
{
    Animal animal = null;
    animal = new Dog();
    animal.Shout( );//发送同一消息“Shout”,回应“狗吠”
    animal = new Cat();
    animal.Shout( );//发送同一消息“Shout”,回应“猫叫”
}
```

通过上述例子，“发送消息”可以理解为对象成员函数的调用，而“同一消息”则可以理解为“原型”相同的函数，即“函数名”“参数列表”“返回值”相同。上述代码中的两处“aminal.Shout()”，就是发送了同一消息，得到了一个“狗吠”和一个“猫叫”的不同行为回应。

第四节　数据分析与面向对象编程

“数据”是计算机技术存在的基础，目前也成为各行各业的核心资产。数据分析（Data Analysis）成为一项依赖计算机完成的重要工作。例如，车牌识别、在线商品推荐、信用卡欺诈行为识别、财务数据分析等，这些工作都必须依赖计算机程序才能得以完成。

早期的计算机只能用“0/1”这种二进制数据进行编码处理，要完成如今复杂的数据处理与分析工作是不可能的。后来出现的高级程序语言，极大地简化了人们编写程序处理数据的工作量。但是，其仍然难以满足越来越复杂的数据分析的需要。

例如，下面的代码采用了随机双坐标上升算法（SCDA）用于预测房价。

```
// 加载数据
IDataView trainingData = mlContext.Data.LoadFromEnumerable(houseData);
// 添加预测模型
var pipeline = mlContext.Transforms.Concatenate("Features", new[] { "Size" })
    .Append(mlContext.Regression.Trainers.Sdca(labelColumnName: "Price",
            maximumNumberOfIterations: 100));
// 训练模型
var model = pipeline.Fit(trainingData);
// 进行预测
var size = new HouseData() { Size = 2.5F };
var price =
    mlContext.Model.CreatePredictionEngine<HouseData, Prediction>
        (model).Predict(size);
```

这是基于C#语言编写的一段机器学习代码，来自微软提供的ML.Net库示例。从这段代码我们大致可以看出数据分析的几个步骤，即准备数据、添加模型、训练模型、用模型进行预测或者决策，并且这些步骤的代码均为面向对象程序设计的方式。

我们来看一段用C语言编写的采用全连接深度神经网络算法用于图像识别的模型训练代码。

```
for(int time=0;time<100;time++)
{
  double err=0;
  for(int i=0;i<trainN;i++)
  {
    int i=0;
    //printf("%dth times propagation",i);
    forward_propagation(i,0,trainImg, labels);
    err-=log(CNN.fcnn_outpot.m[(int)labels[i]]);
    back_propagation();
  }
  for(int m=0;m<5;m++)
    for(int n=0;n<5;n++)
      printf("%f\t",CNN.filter1[0].m[m][n][0]);
  printf("step:%d   loss:%.5f\n",time,1.0*err/trainN);
  int sum=0;
  for(int j=0;j<testN;j++)
  {
    forward_propagation(j,1,testImg,labels1);
    int ans=-1;
    double sign=-1;
    for(int i=0;i<out;i++)
    {
      if(CNN.fcnn_outpot.m[i]>sign)
      {
```

```
            sign=CNN.fcnn_outpot.m[i];
            ans=i;
          }
        }
        int ans1=ans;
        int label=(int)(labels1[j]);
          if(ans1==label) sum++;
      }
      printf("\n");
      printf("sum:%d\n",sum);
      printf("step:%d   precision:%.5f\n",++step,1.0*sum/testN);
}
```

这是一段来自“知乎：Ethan-N在学习专栏”的代码。这段代码仅仅适用于模型训练，可以看出相比较采用面向对象编程的C#语言写出来的代码要复杂得多。这正是我们学习面向对象程序设计知识的原因，可以大大简化程序设计过程。

阅读完整文章

第五节　学习的概念体系

学习面向对象程序设计，实际上，如果做到了对以下三句话的深刻理解，即可以说是掌握了面向对象编程的本质。

（1）世界一切皆对象，对象具有属性与行为，并且对象需要分门别类。

（2）对象不是孤立存在的，而是存在关联、依赖、继承（泛化）三种关系。

（3）对象化编程需要达到抽象性、封装性、多态性要求。

这三句话浓缩了本课程学习的最核心概念，如果考虑到数据分析的要求与功能的重复使用，可以将整个课程的概念体系概括为图1-12所示的内容。

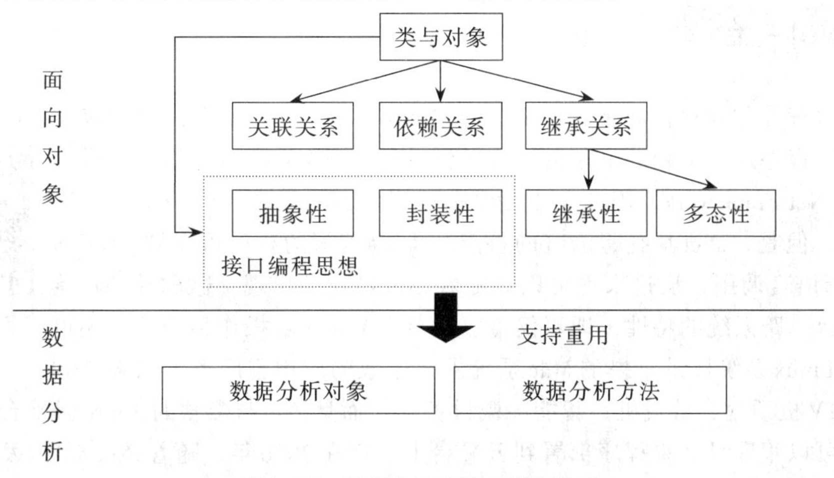

图1-12　课程学习的核心概念体系

第六节 C#编程环境介绍

由于本书采用C#语言介绍面向对象程序设计方法以及数据分析编程，因此，下面将对C#语言、.Net平台以及Visual Studio Code编程工具进行简要介绍。

一、C#语言

本章第一节中已经介绍了C#语言，其是微软抗衡Java而发明的一种全新的纯面向对象程序设计语言。虽然目前Java的市场份额比C#要多，是互联网系统的首选编程语言，但是C#作为后起之秀，有着其自身的特点和优秀的一面。

详细的C#版本历史

首先，C#语言语法非常接近于C++语言。虽然Java也是参考了C++，但是C#汲取了更多的C++和Java的长处。

其次，C#语言没有过重的历史包袱，增加语言新特性要比Java显得更积极。例如，2007年C#3.0版本就已经纳入了LINQ（一种类似数据库操作SQL语言的集成程序语言特性）与lambda表达式，但Java到2014年的8.0版本才开始纳入该语法特性。

再次，C#语言随着.Net平台的开源，也越来越具有开放的生态。例如，上述提到的机器学习ML.Net库，还有基于NuGet平台的很多应用C#语言第三方库可以使用，有兴趣的读者可以自行登录nuget.org网站进行了解。

最后，对于面向对象程序开发的初学者来说，C#语言是一个入门较快的编程语言，其语法特点与Java、C++非常接近。掌握了C#语言，初学者就能够很快适应其他编程语言的学习。

C#语言从2001年诞生至今，已经更新了十多个版本，未来还将继续更新，纳入更多新的语言特性，具有很好的发展前景。

二、.Net平台

C#语言编写的程序需要依赖.Net平台才能够运行。.Net平台是微软应对Java的挑战而开发的一种程序运行平台。最早的.Net平台只是针对Windows操作系统设计的，称为.Net Framework，因此，.Net程序不能像Java程序一样跨平台、跨系统运行。但是，.Net具有跨语言的特点，即C#编写的程序可以被VB.Net/C++.Net/F#语言调用，反过来也可以。随着.Net Core的出现，微软让.Net具有了跨平台、跨系统的特性，即不仅可以运行在Windows操作系统下，还可以运行在Linux系统以及苹果的Mac系统下，生成的应用程序还可以部署到手机端、TV机顶盒、游戏机、智能穿戴设备上。而且.Net与微软的Azure云平台进行了原生支持，可以很容易地将程序部署到云平台上。就在2020年，随着.Net 5.0的发布，微软统一了.Net Framework和.Net Core，以后发行的.Net版本将不再单独支持Windows系统

更多的.Net跨语言、跨平台机制

的.Net Framework。这为C#语言今后的发展提供了更加广阔的平台空间。

.Net与系统、语言、应用之间的关系，如图1-13所示。

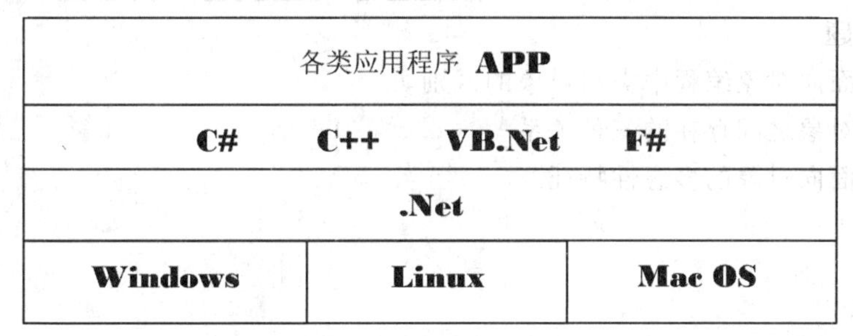

图1-13　.Net与系统、语言、应用之间的关系

.Net其实还支持C++、VB.Net和F#三种语言。.Net目前之所以能够做到跨语言、跨平台，是由于其采用了CLR和IL两项技术。CLR称为公共语言运行时（Common Language Runtime）；用于将C#、C++、VB.Net、F#编写的代码翻译称为中间语言（Intermediate Language），这种中间语言是可以被上述四种.Net平台语言任意读取和运行的。

三、Visual Studio Code工具

本书用到的撰写C#代码的工具软件是Visual Studio Code，这是微软Visual Studio系列开发工具软件中的一款轻量级、开源的，并且独立发行的产品。其具有以下特点：

VSCode安装使用

（1）开源的。Visual Studio Code有着非常丰富的生态，可以编辑几乎任何一种语言的程序。我们可以将其看成一个开发工具的平台，在其上可以安装能够找到的扩展插件，并完成相应的代码编写工作。

（2）轻量级。不同于其他开发工具，Visual Studio Code安装程序非常小，只包括必要的但又重要的功能组件，其他的功能组件可以从插件市场免费下载并安装到Visual Studio Code中。

（3）全功能。虽然Visual Studio Code只安装必要的功能组件，但是如代码的智能感知提示、代码着色、代码调试、源码管理等核心功能都包含其中。

本章练习

一、填空题

1.我国第一台电子计算机是在________年，由________高级工程师领衔研制的________型机。

2.为我国计算机研发做出重要贡献的一位女性是________，其与________和________研制的________型机是我国自主研发的第一台计算机。

3.挪威奥斯陆计算机中心的Ole-Johan Dahl和Kristen Nygaard在1967年发明了______这一编程语言，已经采用了________和________概念。

4.目前编写程序需要遵循的基本原则包括：________、________、________、________，其中排在首位的原则是________。

5.图形化工具________用来描述面向对象概念与代码结构。

6.面向对象编程的三大基本特征是：________、________、________。

二、简答题

1.请简述面向对象编程中类与对象的区别。

2.请简述对象之间存在的三种关系。

3.请简述面向对象的多态性特征。

第二章　编写程序的基本概念

【学习要点】

- ●变量、常量的概念
- ●数据类型的概念
- ●表达式及其分类
- ●语句与代码块
- ●函数定义四要素及调用

【学习目标】

了解程序的基本构成，理解数据类型概念及在程序设计中的作用，能够理解并计算常见表达式的结果，掌握表达式语句、选择语句、循环语句的使用场景，熟记函数定义的四要素，能够清楚区分函数定义与调用的关系，同时了解静态函数、实例函数的区别，以及lambda表达式。

第一节　程序的基本构成

现在的程序基本是用高级语言编写的，程序语言和人类的自然语言一样也是一种语言。我们在学习自然语言的时候，都会关注自然语言的语法构成。同样，我们在学习程序设计语言的时候，也要关注其语法构成，而且程序设计语言的语法规则要远比自然语言严格得多。虽然我们的终极目标是要让计算机理解人类的自然语言，但这需要一个漫长的过程。

一、程序构成单元

我们在学习自然语言语法构成的时候，会了解字、词、词组、短语、简单句、复合句、段落、章节等语法构成单元。其中，文字是最小的单元，依次递进到语句，再到整篇文章。程序设计语言其实也是类比这种自然语言的构成而设计的。因此，在了解程序设计语言的时候，也要清楚其构成单元。

一般来说，程序设计语言的构成单元从小到大分为：标识符（Identifier）、表达式（Expression）、语句（Statement）、语句块（Statement Block）、函数（Function）、类（Class）、命名空间（Namespace）。其中，标识符主要包括：关键字（Key Words）、变量名（Variable）、常量名（Constant）。而语句、语句块、函数、类、命名空间又都属于代码块（Code Block），对于有些程序设计语言来说，还会进一步有模块（Module）、程序集（Assembly）等高级别的程序构成单元。我们可以将程序设计语言构成单元总结为表2-1所示的内容，并且与自然语言类比（当然不是严格对应，而且要注意程序设计语言基本都是以英文表达的，所以我们是用英文作为类比）。

表2-1　**程序设计语言构成与自然语言类比**

<table>
<tr><th colspan="2">程序设计语言</th><th>自然语言</th><th>备 注</th></tr>
<tr><td colspan="2">标识符：关键字、变量与常量
运算符号</td><td>词、标点符号</td><td>英文中没有字的概念，所以可以类比到单词</td></tr>
<tr><td colspan="2">表达式</td><td>词组、短语</td><td>更多的时候，程序设计语言的表达式更接近于数学语言的表达式概念。例如，求解一个变量的累加表达式为i = i + 1</td></tr>
<tr><td rowspan="5">代码块</td><td>语句</td><td>语句</td><td>自然语言中语句形式有很多种，如陈述句、疑问句、感叹句等，但程序设计语言只有陈述句一种，在英文中也是用Statement表示语句的，就说明这一点</td></tr>
<tr><td>语句块</td><td rowspan="3">段落</td><td rowspan="3">自然语言一般将语句组织成自然段落，但程序设计语言一般还会区分出更加细致的语句代码块、函数、类等结构</td></tr>
<tr><td>函数</td></tr>
<tr><td>类</td></tr>
<tr><td>命名空间</td><td>章节</td><td>程序设计语言的命名空间主要为防止标识符重名问题，以及将程序代码组织成具有层次性的模块，而自然语言则只通过章节将内容组织成层次结构，不存在避免重名问题</td></tr>
</table>

我们举个例子来了解程序设计语言的基本构成。请看以下代码，区分出程序设计语言的不同构成单元。

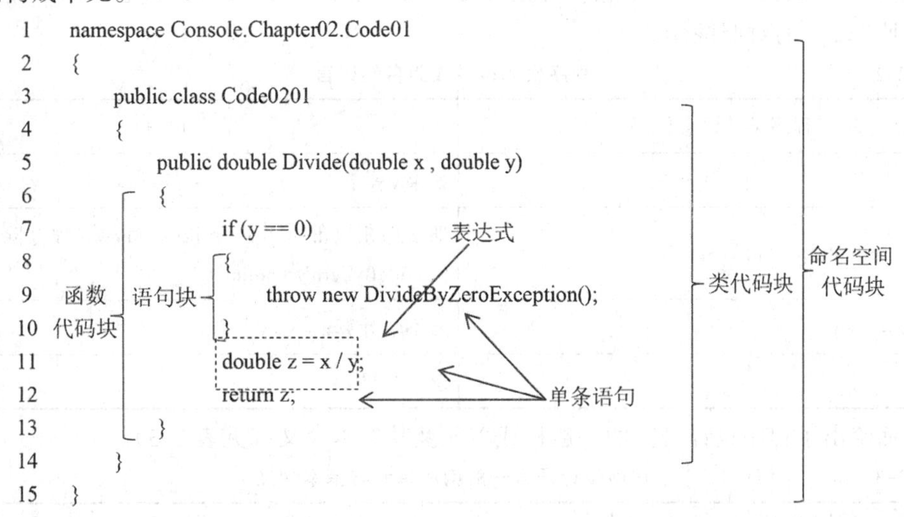

1 namespace Console.Chapter02.Code01
2 {
3 public class Code0201
4 {
5 public double Divide(double x , double y)
6 {
7 if (y == 0)
8 {
9 throw new DivideByZeroException();
10 }
11 double z = x / y;
12 return z;
13 }
14 }
15 }
表达式
单条语句
语句块
函数代码块
类代码块
命名空间代码块

这段代码的作用是定义了一个命名空间“Console.Chapter02.Code01”，并在这个命名空间中定义了一个类“Code0201”，再在这个类中定义了一个函数（方法）“Divide”用于求解两个数的除法运算，在函数中撰写了一个判断语句块，用于判断除数是否为0的情况。另外，函数“Divide”中包括三个单条语句“throw new DivideByZeroException();”“double z = x / y;”“return z;”，而其中的“throw new DivideByZeroException();”又是写在“if(y==0)”这条判断语句的代码块中。“x / y”则是一个除法运算的表达式。

通过这段代码，我们可以剖析出一般程序设计语言的基本构成单元。另外，从中也可以看出程序设计语言与自然语言的一些差别：①程序设计语言比自然语言更加严格和规范。我们不可以像自然语言表达那样，有很多会意的内容，每个字符、每个单词、每句话怎么写，都有严格的规定。例如，单条语句必须要用分号作为语句结束分割符号（在有的程序设计语言中，如Python，直接用换行表示单条语句结束，用缩进排版表示代码块）。再如，在自然语言中可以说“x除以y”“x除上y”“x除y”，我们都能够理解其意思，但在程序设计语言中，其规定以“x / y”来表示除法运算，并且只能这样写，如果写出“x divided by y”这样的代码，程序就会报错，导致无法运行。②自然语言可以有很多句式，但在程序设计语言中，只有陈述句（Statement），而没有类似感叹句、疑问句等其他句式。③程序设计语言比自然语言更加精简。如果能用大家都熟知的数学符号表达，则尽量采用更加精简的数学符号撰写程序代码。例如，“z = x / y”就是算术符号表达。

程序设计语言也是一种语言，虽然不能和人类的自然语言完全等同视之，但是计算机科学家和技术人员的终极目标就是让计算机能够理解人类的自然语言，可以用自然语言来编写程序代码。这个目标可能需要较长的时间去实现，但现在我们不妨将程序设计语言当作一门语言来学习，不失为一种学习的方法和捷径。

此外，就像从英语到汉语的翻译一样，我们也可以将程序设计语言当作一门外语来看待，可以将其翻译成我们可以理解的汉语。例如，针对上述代码完全可以将其当成一段英语来看待（因为基本上程序设计语言都是用英语+数学符号表达的），在不学习某种编程语言语法的前提下，也能了解其大概意思。以函数代码块中的程序为例，可以翻译成“如果 y 等于 0，那么抛出一个新的被零除的异常，要不然计算 z = x / y，并返回结果 z。”我们可以参照表 2-2 的对照翻译。

表 2-2 **程序代码翻译成为自然语言**

程序设计语言代码	自然语言
if(y==0)	如果 y 等于 0
throw new DivideByZeroException();	那么抛出（throw）一个新的（new）被零除的异常（DivideByZeroException）
double z = x + y;	要不然计算 z = x / y
return z;	返回结果 z

下面给出了程序设计语言的一般构成单元及其基本含义（见表 2-3）。

表 2-3 **程序设计语言一般构成单元与基本含义**

语法构成单元		基本含义及说明
标识符（Identifier）	关键字（Key Words）	程序设计语言保留的标识符，有其特殊用途。例如，在 C#中，规定 bool 这个单词作为关键字，表示布尔类型的数据。所以，关键字又称为保留字。每种语言的关键字不完全相同，可以查阅各种语言的官方文档，了解其究竟有哪些关键字以及作用
	变量（Variable）	数据可以发生变化的量，类似于数学中的变量概念。其本质是在计算机内存中划出一小块用于存放数据的空间，而且可以不断改变这块空间中的数据
	常量（Constant）	数据不可以发生变化的量，类似于数学中的常量概念，如自然数底数 e、圆周率∏等。与变量一样，常量其实也是内存中一小块存储数据的空间，只是一旦数据放入这块空间后，就不能改变其中的数据
文字（Literal）		在程序中出现的常量值，例如，x = 3;，其中的 3 表示常量数值；再如，s = “abcdef”;，其中双引号分隔出来的 abcdef 表示字符串常量值
运算符号（Operator）		这是用一些简单的符号表示的类似于数学中的运算，例如，i+1，其中的+表示加法运算，这与数学中加号的形状与含义是一样的；再如，x++，其中的++表示累加运算，等价于 x = x + 1，这在数学符号中是没有的。不同的程序设计语言，其运算符号会有一些差别，但基本上大同小异
分隔符（Separator）		对特定代码部分进行界定，表示特定的含义。例如，字符串的分隔符“一对双引号”；语句结束的分隔符“分号”；代码块的界定分隔符“一对大括号”等。不同的程序设计语言，可能其分隔符会有差异，例如，Python 中表示代码块的分隔符就是缩进排版的空格
表达式（Expression）		直接表示一种计算过程的简短代码段，类似于数学中运算式的概念，但其更加丰富。例如，a + b，这是一个表示算术加法的表达式，这与数学中加法运算式的写法与含义是一样的；再如，a < b ? 1 : 0，这是一个条件表达式，其含义是“如果 a 小于 b，那么结果是 1，否则是 0”，这在数学中就没有完全对应的运算式
语句（Statement）		能够执行的最小代码段。表达式是不能直接执行的代码段。在多数程序设计语言中，语句分为很多种，例如，赋值语句、声明语句、条件语句、循环语句、函数返回语句等
代码块（Code Block）		一条语句，或者用特定分隔符分隔出的若干条语句，共同构成的代码段。通过语句代码块，尤其是多条语句的代码块，可以有效组织代码，使其看起来更加结构化。代码块又分为语句组合代码块、条件语句代码块、循环语句代码块、函数代码块、类代码块、命名空间代码块

二、C#中的基本结构

在C#中要完整地编写一段可运行的代码，以一个控制台程序为例，其结构如下：

例题2-1　创建一个控制台程序，并输出“Hello World”。

```
1  using System; // 引入系统命名空间
2  namespace Basic // 定义了一个自己的命名空间Basic
3  {
4    class Program // 定义了一个类
5    {
6      static void Main(string[] args) // 定义程序入口函数Main
7      {
8        Console.WriteLine("Hello World!"); // 输出问候语
9      }
10   }
11 }
```

可以看出，在上述代码中，必须要包含一个类的定义，以及一个程序入口函数Main。

定义2-1　**入口函数（program entrance）**是指程序开始运行的地方，在C#中规定为Main函数。

由于C#是纯粹的面向对象程序设计语言，类是其最小的可执行代码构成要素，因此，虽然入口函数是Main，但也必须将其定义在一个类中，否则C#会报告编译错误。这是与Python这类脚本编程语言的不同之处。当然，类的名称并不重要，可以不是上例中的Program，但是入口函数名则必须是Main，且大小写敏感的。有关函数的概念参见本章“函数”相关内容。

第二节　变量、常量及数据类型

在程序设计语言中，最小构成元素是标识符（Identifier），其中关键字（Key Words）是程序设计语言保留的标识符，是不能被程序设计人员任意使用的。除此之外，程序员可以自己标注的标识符包括变量（Variable）和常量（Constant）。这两种标识符具有特定含义，是程序设计过程中的重要概念。

【思政专栏】数据类型

一、数据与数据类型

计算机是用来处理“数据”的设备，这也是为何我们称这个时代为“数字化时代”的原因。计算机为了能够表达我们的周遭世界，必须要将整个世界的任何一件东西，表达成为计算机可以理解的数字。然而，这个世界是那么的丰富多彩，有着各种各样的事物，计算机不可能直接将真实世界的事物

C#基本数据类型

表达成为数字，必须要做到抽象与分门别类。

其实，从计算机底层来说，只能处理非常简单的二进制数据，即“0”和“1”。但是，如果程序员直接面对0和1这样的数据，未免也太难表示我们这个真实的世界（计算机刚发明出来的时候，还真是如此）。为此，一般程序设计语言会提供一些程序员容易理解、计算机又方便处理的基本数据类型（Basic Data Type），用于对数据进行抽象与分门别类。

时间日期型数据

常见的基本数据类型见表2-4。

表2-4 常见的基本数据类型

数据类型	基本含义
整数	和数学中的整数概念基本一致
浮点数	和数学中的实数概念基本一致
布尔值	表示“真”和“假”二元逻辑
字符	表示单个文字
字符串	表示若干文字
时间日期	表示日期、时间的数据

不同的程序设计语言提供的基本数据类型会有所不同。例如，C语言本身没有提供字符串、时间日期的基本数据类型；Go、Python语言却扩展出了表示数学中复数概念的数据类型。

计算机中的数据不像数学中的数据，可以是无限延伸的，例如，我们可以说无限大的整数。但是，受到计算机处理能力、存储单元的限制，所有数据类型可以表达的数据都是有范围的，称之为数据范围（Data Size/Data Scope）。例如，C#中能够表示最大的整数是“2,147,483,647”，能够处理的最长字符串是2GB存储单位，大约为10亿个字符。同时，还受到限制的是数据表达的精度（Precision），例如，浮点数最大的小数位数、最小的时间精度等。

计算机中的数据类型除约定了数据的范围和精度之外，还约定了能够对数据采用的运算。例如，整数类型的数据，可以进行加法、减法、乘法、除法、负号等运算；字符串类型的数据，可以采用串联运算。虽然每种数据类型在不同程序设计语言中能够采用的运算是不一样的，但大同小异。表2-5列出了常见的数据类型及其可采用的运算。

枚举型数据

表2-5 常见的数据类型及其可采用的运算

数据类型	常见的运算	备注
整数	算术运算	
浮点数	算术运算	
布尔值	布尔运算	即命题逻辑运算
字符	加法、减法运算	对字符的ASCII码进行加法、减法运算
字符串	串联运算	常用“+”来表示串联运算，例如，"ABC" + "DEF"的结果是"ABCDEF"
时间日期	加法、减法运算	一般表示天数相加、相减，例如，‘2019-8-1’+ 7的结果是‘2019-8-8’
枚举型	位标识	例如，enum Gender {Male, Female}

二、变量

【思政专栏】
变量与常量

定义2-2　变量（variable）是程序运行过程中，临时存储在内存中，用于运算的数据，其数据值可以变化。

计算机程序设计中变量的概念与数学中的变量基本一致。变量由变量名（Variable Name）和变量值（Variable Value）构成。每个变量都有其规定的数据类型（Data Type）。

注意：可以把变量想象成一个房间，里面可以放入的东西就是变量值。如果规定房间里面只能放置桌子，其他的东西都不能放，那么桌子就是变量放置数据的类型。

根据图2-1所示的代码，区分变量的数据类型、变量名称、变量值。

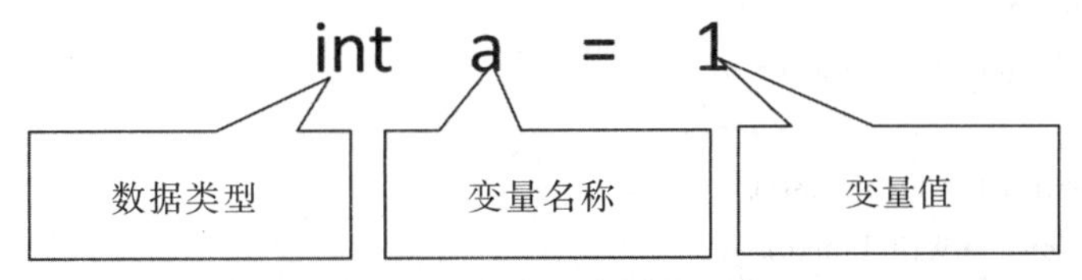

图2-1　变量名、变量值及类型

C#数据存储原理

在编写程序的时候，要关注变量定义（Variable Definition）、变量初始化（Variable Initiation）两个问题。

定义2-3　变量定义（variable definition）是指在程序中第一次写出变量名，并为其确定数据类型的代码。

定义2-4　变量初始化（variable initiation）是指变量第一次赋值。

注意：变量本质上是计算机内存中一块存储空间，如果没有初始化，这块内存空间就好像是一块“空洞洞的电路块”。

例题2-2　以下为一段C#代码，请说出存在哪些变量？变量类型分别是什么？变量在哪里初始化？

```
1    int a = 0;
2    double b;
3    b = 3.5;
4    double c = a + b;
5    System.Console.WriteLine(c);
```

题解：

1.定义了三个变量，分别为：第1行代码定义了变量“a”、第2行代码定义了变量“b”、第4行代码定义了变量“c”。

2.变量a的类型是int，变量b的类型是double，变量c的类型是double。

3.变量a在定义的时候初始化为整数0，变量b在第3行代码处初始化为双精度数3.5，变量c在定义的时候初始化为a + b的值。

在上述代码示例中，存在一个常见的变量数据类型转换的问题。需要注意第4行代码，原本变量a的数据类型是int，但变量b和变量c的类型都是double，在a + b的计算过程中，程序自动将a的类型升格为double，再去参与a + b的运算。

定义2-5　变量类型转换（data type converting）是指变量在使用过程中，从一种数据类型变化为另外一种数据类型。

定义2-6　变量隐式类型转换（implicit data type converting）是指变量类型转换过程由程序自动完成。

定义2-7　变量显式类型转换（explicit data type converting）是指变量类型转换过程需要通过明确的代码来完成。

例题2-3　以下为一段C#代码，请说出哪些是变量类型的隐式转换？而哪些是其显式转换？

```
1    int a = 1;
2    double b = 3.0;
3    System.Console.WriteLine(a + b);
4    string c;
5    c = a.ToString() + b.ToString();
6    System.Console.WriteLine(c);
```

题解：

1.第3行代码的a + b将变量a的类型由int自动转换成double，属于隐式转换。

2.第5行代码的a.ToString()和b.ToString()是显式转换，因为我们明确通过ToString()这个方法将a和b均转换成为字符串类型。

定义2-8　变量类型转换兼容性（converting compatibility）是指变量能否从一种数据类型T_1转换成另外一种数据类型T_2，即这两种数据类型T_1和T_2之间是否能够转换的限定。

对于类型转换兼容性，每种程序设计语言可能不同，但大体上还是要符合人们的一般性认知。例如，我们认为int和double都是数字，应该是可以相互转换的，但是datetime和int之间一般认为是无法直接转换的。常见的数据类型转换（类型转换兼容性，T_1转换为T_2）见表2-6。

表2-6　**常见的数据类型转换（类型转换兼容性）**

T_1类型 / T_2类型	整数		浮点数		布尔		日期时间		字符串	
	隐式	显式	隐式	显式	隐式	显式	隐式	显式	隐式	显式
整数	—	—	×	○	×	×	×	×	×	○
浮点数	√	√	—	—	×	×	×	×	×	○
布尔	×	×	×	×	—	—	×	×	×	○
日期时间	×	×	×	×	×	×	—	—	×	○
字符串	×	√	×	√	×	√	×	√	—	—

注：“√”可以转换，“×”不可以转换，“—”不存在转换，“○”有限转换或存在数据损失。

浮点数到整数的转换，会存在数据损失，一般会把浮点数的小数位截断。而字符串转换到其他数据类型，则是有限制的转换，一般要求字符串的文本要符合其他数据类型的写法规范。例如，“2019-9-10”这种字符串就可以转换成日期时间类型数据，但“20190910”则无法转换成日期时间类型数据，因为其写法不符合日期时间类型数据的规范。

上述数据类型转换规则，只是一般性的，各种编程语言都有自己的一套数据类型转换兼容性规则。例如，在C语言中，整数可以和布尔类型数据之间进行转换，但在C#中则不可以；而且C#中提供了一组Convert方法用于不同类型数据之间的显式转换操作。

Convert方法

三、常量

定义2-9　常量（constant）是程序运行过程中，临时存储在内存中，用于运算的量，其存储的数据是不可变化的。

常量与变量本质上是一样的，只不过常量的数据一旦被初始化了，则不能再修改。

常量有两种表达形式：符号型常量、文字型常量。

定义2-10　符号型常量（identified constant）是给固定不变的数据指定一个标识符（Identifier），以代表该常量。

常量的数据类型、常量名称、常量值，如图2-2所示。

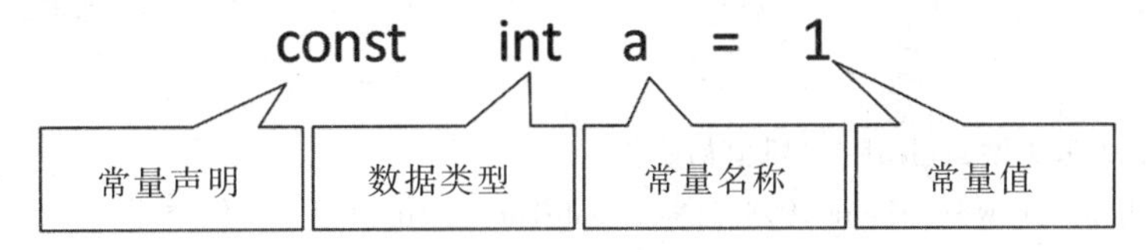

图2-2　常量名、常量值及类型

一般使用符号型常量需要关注以下几个问题：

（1）从定义的形式上看，非常像变量，只是要通过const关键字来标注为常量。

（2）与变量一样要进行初始化，但必须在定义的同时就要初始化。

（3）一旦定义并初始化了，在程序运行的任何时候都不能再改变其数值。

四、值类型与引用类型

在C#中，变量数据类型还要区分值类型与引用类型，这两种不同形式的数据类型，在处理数据的时候会有所不同。

（一）定义

定义2-11　值类型（value type），该类型的数据存储与名称均表示指向同一段内存空间。

定义2-12　引用类型（reference type），该类型的数据存储与名称表示指向不同内存空间，名称只是一个对数据真实存储空间的引用。

注意：C#中为每种基础数据类型都设计了一个对应的值类型或引用类型，并提供了两者之间的“装箱”与“拆箱”操作。

值类型、引用类型在内存表达上的区别，如图2-3所示。

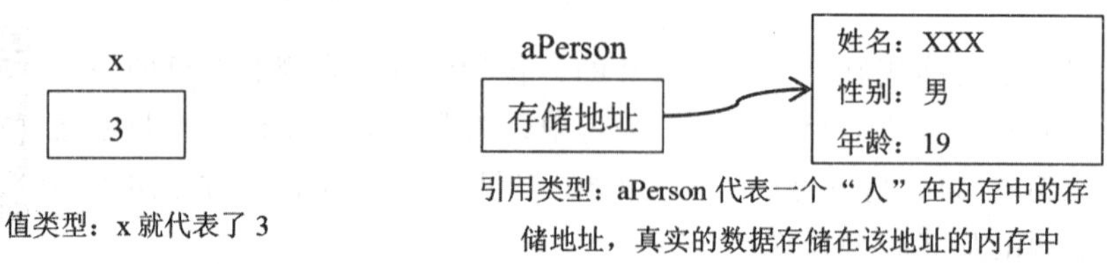

图2-3　值类型、引用类型在内存表达上的区别

（二）区别

值类型与引用类型的数据在使用上存在以下差别：

1.类型定义上的区别

基础数据类型为值类型（string字符串类型除外），或者用struct定义的数据类型；引用类型则是用class定义的数据类型（参见第四章类的定义）。

2.数据初始化的区别

基础数据类型可直接用赋值运算符“=”进行初始化，或者用“new”关键字进行初始化；而引用类型则必须用“new”关键字进行实例化，除非对“=”赋值运算符进行了重载（参见运算符重载部分）。

例如：

```
int x = 3; // int 为值类型，直接用“=”赋值初始化
DateTime birthday = new DateTime(1998, 2, 9); // DateTime为struct定义的值类型，但用new初始化
Person aPerson = new Person(); // Person为class定义的引用类型，必须用new初始化
// string 为引用类型，由于重载了“=”运算符，因此可以直接用“=”初始化
string name = “小明”;
```

3.null的区别

C#中null表示“空值”，即未进行初始化或者表示未知的数据。值类型是不允许为null的，除非特别说明为Nullable<值类型>；引用类型是可以为null的。

可为空值数据

在C#中，我们可以定义出可为空的值类型，其基本代码形式为：

```
Nullable<值类型>　或者　值类型?
```

这两种定义形式是等价的，例如，Nullable<int>和int?都表示可为空的整型数。但是，可为空的整型数并不意味着存在为空的整数，只是用Nullable包装了int类型。

4.默认值的区别

每种值类型都有其特定的默认值，例如，int的默认值为0，DateTime类型为“0001-01-01”；但引用类型的默认值一律为null。C#中用关键字default来获得类型的默认值。

例如：

```
int x = default(int); // int 为值类型，其默认值为0，所以x初始化为0
```

```
DateTime birthday = default(DateTime); // DateTime为值类型,默认值为"0001-01-01"
Person aPerson = default(Person); // Person为引用类型,默认值为null
```

5.函数参数传递的区别

值类型数据和引用类型数据在作为函数参数的时候，其传递方式不同，值类型为值传递，引用类型为引用传递，具体内容参见函数调用部分。

第三节 运算符与表达式

【思政专栏】
运算符与表达式

对于大多数编程语言来说，都具有数值计算的功能，因此少不了对运算符和表达式的支持。人们在发明编程语言的时候，尽量按照人类的自然语言和数学语言来设计程序语言。运算符与表达式的概念正是来自数学领域。

一、运算符与操作数

定义2-13 运算符（operator）是指程序为了完成某种运算而规定的符号。

例如，加法运算在绝大多数程序设计语言中都用“+”符号表示，这个符号可以在计算机键盘上直接找到。

定义2-14 操作数（operand）是指参与某个运算符运算过程的数据。

例如，“1+2”中的“1”和“2”就是参与加法（+）运算的操作数。

二、运算符及其分类

C#运算符参考

常见的运算符分类有两种：按照参与运算的操作数个数分类；按照运算性质分类。

按照参与运算的操作数个数来划分，一般可以分为单目运算符、双目运算符、三目运算符、多目运算符。

按照运算性质，可以把运算符分类为算术运算符、关系运算符、逻辑运算符、条件运算符、赋值运算符、位运算符、成员访问运算符、索引运算符、类型运算符、方法调用运算符等。

表2-7列示了C#中常见运算符的分类。

通过观察表2-7所示的内容可以看出：

（1）大多数运算符都能在计算机键盘上找到对应的符号，但也有通过英文单词来表示的运算符，例如，typeof、new等。

（2）大多数运算符都是双目运算符。

（3）计算机程序语言中的运算符与数学领域的运算符号有交集，但也有很大的不同。例如，我们在数学符号中比较少见累加等运算符，也难以看到typeof这种求解类型实例的运算符，这些基本上是计算机程序语言中特有的运算符；但同时像数学中的积分符号（∫）在C#中则没有。

表2-7 C#中常见运算符的分类

目数 性质	单目	双目	三目/多目
算术	负号（-）、后自加与前自加（++）、后自减与前自减（--）	加法（+）、减法（-）、乘法（*）、除法（/）、求余（%）	
关系		相等（==）、不等（!=）、大于（>）、小于（<）、大于等于（>=）、小于等于（<=）	
逻辑	逻辑非（!）	逻辑与（&&）、逻辑或（||）	
条件			条件运算（?:）
赋值		赋值（=）、累加赋值（+=）、累减赋值（-=）、累乘赋值（*=）、累除赋值（/=）、累余赋值（%=）	
位运算	按位求补（~）	左位移（<<）、右位移（>>）、位与（&）、位或（|）、位异或（^）	
成员访问		成员访问（.）、指针成员访问（->）	
索引		索引（[]）	多参索引（[]）
类型	获取类型实例（typeof）、类型实例化（new）	强制类型转换（(T)）	
调用			方法调用（f()）

三、表达式及其性质

定义2-15 表达式（expression）是通过运算符与操作数进行不断组合形成的用于获得计算结果的计算式。

表达式存在一些规定，以防止程序执行一些不必要且无意义的操作，具体来看包括：目数定理、类型相容定理。

定理2-1 目数定理：组成表达式的操作数个数要符合运算符的目数。

定理2-2 类型相容定理：组成表达式的操作数必须符合运算符的类型要求，即参与运算的操作数类型相同或可以隐式转换。

例题2-4 判断以下表达式是否符合目数定理与类型相容定理。

假定变量x、y、z均为整型，array为整型数组，则：

① x + y + z

② x / y / z

③ x > y > z

④ array[2] + x

题解：

表达式①可以分解为x + y和? + z，其中，?表示x + y的计算结果，为整数，“+”运算符为双目，且要求参与运算的操作数为整数、浮点数，因此既符合目数定理，也符合类型相容定理。

表达式②可以分解为x / y和? / z，其中，x / y中的“/”运算符为双目，且参与运算的操作数符合类型相容定理，均为整数，同时也满足双目运算的要求，因此也符合目数定理的要求。

表达式③可以分解为x > y和? > z，分解后的表达式均为双目运算，但是? > z中的?是x > y的计算结果，其结果为bool类型数据，这与整数类型的z不能进行“>”比较关系运算，因此不满足类型相容定理，从而会造成编译错误。

表达式④可以分解为array[2]和? + x，其中，[]为一维数组索引双目运算，array为左操作数，2为右操作数，+也为双目运算，因此满足目数定理。另外，[]中为整数，同时?是array[2]索引出来的结果，为整数，参与到+运算中，满足了类型相容定理。

每个运算符的操作数类型需要查阅不同编程语言的参考手册，但是可以用常识性思维来猜测其类型要求。例如，+ - * /要求整数、浮点数；[]左操作数为数组类型，右操作数为整数类型；> < ! =左右两侧操作数均为整数或浮点数等。

表达式求解过程要满足两个性质：优先级、结合性。

C#表达式参考

定义2-16　优先级（priority）是指表达式中出现一个以上的运算符，其计算的先后顺序，即哪个运算符先算，而哪个后算。

定义2-17　结合性（associativity）是指表达式中出现优先级相同的多个运算符，其计算的方向，即从左向右计算，还是从右向左计算。

优先级与结合性的概念早在学习算数的时候就已经接触了，例如，我们都知道“先算乘除，后算加减”“加减乘除从左往右算”等。而且，通过加上小括号可以改变表达式的优先级，将原本低级别的运算符提升到优先计算的级别。C#中常见的运算符优先级与结合性见表2-8。

表2-8　**C#中常见的运算符优先级与结合性**

优先级	运算符	名称或含义	使用形式	结合方向	说 明
1	[]	数组下标	数组名[整型表达式]	左到右	
	()	圆括号	(表达式)/函数名(形参表)		
	.	成员选择（对象）	对象.成员名		
	->	成员选择（指针）	对象指针->成员名		
2	-	负号运算符	-表达式	右到左	单目运算符
	(类型)	强制类型转换	(数据类型)表达式		
	++	自增运算符	++变量名/变量名++		单目运算符
	--	自减运算符	--变量名/变量名--		单目运算符
	*	取值运算符	*指针表达式		单目运算符

续表

<table>
<tr><th>优先级</th><th>运算符</th><th>名称或含义</th><th>使用形式</th><th>结合方向</th><th>说 明</th></tr>
<tr><td rowspan="4">2</td><td>&</td><td>取地址运算符</td><td>&左值表达式</td><td rowspan="4">右到左</td><td>单目运算符</td></tr>
<tr><td>!</td><td>逻辑非运算符</td><td>!表达式</td><td>单目运算符</td></tr>
<tr><td>~</td><td>按位取反运算符</td><td>~表达式</td><td>单目运算符</td></tr>
<tr><td>sizeof</td><td>长度运算符</td><td>sizeof 表达式/sizeof(类型)</td><td></td></tr>
<tr><td rowspan="3">3</td><td>/</td><td>除</td><td>表达式/表达式</td><td rowspan="3">左到右</td><td>双目运算符</td></tr>
<tr><td>*</td><td>乘</td><td>表达式*表达式</td><td>双目运算符</td></tr>
<tr><td>%</td><td>余数（取模）</td><td>整型表达式%整型表达式</td><td>双目运算符</td></tr>
<tr><td rowspan="2">4</td><td>+</td><td>加</td><td>表达式+表达式</td><td rowspan="2">左到右</td><td>双目运算符</td></tr>
<tr><td>-</td><td>减</td><td>表达式-表达式</td><td>双目运算符</td></tr>
<tr><td rowspan="2">5</td><td><<</td><td>左移</td><td>表达式<<表达式</td><td rowspan="2">左到右</td><td>双目运算符</td></tr>
<tr><td>>></td><td>右移</td><td>表达式>>表达式</td><td>双目运算符</td></tr>
<tr><td rowspan="4">6</td><td>></td><td>大于</td><td>表达式>表达式</td><td rowspan="4">左到右</td><td>双目运算符</td></tr>
<tr><td>>=</td><td>大于等于</td><td>表达式>=表达式</td><td>双目运算符</td></tr>
<tr><td><</td><td>小于</td><td>表达式<表达式</td><td>双目运算符</td></tr>
<tr><td><=</td><td>小于等于</td><td>表达式<=表达式</td><td>双目运算符</td></tr>
<tr><td rowspan="2">7</td><td>==</td><td>等于</td><td>表达式==表达式</td><td rowspan="2">左到右</td><td>双目运算符</td></tr>
<tr><td>!=</td><td>不等于</td><td>表达式!-表达式</td><td>双目运算符</td></tr>
<tr><td>8</td><td>&</td><td>按位与</td><td>整型表达式&整型表达式</td><td>左到右</td><td>双目运算符</td></tr>
<tr><td>9</td><td>^</td><td>按位异或</td><td>整型表达式^整型表达式</td><td>左到右</td><td>双目运算符</td></tr>
<tr><td>10</td><td>|</td><td>按位或</td><td>整型表达式|整型表达式</td><td>左到右</td><td>双目运算符</td></tr>
<tr><td>11</td><td>&&</td><td>逻辑与</td><td>表达式&&表达式</td><td>左到右</td><td>双目运算符</td></tr>
<tr><td>12</td><td>||</td><td>逻辑或</td><td>表达式||表达式</td><td>左到右</td><td>双目运算符</td></tr>
<tr><td>13</td><td>?:</td><td>条件运算符</td><td>表达式 1?表达式 2:表达式 3</td><td>右到左</td><td>三目运算符</td></tr>
<tr><td rowspan="11">14</td><td>=</td><td>赋值运算符</td><td>变量=表达式</td><td rowspan="11">右到左</td><td></td></tr>
<tr><td>/=</td><td>除后赋值</td><td>变量/=表达式</td><td></td></tr>
<tr><td>*=</td><td>乘后赋值</td><td>变量*=表达式</td><td></td></tr>
<tr><td>%=</td><td>取模后赋值</td><td>变量%=表达式</td><td></td></tr>
<tr><td>+=</td><td>加后赋值</td><td>变量+=表达式</td><td></td></tr>
<tr><td>-=</td><td>减后赋值</td><td>变量-=表达式</td><td></td></tr>
<tr><td><<=</td><td>左移后赋值</td><td>变量<<=表达式</td><td></td></tr>
<tr><td>>>=</td><td>右移后赋值</td><td>变量>>=表达式</td><td></td></tr>
<tr><td>&=</td><td>按位与后赋值</td><td>变量&=表达式</td><td></td></tr>
<tr><td>^=</td><td>按位异或后赋值</td><td>变量^=表达式</td><td></td></tr>
<tr><td>|=</td><td>按位或后赋值</td><td>变量|=表达式</td><td></td></tr>
<tr><td>15</td><td>,</td><td>逗号运算符</td><td>表达式,表达式,...</td><td>左到右</td><td>从左向右顺序运算</td></tr>
</table>

表达式的构成与计算过程实际上是按照一种树形结构组织的。

例题2-5　表示出表达式“x + y / z”和“a [2] + x”的树形计算结构。

表达式的树形结构，如图2-4所示。

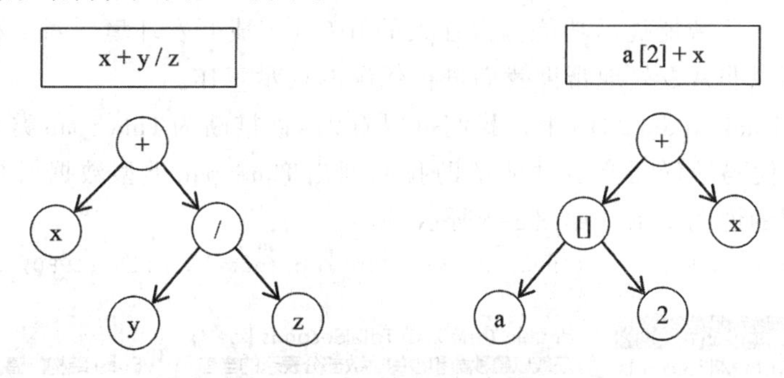

图2-4　表达式的树形结构

注意：理解表达式的树形结构，可以参考数据结构与编译原理的相关课程知识。

四、表达式与类型推断

每个表达式经过计算之后均可得到一种类型的数据，在赋值过程中，可以对“=”右侧的表达式进行推断，明确其最终计算得到的数据类型，从而不必再为“=”左侧的变量明确指定其数据类型。

例如：

```
int x = 1 + 2;
```

在这个赋值语句中，变量x明确定义为int类型，但我们也可以定义为：

```
var x = 1 + 2;
```

因为1、2都是整数，且加法计算结果也一定是整数，因而没有明确定义其类型，只是用var加以说明x为某个类型的变量。

定义2-18　类型推断（type inference）是指在赋值过程中，编译器通过推测右侧表达式计算结果的类型，而自动确定左侧变量的数据类型。

类型推断的一般代码形式为：

```
var 变量名 = 任意表达式;
```

var关键字只声明一个变量,类型由编译器自动推断

类型推断技术对于编写代码来说非常方便，尤其是当赋值语句右侧表达式非常复杂的时候，靠人为方式来识别其类型比较困难，通过类型推断可以将确定变量类型的工作交给计算机去完成。

例如：

```
var x = ((a > b) && (d < g));
```

计算机会根据“=”右侧的表达式推断x的类型为bool。

再如：

```
var s = (new DateTime(1995, 3, 4)).Subtract(new DateTime(1980, 5, 7));
```

计算机会将s变量的类型推断为TimSpan类型。这是因为“=”右侧为两个日期相减的结果，在C#中这种表示时间间隔的数据，其类型为TimeSpan。

类型推断在一些智能提示功能非常强大的IDE（集成开发环境，对一种编程工具软件的统称）中，可以非常友好地帮助我们进行代码的提示工作。

例如，在Visual Studio 2019中，我们可以看到s被推断为TimeSpan类型后，在输入代码“s.”的时候，代码编译器会自动地帮助我们列出TimeSpan类型数据所具有的操作和数据，并给出简要的说明提示（如图2-5所示）。

```
var s = (new DateTime(1995, 3, 4)).Subtract(new DateTime(1980, 5, 7));
s.
```

★ TotalSeconds
★ TotalMilliseconds
★ Ticks
★ ToString
Add
CompareTo
Days
Duration
Equals

double TimeSpan.TotalSeconds { get; }
获取以整秒数和秒的小数部分表示的当前 TimeSpan 结构的值。
★ 基于此上下文的 IntelliCode 建议

图2-5 Visual Studio 2019中经过类型推断之后的代码智能提示效果

第四节 语句与控制结构

一、语句定义与分类

定义2-19 语句（statement）为一条完整的计算机指令，是计算机程序语言中最小的可执行单元。

【思政专栏】语句与程序控制

计算机程序设计语言中的语句其实可以类比人类自然语言中的语句，自然语言中的语句是表达完整含义的语言单元。在自然语言中，可以分为陈述句、祈使句、疑问句、感叹句等，但对于程序设计语言来说，其是人类向计算机发出的指令，所以只存在祈使句或陈述句。进一步细分下去，程序设计语言的语句按照作用可以分为：定义语句、赋值语句、条件语句、循环语句、输入语句、输出语句、返回语句等。

语句还可以分为单条语句、复合语句。复合语句是由若干单条语句组合而成的。C#中单条语句一定要用分号“;”作为结束符号，复合语句则要用花括号“{}”包裹起来。

完整C#语句参考

C#中常见语句类型及其作用见表2-9。

表2-9　　C#中常见语句类型及其作用

语 句	作 用	举 例
定义语句	定义出变量的名字、类型、初始值	int a = 1;

	定义出类	public class SomeClass
		{
		}

	定义出函数（方法）	public int Sum(int start, int end)
		{
		}

	定义出命名空间	namespace MyProgramSpace
		{
		}

赋值语句	将数据存入变量	x = 2 + 3; x += 5;

条件语句	对程序执行逻辑进行判断选择	if(x > 1) {
		}
		else{
		}

循环语句	包裹需要重复执行的语句	for(int i = 0; i <= 100; i++) {
		}
		while(i<=100) {
		}

输入语句	从键盘或其他输入设备接收数据	Console.ReadLine();
输出语句	向屏幕或其他输出设备发送数据	Console.WriteLine(“Hello World!”);
返回语句	结束函数执行并向调用者返回数据	return s;
注释语句	对代码进行注解，分为单行注释、多行注释、文档注释	// 这是单行注释 /* 这是多行注释 */ /// <summary> /// 这是文档注释 /// </summary>

二、程序控制结构

程序就是为了解决问题而形成的若干语句的组合，通过Böhm、Jacopini和Dijkstra等多位计算机科学家的努力，在20世纪60年代，他们以数学的方式证明了一种编程语言只要支持顺序、选择、循环三种程序结构，就可以解决程序设计中的所有问题。

（一）顺序结构

按照代码文本的撰写顺序执行，这是最基本的结构。这也非常符合人类思考问题的线性方式。但是，只有顺序结构满足不了解决问题的要求，因此还需要有选择结构与循环结构。

（二）选择结构

选择结构也称条件分支结构，是根据某一命题逻辑的运算结果，按照“真”与“假”给出程序执行的不同走向。

例题2-6 用程序表达“今天如果天气好,我就去Shopping,否则没人来叫我去Play basketball,我就Sleeping”。

```
1   string weather = Console.ReadLine();
2   if(weather == "1") {
3     Console.WriteLine("Shopping...");
4   } else {
5     string play = Console.ReadLine();
6     if(play == "1") {
7       Console.WriteLine("Playing basketball...");
8     } else {
9       Console.WriteLine("Sleeping...");
10    }
11  }
```

这段代码通过定义两个字符串变量weather和play，并根据键盘输入值来决定程序流转。其中，输入的weather变量值为“1”，表示“天气好”，并将流程导向第3行代码，输出“Shopping...”，表示“去Shopping”。当输入的weather不是“1”时，则流程导向第5~11行代码，并在这段代码中继续判断输入的play变量值。如果play为“1”，则表示“有人叫我去Play basketball”，并将程序流程导向第7行代码，输出“Playing basketball”。如果play不是“1”，则表示“没人来叫我去Play basketball”，那么程序将执行第9行代码。可以用下面的流程图更加清楚地表达程序的流转（如图2-6所示）。

只要是编程语言，就需要存在支持选择结构的语句。C#中最常用的表达选择结构的语句有三种：单路分支、双路分支、多路分支。

单路分支的选择语句及程序流程图，如图2-7所示。

双路分支的选择语句及程序流程图，如图2-8所示。

多路分支的选择语句及程序流程图，如图2-9所示。

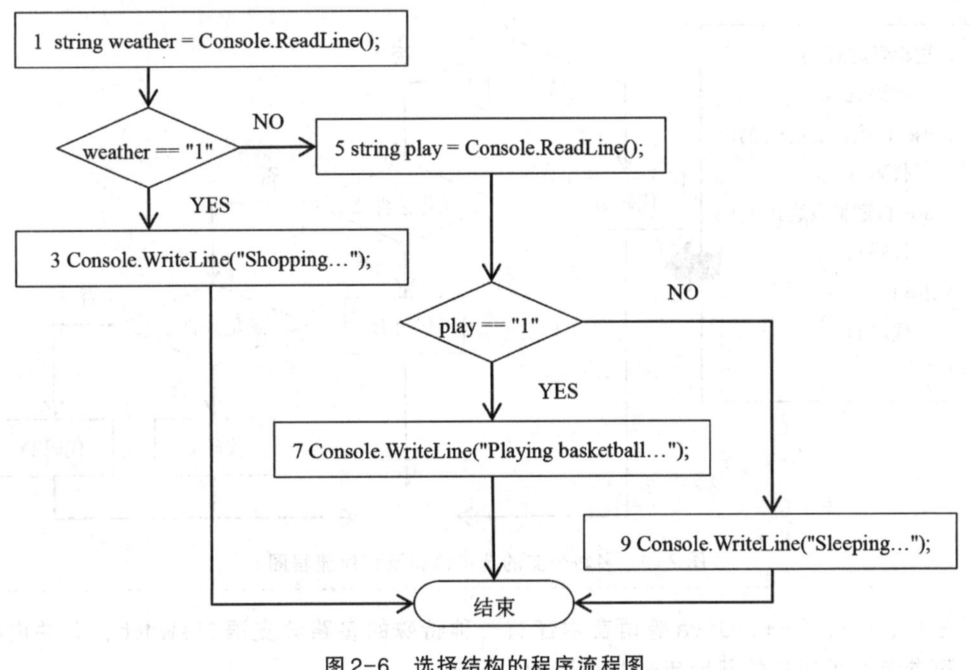

图2-6　选择结构的程序流程图

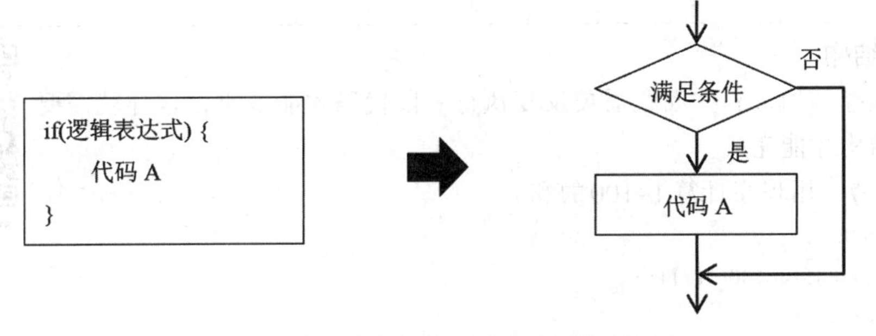

图2-7　单路分支的选择语句及程序流程图

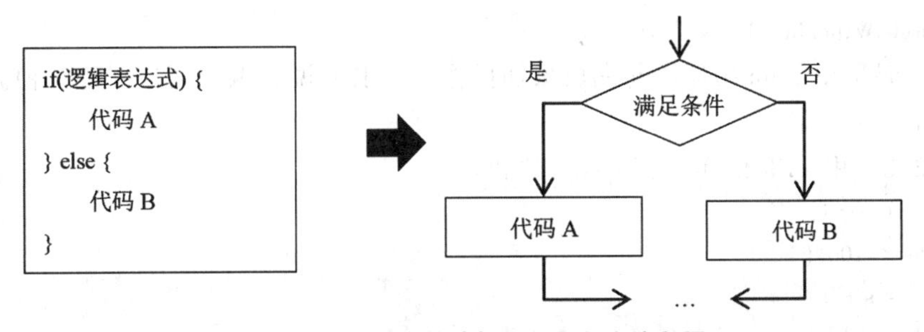

图2-8　双路分支的选择语句及程序流程图

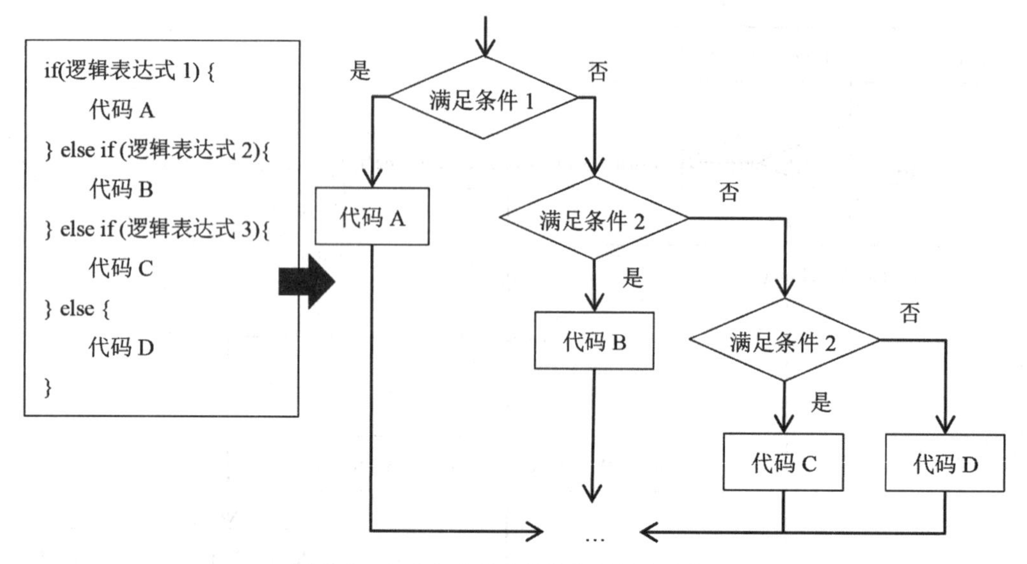

图2-9 多路分支的选择语句及程序流程图

注意：C#、C++、Java等语言中还有一种特殊的多路分支语句switch，有关内容可参考相关语言的帮助手册加以了解。

(三) 循环结构

除了选择结构，有些问题需要反复执行一段代码才能解决，这样就需要借助循环结构才能完成。

例题2-7 用程序计算1~100的和。

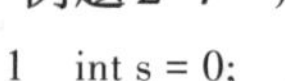

```
1  int s = 0;
2  for(int i = 1; i<=100; i++) {
3        s = s + i;
4  }
5  Console.WriteLine(s);
```

这段代码采用了for循环语句完成累加操作。一般来说，编程语言支持三种循环语句，即for、while、do...while。

例题2-8 用while语句计算1~100的和。

```
1  int s = 0, i = 1;
2  while(i<=100) {
3        s = s + i;
4        i++;
5  }
6  Console.WriteLine(s);
```

例题2-9 用do...while语句计算1~100的和。

```
1  int s = 0, i = 1;
2  do {
3        s = s + i;
4        i++;
```

```
5    } while(i<=100);
6    Console.WriteLine(s);
```

上面三个例子，都是计算1~100的和，但是用了三种循环语句，由此可以看出，同样的问题，完全可以用不同的循环语句解决。无论采用哪种循环语句，均要关注循环结构的四要素：循环控制变量初始化、循环结束条件、循环控制变量增量、循环体。

上述代码中定义了循环控制变量i，并且初始化为1；通过设置循环结束条件i<=100来控制程序结束循环，防止出现无限循环；再通过i++自增运算改变循环控制变量，如果缺少这条语句，也会造成无限循环；而s=s+i则是真正用于累加运算的循环体。

我们可以用流程图来表达循环结构，如图2-10所示。

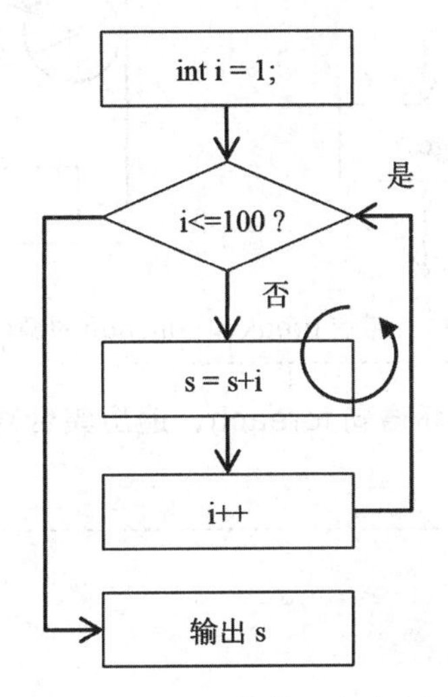

图2-10　循环结构的程序流程图

与循环结构相关的两个控制语句：break和continue，其中，break用于提前结束循环，continue则用于提前跳转到下一次循环。下面通过示例说明这两个控制语句。

例题2-10　判断某个数是否为素数。

```
1       bool isPrime = true;
2       Console.Write("输入一个数:");
3       int x = Convert.ToInt32(Console.ReadLine()); // 将从键盘输入的数据转换成整数
4       for(int i = 2; i < x; i++) {
5             if(x % i == 0) { // 求余数的结果为0,表示整除,则 x 一定不是素数
6                 isPrime = false;
7                 break; // 提前结束循环
8             }
9       }
10      Console.WriteLine("是否为素数:{0}", isPrime);
```

上述第5行代码用于判断x是否能被i整除，如果整除了，则说明x一定不是素数，于是在第7行代码中用break语句直接跳出for循环，不再继续判断x是否能被i整除。这样可以减少程序不必要的循环，提高执行效率。

例题2-11　输出3~20中不能被3整除的数。

```
1    for(int i = 3; i <= 20; i++) {
2        if(i % 3 == 0) { // 遇到被 3 整除，直接跳转下一次循环
3            continue;
4        }
5        Console.WriteLine(i);
6    }
```

带有break和continue的循环结构，如图2-11所示。

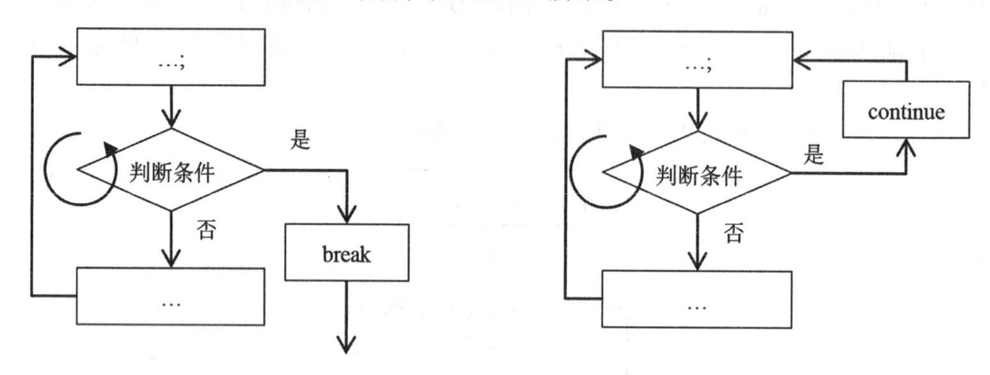

图2-11 带有break和continue的循环结构

注意：还有一种常见的循环语句foreach，遍历集合对象的数据，有关内容参见第三章。

三、输入与输出语句

本书中会用到C#控制台的输入与输出语句，在这里介绍常见的用法。

控制台是一种能够接受用户从键盘输入的字符，并将数据以字符方式输出到屏幕的虚拟设备。C#中用Console类型定义了控制台，我们可以通过一组Console提供的功能函数完成输入与输出操作。下面介绍常见的一些依托Console功能函数的输入与输出用法。

（一）输出语句

输出语句是利用Console的一组Write功能函数向屏幕以字符方式输出数据的语句。其一般代码形式为：

C#格式串参考

```
Console.WriteLine(输出格式串, 输出数据列表);
```

例如：

（1）向屏幕输出三个整数，中间用一个空格分割。

```
Console.WriteLine("{0} {1} {2}", 3, 5, 7);
```

（2）向屏幕以“xxxx年xx月xx日”的格式输出今天的日期。

```
Console.WriteLine("{0:yyyy年MM月dd日}", DateTime.Now);
```

（3）向屏幕以“￥34,562.23”的货币格式输出浮点数34562.23。

```
Console.WriteLine("{0:C}", 34562.23);
```

（4）向屏幕以“   6728.00   78.20”右对齐格式输出6728、78.2两个数值，其中每

个数值在屏幕上占据10个字符宽度。

```
Console.WriteLine("{0,10:#.00}", 6728, 78.2);
```

（5）向屏幕输出每个企业的年销售额。

```
Console.WriteLine("{0,-15} {1,10:#.00}亿", "Lenovo", 3982.2);
Console.WriteLine("{0,-15} {1,10:#.00}亿", "Microsoft", 2901);
```

程序输出结果，如图2-12所示（□代表空格）：

```
Lenovo□□□□□□□□□□□□□□3982.20亿
Microsoft□□□□□□□□□□□2901.00亿
```

图2-12　程序输出结果

通过上面的示例可以看到，在输出语句中，关键的是“输出格式串”，通过格式串来决定输出的数据个数与格式。

在.Net中为输出语句提供了两种格式串的写法：

1.占位符法

按照以下方式撰写的格式串：

{序号[,[[对齐方式][位数]]:占位格式]}

其中，序号表示在输出数据列表中出现的第一个输出数据，以此类推；位数用于指定数据输出的时候占据的字符数，不足部分会以空格填补；对齐方式分为右对齐、左对齐，右对齐不用做任何格式说明，但左对齐以“-”负号说明；占位格式则需要根据不同数据类型进行确定，例如，货币型用“C”表示，日期型用“D”或者自定义“y、M、d”格式符进行组合表示，具体的占位格式可参见“C#格式串参考”二维码。

在C#中还提供了另一种格式串的写法，即插值法。

2.插值法

按照以下方式撰写的格式串：

{表达式}

例如：

```
Console.WriteLine($"今天是{DateTime.Now.Date}");
```

再如：

```
Console.WriteLine($"三个数据是:{ x } { y } { x + y }");
```

可以看出，插值法格式串要用“$”引导，且大括号内可以撰写任何合法的C#表达式。

格式串中还可以撰写一些特殊的转义字符。所谓转义字符，就是改变字符原本的含义，以表达成特殊的符号。常见的转义字符见表2-10。

表2-10　常见的转义字符

转义字符	作 用	转义字符	作 用
\n	换行	\r	回车
\t	Tab跳格符	\0	空字符
\'	单引号	\"	双引号
\\	反斜杠	\b	退格
{{	左大括号	}}	右大括号

上述转义字符基本是以“\”反斜杠引导的。这里需要特别说明以下几种特殊情况：

（1）“\"”转义。因为C#用双引号作为字符串的界定分隔符，如果字符串本身就存在双引号，则需要用反斜杠进行转义，否则会被C#识别为字符串分隔符。例如，"I said: \"He will come here.\""。

（2）“\\”转义。如果字符串本身就有反斜杠需要输出，那么需要写成“\\”。

（3）“{{”和“}}”转义。还有一种特殊情况，对于“{}”大括号来说，由于其作为了占位符的分隔符，如果本身要输出大括号，则需要采用双倍写法，即“{{”和“}}”来表示输出大括号，而不是将其作为占位符输出。例如，"年龄范围在{{0~100}}之间"。

此外，C#中还提供一种“逐字字符串(Verbatim String)”的格式串书写方式，程序会以原封不动、一个字符不变的方式进行输出。

例如：

```
@"年龄:56
性别:男
住址:\北京市\朝阳区\XXX街道\XX号"
```

可以看到，这种格式串是以“@”符号引导的，其中的换行回车符并未显式地用“\r\n”转义字符表示，而是直接原封不动地按照输入内容进行输出，而且“\”反斜杠也没有作为转义字符，而是当成了普通的反斜杠对待。

除了用Console.WriteLine作为输出语句外，还有Console.Write，两者区别在于：前者会在输出结束后自动加上一个换行回车，而后者不会。

（二）输入语句

输入语句是利用Console.ReadLine功能函数来完成的。其一般代码形式为：

```
string 变量名称 = Console.ReadLine();
```

由于控制台只能接受字符，因此通过ReadLine读取到的只能是字符串。如果要获得其他类型数据，只能在读取输入的字符串之后，用Convert类型的功能函数转换成其他类型数据。

（1）接受输入的年龄数据。

```
string ageStr = Console.ReadLine();
int age = Convert.ToInt32(ageStr);
```

（2）接受输入的日期。

```
string dateStr = Console.ReadLine();
DateTime date = Convert.ToDateTime(dateStr);
```

由于ReadLine可以接受任何字符，因此在用Convert转换成特定类型数据之前，最好要检查一下输入的字符串是否可以进行转换。

Convert参考

例如：

```
string ageStr = Console.ReadLine();
int age;
if(int.TryParse(ageStr, out age)) {
   …
}
```

这里用到了整数类型的TryParse方法，进行类型转换尝试，如果该方法返回值为true，则将转换结果存入整型变量age中。关键字out的作用在于表明age变量接收转换后的数据。

四、程序错误及控制语句

编写程序不可避免地会出现错误，我们需要正确面对程序出现的错误，并进行有效控制和处理。程序中出现的错误，按照检查难度从小到大分为：

1.语法错误

2.运行错误

3.逻辑错误

这三种错误在编写程序的时候出现的时机不同，处理的方式也不同。

(一) 语法错误

定义2-20　语法错误（syntax error）是指在程序编写过程中，出现不符合语言要求的语法错误，也称为编译错误。

这种错误最容易被发现和处理。在Visual Studio Code这种现代编程工具中非常容易将语法错误检查出来，如图2-13所示。在我们编写代码的同时，编程工具就能及时地发现语法错误，并用红色波浪线标注出来，用鼠标悬停在红色波浪线上，系统就会给出详细的错误提示信息。

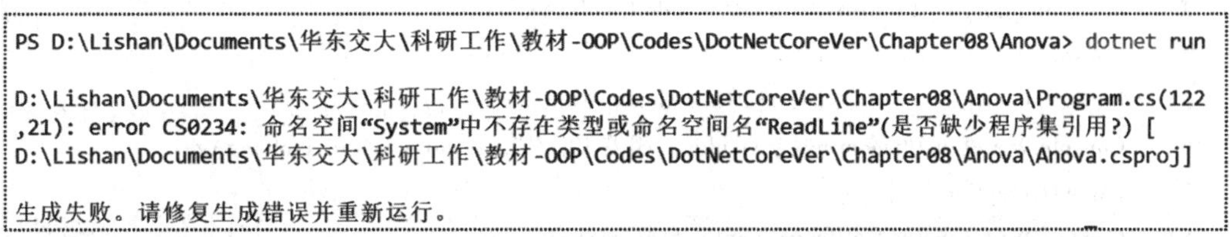

```
0 references
static void   命名空间“System”中不存在类型或命名空间名“ReadLine”(是否缺少程序集引用?) [Anova] csharp(CS0234)
{             查看问题 (Alt+F8)   没有可用的快速修复
    int x = System.ReadLine();
```

图2-13　VSCode中出现语法错误的提示

这种错误在我们开始执行程序并进行编译的时候也会被发现，并且系统会阻止程序的运行，如图2-14所示。

```
PS D:\Lishan\Documents\华东交大\科研工作\教材-OOP\Codes\DotNetCoreVer\Chapter08\Anova> dotnet run

D:\Lishan\Documents\华东交大\科研工作\教材-OOP\Codes\DotNetCoreVer\Chapter08\Anova\Program.cs(122
,21): error CS0234: 命名空间“System”中不存在类型或命名空间名“ReadLine”(是否缺少程序集引用?) [
D:\Lishan\Documents\华东交大\科研工作\教材-OOP\Codes\DotNetCoreVer\Chapter08\Anova\Anova.csproj]

生成失败。请修复生成错误并重新运行。
```

图2-14　VSCode中编译程序时给出的错误提示

要改正这种错误，只需要仔细阅读错误提示，定位到提示的程序文件的行、列位置，按照要求修改即可。

(二) 运行错误

定义2-21　运行错误（runtime error）是指在程序运行过程中出现的异常，并阻止程序继续运行，该类型的错误也称为运行时异常。

这种错误不是语法错误，而是出现让程序无法执行下去的异常。

例如，尝试将“ABC”转换成为整数。其运行代码为：

```
int x = Convert.ToInt32(Console.ReadLine());
```

如果输入：ABC，则会出现“System.FormatException: Input string was not in a correct format.”这种异常。

在运行程序的时候抛出的异常提示，如图2-15所示。

```
PS D:\Lishan\Documents\华东交大\科研工作\教材-OOP\Codes\DotNetCoreVer\Chapter08\Anova> dotnet run
ABC
Unhandled exception. System.FormatException: Input string was not in a correct format.
   at System.Number.ThrowOverflowOrFormatException(ParsingStatus status, TypeCode type)
   at System.Number.ParseInt32(ReadOnlySpan`1 value, NumberStyles styles, NumberFormatInfo info)
   at System.Convert.ToInt32(String value)
   at Anova.Program.Main(String[] args) in D:\Lishan\Documents\华东交大\科研工作\教材-OOP\Codes\Dot
```

图2-15 在运行程序的时候抛出的异常提示

针对这种错误，我们应该在可能出现问题的代码处，用一些检测方法加以避免，例如，在介绍输入语句的时候提到的int.TryParse方法的使用。当遇到无法检测的情况时，应该用try...catch...异常捕获语句进行处理。

try...catch...参考

```
1  try {
2      int x = Convert.ToInt32(Console.ReadLine());
3  } catch (Exception ex) { // 用Exception类型变量ex捕获异常信息
4      Console.WriteLine(ex.GetBaseException().Message);// 输出异常信息
5  }
```

（三）逻辑错误

定义2-22 逻辑错误（logic error）是指由于程序代码存在逻辑漏洞，造成得不到预期运行结果的错误，这种错误也称为“BUG”或者程序缺陷。

这类错误是最难被发现的，甚至有时候这种错误会一直存在，当没有触发错误逻辑的时候，程序看似一切正常，这就造成隐患会一直存在，如下面这段代码。

```
1  try {
2    Console.Write("xiaoming age:");
3    int xiaomingAge = Convert.ToInt32(Console.ReadLine());
4    Console.Write("xiaohong age:");
5    int xiaohongAge = Convert.ToInt32(Console.ReadLine());
6    Console.WriteLine("xiaoming 与 xiaohong 相差 {0} 岁", xiaomingAge - xiaohongAge);
7  } catch (Exception ex) {
8    Console.WriteLine(ex.GetBaseException().Message);
9  }
```

程序输出结果，如图2-16所示。

```
xiaoming age:15
xiaohong age:-13
xiaoming 与 xiaohong 相差 28 岁
```

图2-16 程序输出结果

这段程序没有报错，甚至还用上了try...catch...异常捕获语句进行处理，但是得到的结果却不是我们的预期，因为xiaohong的年龄被错误地输入为“-13”。如果我们一直输入正整数表示的年龄，这段代码不会有任何问题。但由于没有检测输入年龄的数值范围，从而造成存在负数年龄的逻辑漏洞。当遇到这种问题的时候，我们应该让程序尽量去检验数据的有效性，而保证程序的正确运行。

例如，我们增加两段代码，用于检测输入年龄数据的范围，当超出合理的输入范围时，则用运行时异常的方式抛出错误。

```
1   try {
2       Console.Write("xiaoming age:");
3       int xiaomingAge = Convert.ToInt32(Console.ReadLine());
4       if(xiaomingAge < 0 || xiaomingAge > 120) {
5           throw new Exception("xiaoming age range is error");
6       }
7       Console.Write("xiaohong age:");
8       int xiaohongAge = Convert.ToInt32(Console.ReadLine());
9       if(xiaohongAge < 0 || xiaohongAge > 120) {
10          throw new Exception("xiaohong  age range is error");
11      }
12      Console.WriteLine("xiaoming 与 xiaohong 相差 {0} 岁", xiaomingAge – xiaohongAge);
13  } catch (Exception ex) {
14      Console.WriteLine(ex.GetBaseException().Message);
15  }
```

程序输出结果，如图2-17所示。

```
xiaoming age:15
xiaohong age:-13
xiaohong age range is error
```

图2-17　程序输出结果

上述代码中用到了throw语句，人为且有条件地让程序抛出运行时错误，这种做法虽然会阻止程序的运行，但不会影响程序的运行逻辑，是可以接受的。

由于逻辑错误有时非常隐蔽，也没有一种工具可以帮助我们自动地将逻辑错误检查出来，并给出错误提示以及改正建议，因此需要我们在编写代码的时候特别仔细。但这种错误有时是不可避免的，因而我们经常看到APP软件在运行一段时间之后会进行升级。通过扫描“关于BUG文章”二维码阅读对于程序错误的一些有趣看法。

关于BUG文章

第五节　代码块与作用域

对于很多编程语言，需要特别关注代码块的语法结构。通过对代码进行分块处理，以便防止出现“从头写到尾”的代码，而造成随着代码量的膨胀，程序无法维护的情况。代码块还为标识符的重名现象提供处理方案，以解决命名冲突的问题。同时，代码块还为变量提供生命周期管理，防止内存资源的无限占用。代码块的作用总结为：

1.结构化代码

2.解决标识符的重名冲突

3.提供变量生命周期管理

一、代码块

定义2-23 代码块（**code block**）是采用指定的符号（如一对花括号）标注一段代码的起始与结束，以便代码的结构化。

不同编程语言规定了不同的代码块界定符。例如，C#、Java、C++用一对花括号界定代码块，Python则用缩进排版的格式符标注代码块。在C#中，分为6种代码块：命名空间代码块、类代码块、函数代码块、属性代码块、属性访问器代码块、语句代码块。

代码块具有层次性，即代码块可以进行嵌套。C#中的代码块按照层次从大到小的包含关系，如图2-18所示。

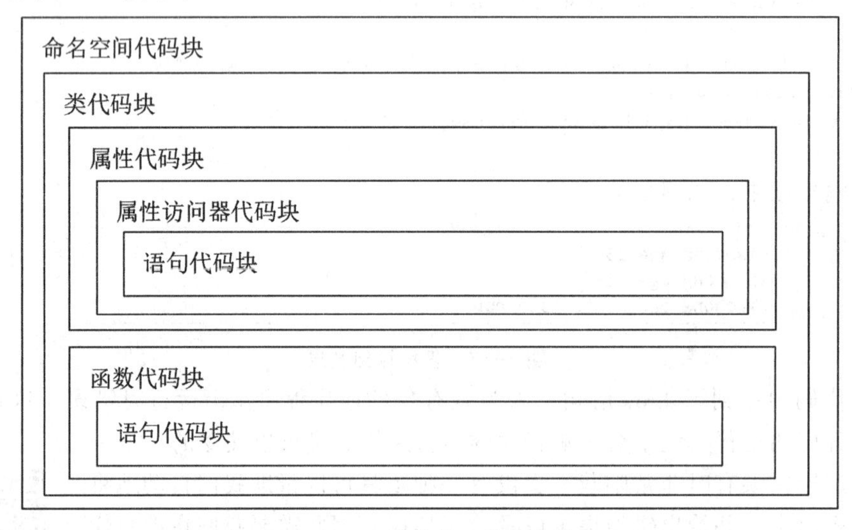

图2-18 C#中的代码块包含关系

代码块可以用来解决标识符的命名冲突问题，其中主要是通过namespace命名空间代码块来避免这个问题。

```
1  namespace MyFirstNameSpace {
2      class Person { // 这是 MyFirstNameSpace 命名空间中 Person 类
3      }
4  }
5  namespace MySecondNameSpace {
6      class Person { // 这是 MySecondNameSpace 命名空间中 Person 类
7      }
8  }
```

上述代码中存在两个命名空间代码块，即MyFirstNameSpace和MySecondNameSpace，均定义了Person类，但是因为分处两个命名空间代码块中，因而互相并不影响。

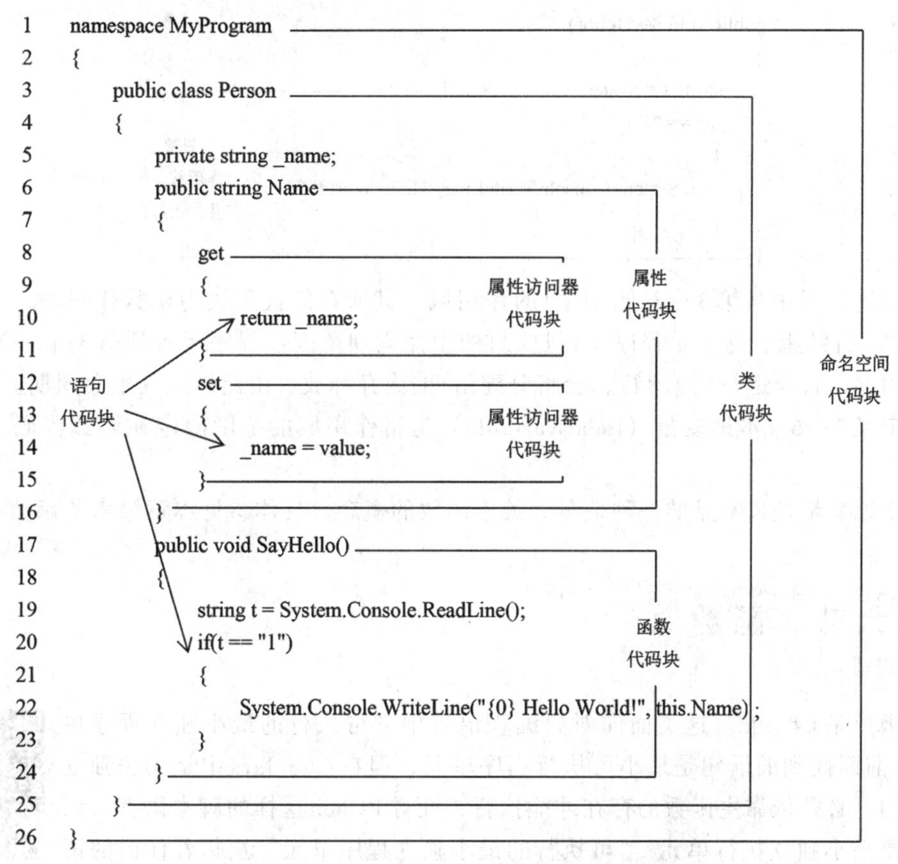

上述代码中包含了6种代码块，其中的语句代码块分为单条语句构成的代码块，如第10、14、19行语句，以及复合语句的代码块，如第20~23行的条件语句块。

在编写代码块的时候，不能破坏其嵌套关系，在C#中表现为花括号必须成对出现。

注意：类、属性、函数等代码块需要在后面介绍相关概念的章节中具体了解，目前只要了解代码块的概念、类别和嵌套关系即可。

二、作用域

代码块还为变量提供生命周期管理，具体是通过作用域实现的。

定义2-24　作用域（scope）是指变量可用的代码文本范围，在该范围之内变量标识符有效，范围之外无效。

一般情况下，变量从定义之处开始，到所在代码块结束处为止，是其作用域。这是从代码文本的静态视角来看待变量作用域的概念。如果从程序执行过程的角度来看待变量的有效范围，则是生命周期的概念。

定义2-25　生命周期（life cycle）是指程序运行期间，变量从分配内存开始，到从内存释放为止的一个动态过程。

```
1        public void SayHello()
2        {
3            string t = System.Console.ReadLine();
4            if(t == "1")
5            {
6                System.Console.WriteLine("Hello World!");
7            }
8        }
```

变量 t
作用域范围
及生命周期

上述代码中从第3行开始变量t的作用域，其所在的代码块为函数代码块，作用域范围到第8行结束，这也是程序运行过程t的生命周期范围。程序运行到第3行，会为变量t分配内存，直至运行到第8行，会将分配给t的内存释放，由此结束其生命周期。

定义 2-26　本地变量（**local variable**）是指作用域的范围限定在函数代码块之内的变量。

本地变量是最常见的一种变量。关于函数的概念，具体参见本章第六节函数。

第六节　函数

函数是C#、Java这类面向对象编程语言中“可执行的最小独立程序单元”。前面提到的语句是最小可执行程序单元，但在C#、Java中是无法独立执行的，必须依靠主函数的存在才能执行，而像Python这样的脚本语言，语句则是最小独立执行单元。“可执行的最小独立程序单元”意味着任何的语句只有写在函数中，通过函数调用才能得到执行。

【思政专栏】
函数

关于函数的内容，又分为定义与调用两个方面，同时在面向对象编程语言中，还支持一种特殊的函数定义与调用的现象，即函数重载。

一、函数定义

程序设计中的函数概念实际上来自数学中的函数概念，具有一定的类比性，但同时又存在一定的差异。图2-19展示了程序设计中的函数概念与数学中的函数概念的对应关系。

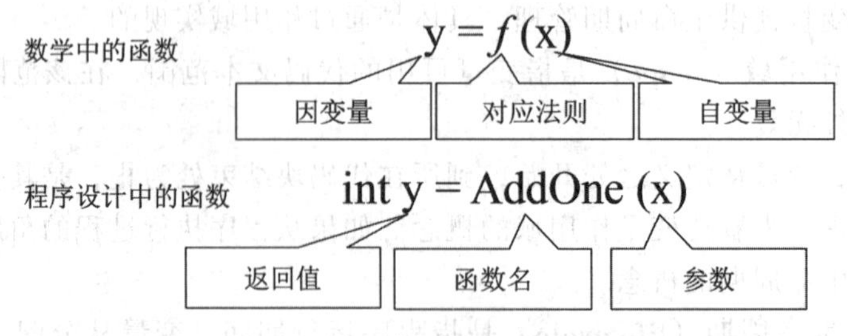

图2-19　数学与程序设计中的函数对比

从图2-19可以看出，程序设计中的函数与数学中的函数在构成上基本一致，只是对于各个部分的称呼不同而已。一般地，程序设计中的函数定义包括四要素：函数名、函数参数、返回值、函数体。

另外，我们可以将函数看成是一个黑箱，这个黑箱用于完成某个特定功能，为此需要由输入的内容（相当于函数参数），经函数的处理（相当于函数体）之后，得到一些输出结果（相当于返回值）。这个过程也可以看成是IPO的过程，即输入（Input）—处理（Process）—输出（Output）。图2-20可以用来表示函数的这种构成与设计思想。

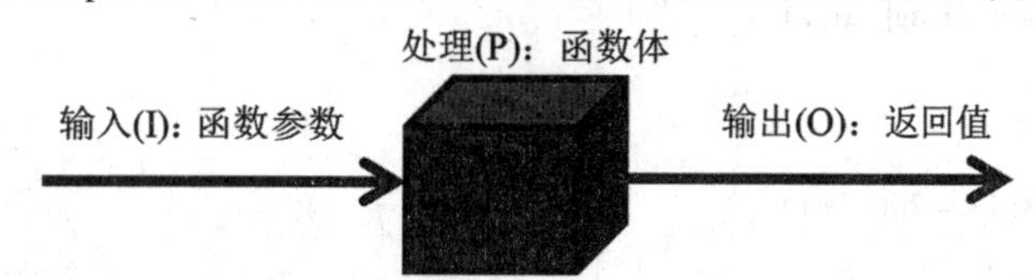

图2-20　函数可以看成一个IPO的黑箱

在C#中，函数的一般代码形式如下：

```
static ____①____ ____②____(________③________)
{
    ________④________
}
```

上述代码框架中：①为返回值类型，②为函数名，③为函数参数，④为函数体，即四要素的位置。另外，“static”是一个关键字，表示静态函数，可以参见静态函数部分。

为什么需要函数的代码形式呢？我们可以通过以下的举例说明其原因。

例题2-12　定义一个函数Sum，用于[a, b]区间内所有整数求和，并用其分别计算3~700与4~1010的和，然后再计算两者的商。

```
1 using System;
2 namespace SumSample
3 {
4     class Program
5     {
6         static double Sum(int from, int to) { // 此处定义了一个求和函数
7             int s = 0;
8             for(int i = from; i <= to; i++) {
9                 s += i;
10            }
11            return s;
12        }
13        static void Main(string[] args)
14        {
15            // 利用 Sum 函数完成求和后再求商
16            Console.WriteLine("3~700/4~1010: {0}", Sum(3, 700) / Sum(4, 1010));
17        }
18    }
19 }
```

上述代码中的第6~12行定义了Sum求和函数，第16行则两次利用Sum函数求解

3~700与4~1010的和。如果不采用函数的代码形式完成同样的功能，那么代码必须如下：

```
1 using System;
2 namespace SumSample
3 {
4   class Program
5   {
6     static void Main(string[] args)
7     {
8       int s1 = 0;
9       for(int i = 3; i <= 700; i++) {
10          s1 += i;
11      }
12      int s2 = 0;
13      for(int i = 4; i <= 1010; i++) {
14          s2 += i;
15      }
16      Console.WriteLine("3~700/4~1010: {0}", s1 / s2);
17    }
18  }
19 }
```

可以看出，第8~11行代码与第12~15行代码基本相同，而且无法做到求解任意区间内的数据和，这种代码不符合“重用性”原则（参见第一章第一节程序设计原则部分）。由此反过来说明了函数代码形式可以做到代码重用。

下面就函数定义的四要素进行详细说明。

（一）函数名

定义2-27　函数名（function name）是为了方便人们阅读代码和计算机程序执行代码，人为编写的标识符。

既然函数名是一种标识符，那么不同编程语言对于函数名规定了不同的取名规则，但总体来说大同小异。C#中函数名命名规则如下（见表2-11）：

表2-11　**C#中函数名命名规则与示例**

规　则	举　例
可以用字母、数字、下划线	正确：Add_1_2
数字不能作为开始字符	错误：1Add2
下划线可以作为开始字符	正确：_addOne

函数名命名规则是强制要求的，不符合规则的函数名会造成程序编译错误。但除了函数名命名规则外，在取函数名的时候还需要遵循一定的规范，规范不是强制要求的，但有助于人们的阅读。C#中函数名命名规范如下（见表2-12）：

表2-12　C#中函数名命名规范与示例

规范	举例
PASCAL命名规范：采用完整单词或者常规缩写来表示函数名，且每个单词首字母要大写，其余字母小写，尽量不要包含数字与下划线	符合：AddOneTwo，AddOrder 不符合：addOneTwo，add_one_two，add12
尽量做到“望文生义”	符合：Add，AddOne，SayHello 不符合：Abc，Xyz，Func1
尽量使用动词或动宾式短语	符合：Add，AddOne，SayHello 不符合：One，HelloWorld

（二）函数参数

定义2-28　函数参数（function parameter）是为函数处理提供输入数据的变量。

函数参数本质是内存变量，需要注意以下两点：

1.数据类型

在为函数定义参数的时候，需要为每个参数确定数据类型，不允许没有数据类型的函数参数。

2.命名问题

首先，函数参数要遵循变量的命名规则。在C#中可以用字母、数字、下划线的组合来命名参数，但不能以数字开始，这个可以参照上述函数名命名规则。

其次，既然是变量，其名称也就是标识符，也是需要保证人们的可阅读性，因而要遵循一定的命名规范。在C#中推荐使用CAMEL（驼峰）命名规范。表2-13展示了C#中函数参数命名规范。

表2-13　C#中函数参数命名规范与示例

规范	举例
CAMEL命名规范：采用完整单词或者常规缩写来表示参数名，第一个单词的首字母要小写，其后的每个单词首字母要大写，其余字母均小写，尽量不要包含数字与下划线	符合：firstValue，Id 不符合：SecondValue，first_one
尽量做到“望文生义”	符合：firstValue，secondValue 不符合：a，a1，value1，value2
尽量使用名词、名词短语或分词	符合：firstValue，age，adding，added 不符合：add，divide

（三）函数返回值

定义2-29　函数返回值（function return value）是指函数经过处理之后向外界，即调用者传递的数据。

函数返回值是函数处理的输出结果，需要通过return语句来完成表达，return指令需要跟随一条正确的表达式，用于计算返回值。下面的函数将两个参数相加的结果作为返回值。

例题2-13 定义一个函数Add，用于对输入的两个参数相加求和。

```
1  static double Add(double firstValue, double secondValue) {
2      return firstValue + secondValue;
3  }
```

由上述例子可以看出，函数返回值的代码涉及两处：①函数名左侧的数据类型说明，这也说明为函数类型；②return关键字引导的函数返回语句，当程序执行到该语句时，就会立刻结束函数执行，即使return语句后面还有其他语句。

```
1  static double Add(double firstValue, double secondValue) {
2      return firstValue + secondValue;
3  }
```

函数返回值必须满足类型相容定理。

定理2-3 类型相容定理：return语句的返回值计算表达式数据类型必须与函数声明的返回值类型相同或者可以隐式转换。

函数的返回值既然是一个表达式的计算结果，那么就存在数据类型的问题，上述Add函数名左侧的double就指明了其return语句后面表达式计算结果的数据类型必须是double类型，或者可以隐式转换成为double类型的表达式。

如果一个函数无需向外界调用者提供输出，这意味着此函数将没有返回值，这种情况下需要将函数定义为void返回值，void关键字就表示函数是无需提供返回值的，同时可以用不带任何表达式的return语句作为函数的结束，而这种return语句如果放在函数的最后，可以省略不写。

例题2-14 定义一个函数Print，用于在屏幕上打印出数据值。

```
1  static void Print(double someValue) {
2      Console.WriteLine(someValue);
3      return; // 这个不带表达式的return语句可以省略
4  }
```

注意：我们可以将函数的返回值类型称为函数的类型。

注意：在C#中，即使函数没有返回值，也必须将该函数定义为void类型。

（四）函数体

定义2-30 函数体（function body）是指函数的处理过程，即函数定义的主体部分。

函数体中的语句需要使用一对花括号包裹起来，形成一个函数代码块。根据函数要处理的数据、达到的效果与提供的返回值，对函数体中的语句进行具体的设计，这个会因问题的不同而不同。但是，需要遵循以下几项原则：

（1）功能一致性：函数体的实现功能要与函数名说明的功能保持一致。

（2）功能单一性：函数体的实现功能或者完成的任务只能有一项，不允许有多项。

（3）类型一致性：函数return语句必须与函数返回值类型保持一致，即满足类型相容定理。

例题2-15 下述函数的函数体与函数名功能不一致。

```
1  static double Add(double firstValue, double secondValue) {
2     return firstValue - secondValue; // 这个函数体的功能与函数名不一致
3  }
```

这个例子中的函数名为Add，用于求解数据相加结果，但是函数体给出的计算为两个数值相减，这就不符合功能一致性原则。

例题2-16 定义一个函数Add，求解两个数的相加和。

```
1  static double Add(double firstValue, double secondValue) {
2     double s = firstValue + secondValue;
3     Console.WriteLine(s); // 这句话让此函数承担了屏幕输出的功能,而不是相加求和
4     return s;
5  }
```

这个例子中的第3行代码，使得Add函数承担了屏幕输出的功能，这就让Add函数整体来说既有相加求和的功能，又有屏幕输出的功能，这不符合功能单一性原则。

例题2-17 定义一个函数Add，求解两个数的相加和。

```
1  static double Add(double firstValue, double secondValue) {
2     double s = firstValue + secondValue;
3     return; // 这个没有表达式的return语句造成函数返回值类型不一致
4  }
```

这个例子中的不带任何表达式的return语句，说明此函数应该是void类型，但在Add函数名左侧却说明为double类型，从而违反了类型一致性原则，这会造成程序无法编译运行。类型一致性原则在C#、Java这种强类型编程语言中是一个强制性要求。

强类型语言

二、函数调用

函数在定义之后，必须通过调用才能执行其所具备的功能。函数的调用包括了几种主要的方式：普通调用、复合调用、嵌套调用、递归调用、级联调用。

（一）普通调用

定义2-31 函数一般调用（**function common invoking**）是通过函数名和传递函数参数完成函数功能的执行。

例题2-18 定义一个函数Add，求解两个数的相加和，并通过调用完成1和2的求和。

```
1  static double Add(double firstValue, double secondValue) {
2     return firstValue + secondValue;
3  }
4  static void Main(string[] args) { // C#的入口函数为Main
5     double s = Add(1, 2); // 此处为Add函数的一般调用
6     Console.WriteLine(s);
7  }
```

函数调用的代码执行顺序、参数传递、返回值处理，如图2-21所示。

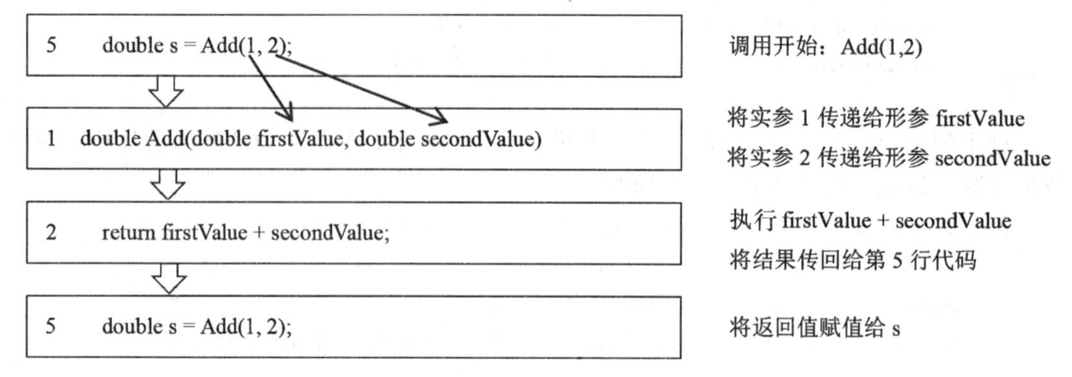

图2-21 函数调用的代码执行顺序、参数传递、返回值处理

上述代码中的第5行，就是对Add函数的一般调用形式。我们注意到在定义中，函数调用只涉及了函数名、函数参数两个要素，但是针对有返回值的函数，一般情况下还会关注其调用之后的返回值，即第5行代码中用“=”赋值运算符，将1加2的结果，即函数Add中return语句的计算结果赋予变量s。

另外，还需要了解函数调用的过程和函数参数的传递对应关系。当函数调用的时候，计算机执行的控制权会交给函数定义中函数体的代码语句去执行，而且在调用的那个时刻，会将调用参数传递给函数定义的参数。

定义2-32 函数形参（function parameter）是函数定义时候的参数。

定义2-33 函数实参（function argument）是函数调用的时候，传递给形参的数据。

实参传递给形参的时候要注意：①数量对应，即有几个形参，就需要传递几个实参；②位置对应，即实参在函数调用时候出现的位置要与形参在函数定义中的位置保持一致；③类型一致，即实参的数据类型要与形参的定义类型保持一致，或者可以隐式转换为形参的类型；④形参必须是变量定义形式，而实参可以是合法的C#表达式。

例题2-19 函数参数传递的数量不一致。

```
1  static double Add(double firstValue, double secondValue) {
2     return firstValue + secondValue;
3  }
4  static void Main(string[] args) {
5     double s = Add(1); // 传递给Add函数的实参与形参个数不一致,会造成程序编译错误
6     Console.WriteLine(s);
7  }
```

为了避免上述实参与形参个数不一致而产生编译错误，可以通过可选参数的语法机制来解决这个问题。

定义2-34 可选参数（optional parameters）是在函数定义时指定了默认值的参数。

例题2-20 为Add函数的secondValue形参增加一个默认值1，让其成为可选参数。

```
1  static double Add(double firstValue, double secondValue = 1) { // 为secondValue提供了默认值1
2        return firstValue + secondValue;
3  }
4  static void Main(string[] args) {
```

```
5        double s = Add(3); // 虽然缺少第二个实参,但由于有默认值,因此不会产生编译错误
6        Console.WriteLine(s);
7    }
```

上述代码中的第5行，虽然没有提供第二个实参，但是secondValue形参定义了默认值1，因此成为可选参数，在调用的时候可以不提供实参，按照默认值1进行计算，所以不会造成编译错误，程序可以正常运行，其结果是3+1的计算结果。

可选参数设置要满足“从右向左”设置的规则，我们不能为firstValue设置默认值，而不为secondValue设置默认值，否则调用的时候Add(3)这个实参3按照顺序应该传递给firstValue，而secondValue就没有值了，从而产生编译错误。

定义2-35　可选参数“从右向左”的规则：在为函数设置可选参数的时候，需要从形参列表的右侧开始，依次向左设置默认值，不能反方向设置，也不能跨越设置。

有时候，函数调用会将实参位置写错，从而得到不正确的结果。

例题2-21　定义函数Power，计算x^y，并具体利用该函数计算出2^3。

```
1  static double GetPower(double baseNum, double exponent) {// baseNum为底数,exponent为指数
2        return ...; // 此处省略具体的计算过程
3    }
4  static void Main(string[] args) {
5        double s = GetPower(3,2); // 传递给GetPower函数的实参位置错误,造成计算成了3²
6        Console.WriteLine(s);
7    }
```

为了避免这一问题，很多编程语言会提供“命名实参”的方式加以解决。

定义2-36　命名实参（named arguments）是函数在调用的时候，按照形参名称指定实参，从而不用按照形参位置传递实参。

例题2-22　调用函数Power的时候，采用命名实参计算出2^3。

```
1  static double GetPower(double baseNum, double exponent) {// baseNum为底数,exponent为指数
2        return ...; // 此处省略具体的计算过程
3    }
4  static void Main(string[] args) {
5        double s = GetPower(exponent: 3,baseNum: 2); // 将每个实参用形参的名字明确标注出来,
6                                                     // 就可以不用按照形参定义的顺序传递实参了
7        Console.WriteLine(s);
8    }
```

上述代码中的第5行对Power函数的调用，没有按照形参定义的顺序传递实参，而是通过命名实参，对应形参进行传递。

另外还存在一种情况，函数参数的个数不确定，但类型是一样的，在函数调用的时候，根据传递的实参来确定其个数，这种参数为变长参数。

定义2-37　变长参数（variable parameters）是函数定义的时候，指定了类型，但没有指定个数的一种形参。

例题2-23　调用函数Sum的时候，传递若干数据，用于求和。

```
1  static double Sum(params double[] values) { // 通过关键字 params 说明形参 values 为变长参数
2        double s = 0;
3        for(int i = 0; i < values.Length; i++) {
4              s += values[i];
5        }
6        return s;
7  }
8  static void Main(string[] args) {
9        double s = Sum(3.4, 7.8, 5); // 传递了 3 个实参
10       Console.WriteLine(s);
11       s = Sum(1.2, 3, 7, 8.9, 11.2, 5.6); // 传递了 6 个实参
12       Console.WriteLine(s);
13 }
```

C#中定义变长参数的一般代码形式为：

```
params 类型[] 参数名
```

定义变长参数需要用params关键字说明，而且必须为数组形式（关于数组内容参见第三章）。以下几种变长参数的定义形式是错误的：

```
void SomeFunc(params int 参数名) {// 没有定义成数组形式
    …
}
void SomeFunc(params int[,] 参数名) {// 不能定义为[,]这种二维数组
    …
}
void SomeFunc(params int[] 参数名 1, params double[] 参数名 2) {// 不能定义两个
    …
}
void SomeFunc(params int[] 参数名 1, double 参数名 2) {// 变长参数之后不能再有参数
    …
}
```

另外，在参数传递过程中，需要注意存在“值传递”“引用传递”两种形式。

定义2-38　值传递（value passing）是指在函数调用时，实参向形参传递数据值。

定义2-39　引用传递（reference passing）是指在函数调用时，实参向形参传递的只是实参在内存中的地址，而形参接收到的也只是实参的内存地址。

由于引用传递只是将实参地址传递给了形参，因此被调用的函数中对形参进行了修改，必定会引起实参值的改变，这是引用传递的一个副作用。但是，引用传递的效率要比值传递高。当遇到实参存储大量数据的时候，这种引用传递数据的方式会非常有效。

凡是值类型数据默认的情况下均采用值传递方式，而引用类型数据默认的情况下均采用引用传递的方法。但也有特例，即值类型数据在形参定义的时候加注了“ref”关键字修饰，那么就采用引用传递，而引用类型如果重载了“=”运算符，进行数据赋值，则会采用值传递方式。更多ref关键字的内容参见C#官方文档，“=”运算符重载则参见多态性部分。

ref参考

值传递与引用传递的示意图，如图2-22所示。

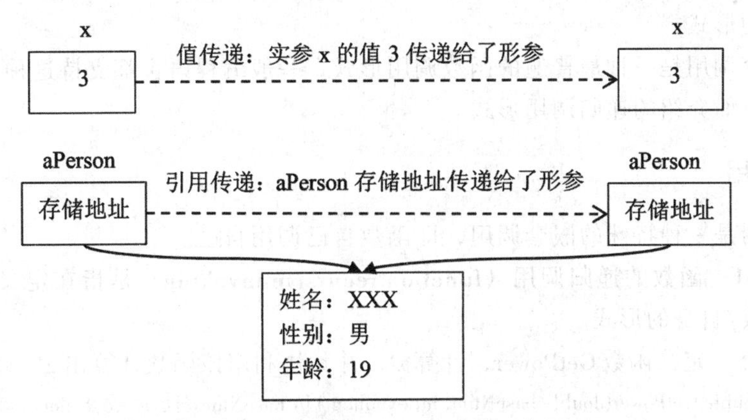

图2-22　值传递与引用传递的示意图

（二）复合调用

我们在学习数学函数的时候，常常可以看到如下形式的表达（如图2-23所示）：

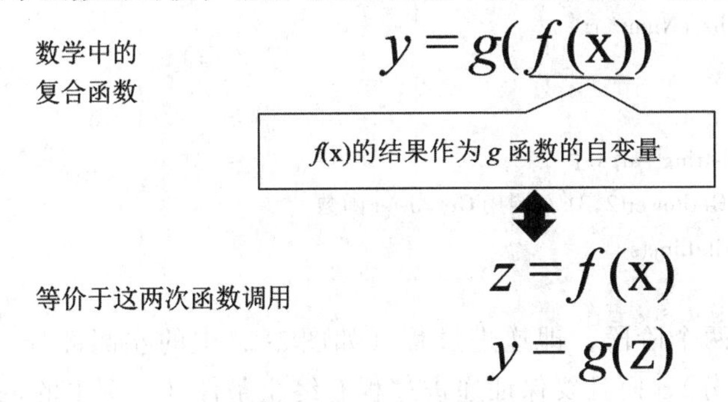

图2-23　数学中的复合函数

同样，在程序设计中也可以采用这种形式进行函数调用。

例题2-24　定义函数Add，计算1+2+3。

```
1  static double Add(double firstValue, double secondValue) {
2        return firstValue + secondValue;
3  }
4  static void Main(string[] args) {
5        double s = Add(3, Add(1, 2)); // 先计算 Add(1, 2),再将返回值传递给外层 Add 的 secondValue
6        Console.WriteLine(s);
7  }
```

上述代码中的第5行，先调用内层Add(1, 2)得到计算结果3，然后将结果作为返回值，传递给外层Add函数的secondValue参数，即按照Add(3, 3)进行调用，计算出最终结果并赋值给变量s。

（三）嵌套调用

上述介绍函数调用的代码中，其实已经表达了嵌套的函数调用形式，即在Main函数中调用了Add函数。

定义2-40　函数的嵌套调用（function nesting invoking）是指在定义函数f的函数体中调用函数的形式。

这种嵌套调用是一种最普遍的函数调用形式，一般编程语言都支持这种形式。需要特别关注的是下面介绍的递归调用形式。

（四）递归调用

递归调用是一种特殊的嵌套调用，即函数自己调用自己。

定义2-41　函数的递归调用（function recursive invoking）是指在定义函数f的函数体中调用函数f自身的形式。

例题2-25　定义函数GetPower，计算x^y，并具体利用该函数计算出2^3。

```
1  static double GetPower(double baseNum, int exponent) {// baseNum表示底数,exponent表示指数
2      if(exponent == 1) {
3          return baseNum; // 当指数为1时,结束递归调用,将底数作为返回值
4      } else {
5          double r = GetPower(baseNum, exponent - 1); // 递归调用GetPower
6          return baseNum * r;
7      }
8  }
9  static void Main(string[] args) {
10     double s = GetPower(2,3); // 调用GetPower函数
11     Console.WriteLine(s);
12 }
```

递归调用分为两个阶段，即递进过程（如图2-24中的左侧部分）和回归过程（如图2-24中的右侧部分），而且要保证递进过程有终止条件（上例中的exponent等于1的情形），否则会出现无限递归。对于递进过程，函数会不断调用自己，而回归过程则是沿着递进过程的反方向不断返回到最初的函数调用处。

注意：递归调用对于树形结构数据的遍历非常有用，可以参阅数据结构与算法的书籍，了解更加详细的情况。

注意：可以通过IDE的断点调试功能来逐步观察上述代码的执行过程，从而更加直观地理解递归调用过程。

（五）级联调用

有时候，某个函数f经过调用后，返回值为某个类型T的对象x，而该类型T定义了另外一个函数g，此时可以采用“.”运算符进行函数的级联调用，如：$f().g()$。

定义2-42　函数的级联调用（function cascading invoking）：若函数f的返回值类型为T，在T上定义了函数g，那么$f().g()$的调用为级联调用，其等价于$T\ x = f();\ x.g();$这两条语句，这种调用也称为方法链（Method Chaining）。

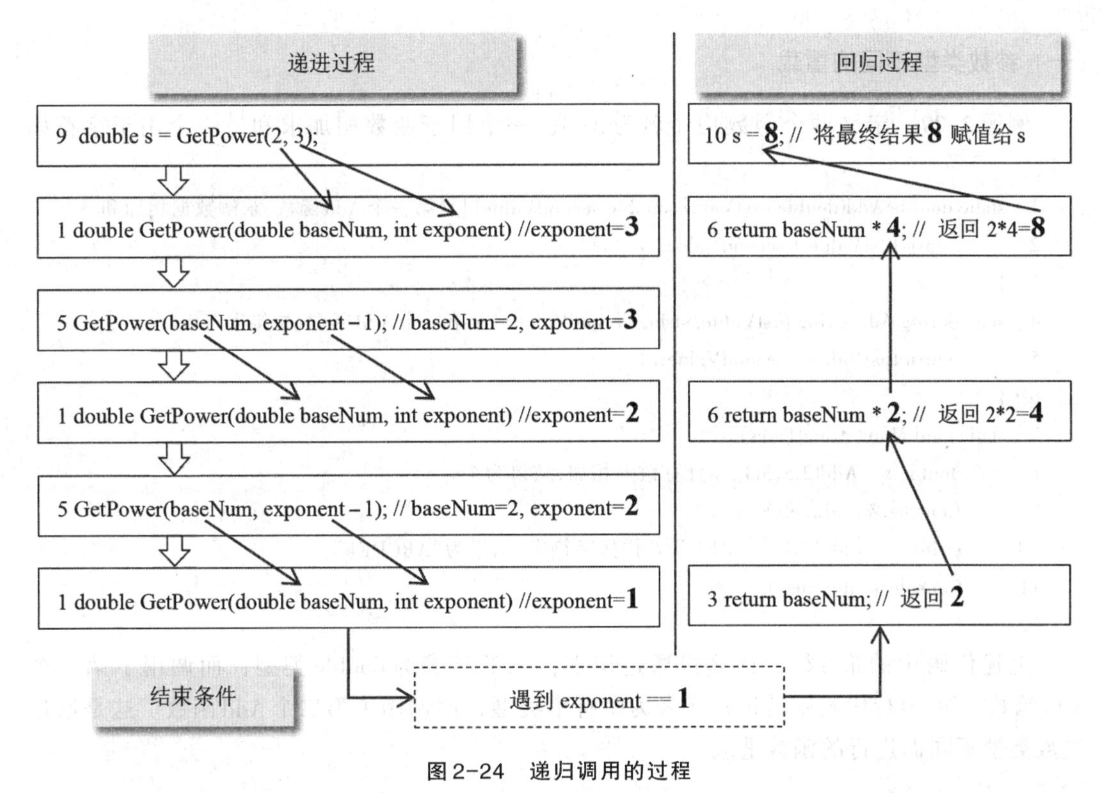

图 2-24　递归调用的过程

函数的级联调用可以形成函数调用链，形式如：$f_1().f_2().f_3()...f_n();$，该调用链的结果为最后调用函数的返回值，即$f_n()$的返回值。

例题 2-26　函数 GetPower 用于计算 x^y，其返回值类型为 double，而 double 类型定义了 ToString 函数，用于将浮点数转换为字符串，那么可以形成如下的函数级联调用表达式：

```
string s = GetPower(2, 3).ToString();
```

注意：这里的类型 *T* 定义的函数为实例函数，相关概念参见静态函数部分。

三、函数重载

在使用函数的过程中，函数名非常重要，计算机不仅依靠函数名来调用函数，并执行功能，而且人们通过阅读函数名可以初步判断函数的功能。有时会遇到功能类似，但针对功能执行的条件或处理数据类型不同的函数，这就需要定义出名称相同，但参数不同的函数。例如，我们可以定义一个 Add 函数用于对两个数相加求和，同时也可以定义一个 Add 函数用于对两个字符串进行拼接，这对于人们阅读代码来说是很自然的，可是对于计算机来说，就不能仅仅通过函数名来识别调用的是数据相加的 Add 函数，还是字符串拼接的 Add 函数，而需要进一步通过参数来进行判断。为此，现代很多编程语言都提供了函数重载的语法机制来满足这种需求。

定义 2-43　**函数重载（function overload）**是指在同一个作用域中，两个函数的名称相同，但是形参的类型或个数不同，那么这两个函数为函数重载。

(一) 参数类型不同的重载

例题2-27 定义两个函数均命名为Add，一个用于两数相加求和，一个用于字符串拼接。

```
1  static double Add(double firstValue, double secondValue) { // 第一个Add函数，求解数据相加和
2      return firstValue + secondValue;
3  }
4  static string Add(string firstValue, string secondValue) { // 第二个Add函数，拼接字符串
5      return firstValue + secondValue;
6  }
7  static void Main(string[] args) {
8      double x = Add(2.5, 3.3); // 计算数据相加，结果为5.8
9      Console.WriteLine(x);
10     string s = Add("ABC", "DEF"); // 拼接字符串，结果为"ABCDEF"
11     Console.WriteLine(s);
12 }
```

上述代码中的第8行，计算机通过识别传入的实参为double类型，而调用了第一个Add函数。第10行代码则是识别实参为字符串类型，而调用了第二个Add函数。这是通过参数类型不同而进行的函数重载。

(二) 参数个数不同的重载

除了通过函数参数类型不同进行重载之外，还可以通过参数个数不同进行重载。

例题2-28 定义两个函数均命名为Sum，一个用于1~n的求和，一个用于m~n的求和。

```
1  static int Sum(int endValue) { // 第一个Sum函数，求解1~endValue的累加和
2      int s = 0;
3      for(int i = 1; i <= endValue; i++) {
4          s += i;
5      }
6      return s;
7  }
8  staic int Sum(int startValue, int endValue) { // 第二个Sum函数，求解startValue~endValue累加和
9      int s = 0;
10     for(int i = startValue; i <= endValue; i++) {
11         s += i;
12     }
13     return s;
14 }
15 static void Main(string[] args) {
16     double s = Sum(10); // 计算1~10的累加和，结果为55
17     Console.WriteLine(s);
```

```
18        s = Sum(5, 10); // 计算 5~10 的累加和,结果为 45
19        Console.WriteLine(s);
20  }
```

上述两个Sum函数就是通过参数个数的不同来识别调用的版本。第16行代码识别到的是带一个参数的Sum函数调用，而第18行代码则识别到带两个参数的Sum函数调用。

我们发现，两个Sum函数的代码几乎完全相同，除了第3行、第10行代码中的变量i的初始赋值不同，这样造成了代码的重复编写。可以思考一下，如果只定义出第二个Sum函数，通过为startValue赋予默认值1，将其设置为可选参数，以此来减少重复性的编码，可行吗？

```
1  static int Sum(int startValue = 1, int endValue) { // 为 startValue 赋予默认值 1
2        int s = 0;
3        for(int i = startValue; i <= endValue; i++) {
4              s += i;
5        }
6        return s;
7  }
8  static void Main(string[] args) {
9        double s = Sum(10); // 计算 1~10 的累加和,结果为 55
10       Console.WriteLine(s);
11       s = Sum(5, 10); // 计算 5~10 的累加和,结果为 45
12       Console.WriteLine(s);
13  }
```

上述做法会产生编译错误，因为其违背了可选参数的“从右向左”设置的规则。那么有什么办法既能满足调用时省略起始值为1的参数，又能满足指定不为1的起始值参数的情况呢？对于这个问题，我们可以采用函数“嵌套调用”的方式加以解决。

```
1  static int Sum(int endValue) { // 第一个 Sum 函数,求解 1~endValue 的累加和
2        return Sum(1, endValue); // 嵌套调用第二个 Sum 函数
3  }
4  static int Sum(int startValue, int endValue) { // 第二个 Sum 函数,求解 startValue~endValue 累加和
5        int s = 0;
6        for(int i = startValue; i <= endValue; i++) {
7              s += i;
8        }
9        return s;
10  }
11  static void Main(string[] args) {
12       double s = Sum(10); // 计算 1~10 的累加和,结果为 55
13       Console.WriteLine(s);
14       s = Sum(5, 10); // 计算 5~10 的累加和,结果为 45
15       Console.WriteLine(s);
16  }
```

经过改造之后的代码，可以看到第一个Sum函数通过将startValue设置为1，嵌套调用

了第二个Sum函数，这样就减少了重复编码。

注意：这种方式初看起来像递归调用，实则其不是，因为两个Sum函数名虽然相同，但不是同一个函数，而递归调用的必要条件是嵌套调用自己，即调用同一个函数。

（三）函数重载代理

在定义多个重载版本的函数时，建议遵循代理定理，尤其是参数个数不同的重载情形。

定义2-44　扩参函数（function extending parameters）是指两个函数f_1与f_2为重载函数，且f_2的形参序列包含f_1的形参序列，则称f_2为f_1的扩参函数。

例如，上述例题2-28中的两个重载Sum函数就符合扩参函数的定义，Sum(int startValue, int endValue)，其形参列表包含了Sum(int endValue)的形参列表。

定理2-4　函数重载代理：设函数f存在n个重载，且任意f_j是f_i的扩参函数（$j>i$），那么函数f的n个重载版本的实现，采用f_x（$x=1, ..., n-1$）嵌套调用f_n的形式。

例题2-28中的两个重载Sum函数，Sum(int startValue, int endValue)是Sum(int endValue)的扩参函数，那么在实现Sum(int endValue)的时候，应该采用嵌套调用Sum(int startValue, int endValue)的形式return Sum(1, endValue)。

这里的“代理”一词，是指Sum(int endValue)函数并不负责具体的求和功能实现，而是通过嵌套调用参数更多的Sum(int startValue, int endValue)函数完成求和的功能，也就是说，Sum(int endValue)函数只是起到一个代理功能请求，并转接这个请求的作用。这就好比“携程”这类APP软件本身不负责航班、火车的运营，只是由其代理销售飞机票、火车票的业务。

这种函数重载代理调用的形式有利于代码的重用，因为真正的求和功能实现，由参数最多的重载版本函数实现，而其他版本的重载函数只需调用该重载函数即可，无需每个重载版本都去实现求和功能。

但是，函数重载代理只是一种撰写代码的模式建议，并不是一种强制要求，而且主要适用于扩参函数的情形，在参数类型不同的重载函数中可能无法采用该模式。

四、静态函数

在面向对象程序设计语言中，函数存在两种形式：实例函数、静态函数。C#这种强类型的面向对象程序设计语言，函数是不能独立执行的，需要通过某个对象变量或者类来调用，才能执行其代码。

定义2-45　实例函数（instance function）是指通过对象变量，用成员访问运算符号“.”来调用的函数。

定义2-46　静态函数（static function）是指通过类，用成员访问运算符号“.”来调用的函数，并在定义时用static关键字修饰。

注意：实例函数与静态函数更多的时候称为实例方法与静态方法，此处强调其函数的定义与调用形态。

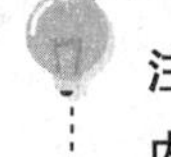

注意：本章代码示例中均为静态函数，实例函数的具体代码参见第四章之后的内容。

例题2-29　定义一个类Person，并定义一个实例函数SayHello输出问候语。

```
1  using System;
2  namespace FunctionSample.Static
3  {
4     public class Person
5     {
6        public void SayHello() {
7           Console.WriteLine("Hello World!");
8        }
9     }
10    class Program
11    {
12       static void Main(string[] args)
13       {
14          Person p = new Person(); // 定义对象变量 p
15          p.SayHello(); // 通过对象变量 p 调用实例函数 SayHello
16       }
17    }
18 }
```

例题2-30　定义一个类Person，并定义一个静态函数SayHello输出问候语。

```
1  using System;
2  namespace S02.Static
3  {
4     public class Person
5     {
6        public static void SayHello() { // 用static关键字修饰SayHello,表明为定义的是静态函数
7           Console.WriteLine("Hello World!");
8        }
9     }
10    class Program
11    {
12       static void Main(string[] args)
13       {
14          Person.SayHello(); // 此处直接通过Person类名调用静态函数SayHello
15       }
```

```
16    }
17 }
```

可以看出，静态函数调用减少了对象定义的代码，但这并不意味着所有函数均定义成静态方法更好。静态函数的用处，以及实例函数使用场景在后续对象与类的章节中进行介绍。

五、lambda表达式

有时候，编写代码只是在特定场景下用到一段重复调用的代码，而这段代码可能会根据需求的不同而变化，如果按照先进行函数定义，再进行函数调用的方式，会比较烦琐，且很难满足需求变化的情况。为此，很多编程语言都支持将函数定义作为变量和表达式的语法，以简化代码的编写工作。我们首先来看一个例子：

例题2-31 求解1~10之间的奇数和，以及偶数和。

```
1  using System;
2  namespace FunctionSample.Lambda
3  {
4     class Program
5     {
6        // 定义一个求奇数和的函数
7        static int SumOdd(int startValue, int endValue) {
8           int s = 0;
9           for(int i = startValue; i <= endValue; i++) {
10             if(i % 2 != 0) {
11                s += i;
12             }
13          }
14          return s;
15       }
16       // 定义一个求偶数和的函数
17       static int SumEven(int startValue, int endValue) {
18          int s = 0;
19          for(int i = startValue; i <= endValue; i++) {
20             if(i % 2 == 0) {
21                s += i;
22             }
23          }
24          return s;
25       }
26       static void Main(string[] args)
27       {
28          int s = SumOdd(1, 10); // 传递1,10实参,求1~10的奇数和
29          Console.WriteLine(s);
30          s = SumEven(1, 10); // 传递1,10实参,求1~10的偶数和
```

```
31            Console.WriteLine(s);
32        }
33    }
34 }
```

为了求解奇数和、偶数和，我们定义了两个函数，但是我们发现两个函数仅仅是if判断语句的不同，这样导致大量代码的重复。能否只定义一个函数，就完成奇数和、偶数和的求解呢？下面先看具体改造之后的代码：

例题2-32　求解1~10之间的奇数和、偶数和，以及排除被3整除的数求和。

```
1  using System;
2  namespace FunctionSample.Lambda
3  {
4    class Program
5    {
6      //定义一个函数,Func<int, bool>类型参数except,用于计算排除不参与求和的数
7      // Func<int, bool>为泛型类型,表示一个带int形参,返回bool值的函数
8      static int Sum(int startValue, int endValue, Func<int, bool> except) {
9        int s = 0;
10       for(int i = startValue; i <= endValue; i++) {
11         // except实际为一个函数,i作为实参,返回一个bool值,判断是否参与求和
12         if(!except(i)) {
13           s += i;
14         }
15       }
16       return s;
17     }
18     static void Main(string[] args)
19     {
20       //第三个实参为一个lambda表达式,用于计算排除参与求和的数
21       int s = Sum(1, 10, p => p % 2 == 0); // 排除偶数,则是求奇数和
22       Console.WriteLine(s);
23       //第三个实参为一个lambda表达式,用于计算排除参与求和的数
24       s = Sum(1, 10, p => p % 2 != 0); // 排除奇数,则是求偶数和
25       Console.WriteLine(s);
26       //第三个实参为一个lambda表达式,用于计算排除参与求和的数
27       s = Sum(1, 10, p => p % 3 == 0); // 排除被 3 整除的数求和
28       Console.WriteLine(s);
29     }
30   }
31 }
```

此段代码只定义了一个Sum函数，不仅可以满足求奇数和、偶数和的功能，而且可以满足更多的功能，例如排除被3整除的数求和。其关键之处在于第三个参数Func<int, bool>except，用于接受一个函数的定义。而在Main函数中，传递给第三个参数的为一个

lambda表达式，即表示一个缺少函数名的函数定义。

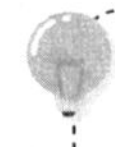

注意：上述代码中的Func<int, bool>为泛型，大家可以参考第三章的内容。

定义2-47 lambda表达式（expression lambda）是指一个简单函数定义的表达式，该表达式不用说明函数参数类型、函数返回值、函数名。

lambda表达式的一般代码形式为：

(形参列表) => 函数体表达式

形参列表不用标明类型　函数体只能是一个表达式

关于lambda表达式需要注意以下几点：

（1）符号“=>”是由一个等于号和一个大于号连在一起写的，表示形参列表与函数体之间的分割符号，读作“goes to”。

（2）lambda表达式表示函数定义代码，不是函数调用代码。既然是函数定义，那么对其的调用发生在什么时候呢？上述例子中，三个lambda表达式的调用均发生在Sum函数中对except参数的使用部分，即第12行代码。而且我们会发现，except(i)的代码写作形式，就是函数的调用形式。这三个lambda表达式会在Sum函数中被调用执行10次，可以通过对第12行代码设置断点调试运行来观察其执行情况。

（3）lambda表达式的形参列表不用标明数据类型，因为在调用的时候，会自动做出类型推断，但必须给出参数名称，虽然参数命名可以按照C#标识符的命名规则，但习惯上用小写字母p, q, t, z等来表示。

（4）lambda表达式的函数体只能是合法的表达式，而不是一条语句。可以看到，上述例子中三个lambda表达式“=>”的右侧，均没有语句结束符号“;”，这就说明lambda表达式的函数体并不是语句，而只是表达式。

（5）lambda表达式一般作为某个函数（假定函数为*f*，如上例中的Sum函数）调用的实参存在，这就需要有函数*f*定义的形参类型与之对应，编译器才能对lambda表达式的形参类型与返回值进行类型推断。C#中为常用的lambda表达式预设了一些类型，主要分为两种，即带返回值的一组Func类型，以及不带返回值的一组Action类型。C#中预设的lambda表达式类型举例见表2-14。

表2-14　**C#中预设的lambda表达式类型举例**

类　型	说　明	对应的形参类型与lambda表达式示例
Func<T1, TR>	一个形参，类型为T1，返回值类型为TR	形参：Func<int, int> lambda：p=> p * 2 //求p的倍数
Func<T1,T2,TR>	两个形参，类型为T1,T2，返回值类型为TR	形参：Func<double, double, double> lambda：(p,q)=> p / q //求p,q的商
Func<TR>	没有形参，返回值类型为TR	形参：Func<DateTime> lambda：()=> DateTime.Now //获得当前时间
Action<T1>	一个形参，类型为T1，无返回值	形参：Action<double> lambda：p=> Console.Write(p) //输出p
Action<T1,T2>	两个形参，类型为T1,T2，无返回值	形参：Action<double, double> lambda：(p,q)=> Console.Write("{0},{1}",p,q) //格式化输出p,q
Action	无参数，无返回值	形参：Action lambda：()=> Console.Write(DateTime.Now) //输出当前时间

注意：上述表格中的Func<TR>和Action两个示例表明，如果lambda不带参数，那么必须要用一对空的小括号表示lambda的形参列表。

定义2-48　lambda匿名函数（anonymous function）是指一个lambda表达式"=>"的右侧以代码块方式撰写，那么lambda表达式成为一个没有函数名的匿名函数定义。

例如，在例题2-32中的第21行代码，我们可以经过以下的改写：

```
1        int s = Sum(1, 10, p => p % 2 == 0); // 排除偶数,则是求奇数和
```

写成：

```
1        int s = Sum(1, 10, p =>
2        {
3            return p % 2 == 0;
4        }); // 排除偶数,则是求奇数和
```

可以看出，将lambda表达式"p => p % 2 == 0"以代码块的方式撰写，那么原本的"=>"右侧表达式"p % 2 == 0"要当作一条完整语句使用，即变成"return p % 2 == 0;"。此处用到return语句，这是由lambda表达式的类型所决定的。如果函数Sum的第三个参数类型是Func<int, bool>，这是一个带有bool类型返回值的lambda表达式，因此要以return语句定义。但是，如果写成lambda表达式形式，则不需要return关键字。

lambda表达式为函数式编程的核心概念，且在数据处理中有着广泛应用，通过lambda表达式可以大大简化代码，更加详细的内容可以参见C#官方文档。

lambda参考

本章练习

一、填空题

1.请说明以下事物应该用哪种基础数据类型表示：

年龄：________、出生日期：________、姓名：________、性别：________长度：________、圆周率：________、颜色：________、真假：________。

2.请写出以下表达式的运算结果：

int x = 3; int y = 6;

① y > x :________

② (x - y) >= 0 :________

③ (x - y) > 0 && (y - x) < 0 :________

④ (x - y) > 0 || (y - x) < 0 :________

⑤ (x == y) :________

3.命名空间、类、方法、语句代码块，按照范围从大到小排序：________、________、________、________，属性代码块与________同级。

4.请指出以下代码存在语法错误的是第________行，其错误原因是________；会出现运行时错误的是第________行，其错误原因是________。

```
1 int x = Console.ReadLine();
2 int y = 0;
```

```
3 Console.WriteLine("x - y = {0}", x - y);
4 Console.WriteLine("x / y = {0}", x / y);
```

5.以下代码要计算1~100的累加和，会出现的BUG是________。

```
1 int s = 1;
2 for(int i = 1; i < 100; i++) {
3     s += i;
4 }
5 Console.WriteLine("1~100的和：{0}", s);
```

二、判断题

1.（　　）C#中程序构成单元从大到小的顺序是：命名空间、类、函数、语句块、语句、表达式、标识符。

2.（　　）关键字是程序语法的一般构成单元，是一门程序语言保留的标识符。

3.（　　）C#中代码块是多条语句的组合单元。

4.（　　）C#中程序的入口是class Program。

5.（　　）C#是一种强类型语言，每个变量必须定义其数据类型。

6.（　　）C#中布尔型数据和整数型数据之间可以隐式转换。

7.（　　）用class定义的类型为值类型。

8.（　　）函数定义的四要素包括：函数名、参数、返回值、变量。

9.（　　）函数名“_getname”是合法的，也是规范的。

10.（　　）函数即使没有返回值也必须定义为void类型。

三、程序题

1.请编写一个函数用于计算给定范围内的整数和。例如，求解[2, 16]范围内的整数和。

2.请编写一个函数用于判断一个年份是否为闰年。

3.请编写一个函数用于求解一组数据的最大值。

第三章　集合型数据、泛型与数据分析基础

【学习要点】

●常见的集合类型数据：数组、列表、元组、字典

●泛型概念与lambda表达式

●基本数据分析编程：描述性统计、排序、分组、连接

【学习目标】

重点了解几种常见的集合类型数据，学会集合数据的添加、修改、删除、查询等操作；了解泛型的概念，其中主要理解泛型参数的作用；掌握匿名函数概念与lambda表达式的基本用法，以及在集合数据查询中的应用；学会针对集合数据的分析操作，包括描述性统计、排序、分组、连接等。

第一节 集合型数据

在处理数据的时候，往往面对的是一组数据，而不是单个数据。因而，程序设计语言需要有处理集合数据的能力。C#提供了丰富的集合类型的数据以供开发者使用，主要有数组、列表、元组、字典。

【思政专栏】
集合型数据

一、数组

首先给出有关数组的一组定义，再介绍C#中关于数组的定义与常见操作。

（一）数组概念

定义3-1 数组（array）是指在一段连续的内存空间中存储的一组数据。

定义3-2 数组元素（array element）是指数组中存储的每个数据。

定义3-3 数组类型（array type）是指数组元素的数据类型。

定义3-4 数组长度（array length）是指数组中的元素个数。

定义3-5 数组索引（array index）是指数组中某个元素所在的位置编号，以整数“0”开始计算。

定义3-6 数组尺寸（array size）是指数组中的元素个数与每个元素类型数据占据内存空间的乘积，一般用字节数表示。

可以利用图形更加形象地说明上述有关数组的定义，如图3-1所示。

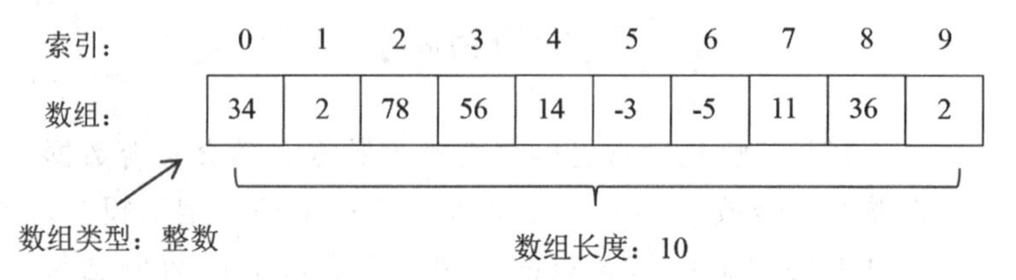

图3-1 数组相关概念

需要特别关注以下两点：①由于数组是在连续内存空间中存储的，因而一旦定义了一个数组，就不能改变数组的长度，既不能添加新的数组元素，也不能删除现有的数组元素；②数组的索引是从“0”开始的，其最后一个元素的索引则是数组长度减1。

C#用类Array处理数组

（二）数组定义

C#中使用数组进行操作，需要首先定义数组，并初始化数组元素。

定义并初始化数组的一般代码形式为：

```
类型[] 数组变量名 = new 类型[数组长度] {初始值列表};
```

或者

```
类型[] 数组变量名;
```

```
数组变量名 = new 类型[数组长度] {初始值列表};
```

例如：

```
int[] firstArr = new int[3] {3, 5, 2};
string[] secondArr;
secondArr = new string[] {"ABC", "DE"};
```

可以看出，数组长度可以省略，程序会根据初始值列表，自动计算出长度。数组变量的定义和元素初始化可以分成两条语句完成。

（三）数组使用

定义并初始化数组完成后，则可以使用数组，常见的数组使用包括：遍历数组中的每个元素、修改数组元素值。

例题3-1　定义一个整型数组，求解数组中的数据和。

```
1    int[] arr = new int[] {3, 5, 2, 8}; // 用 new 关键字初始化数组
2    int s = 0;
3    for(int i = 0; i < arr.Length; i++) {
4        s += arr[i]; // 通过 arr[i] 索引操作获取第 i 个元素
5    }
6    Console.WriteLine(s);
```

例题3-2　定义一个整型数组，将所有元素修改为对应的平方值。

```
1    int[] arr = new int[] {3, 5, 2, 8};
2    for(int i = 0; i < arr.Length; i++) {
3        arr[i] = arr[i] * arr[i]; // 通过赋值语句修改数组元素值
4        Console.WriteLine(arr[i]);
5    }
```

（四）foreach语句

对于数组的循环，还可以用“foreach”语句进行遍历，其与for、while、do...while语句的区别在于，foreach语句只能用于实现了IEnumerable接口的集合类型数据。

foreach语句参考

例题3-3　定义一个整型数组，用foreach语句求解数组中的数据和。

```
1    int[] arr = new int[] {3, 5, 2, 8};
2    int s = 0;
3    foreach(int x in arr) { //  x 代表数组中的元素，每循环一次就把元素值赋值给 x
4        s += x;
5    }
6    Console.WriteLine(s);
```

上述介绍的都是一维数组的相关内容，C#还可以处理高维数组，并提供两种处理方式：多维数组、交错数组。其相关内容可以扫描“多维数组参考”“交错数组参考”二维码查看详细的介绍。

多维数组参考

交错数组参考

二、列表

列表是一种比数组更加灵活的集合类型，在C#中有三种常见的列表，即可以包含任意类型数据的动态数组式列表ArrayList，泛型动态数组式列表List<T>，以及泛型链表式列表LinkedList<T>。动态数组是指大小可以变化的数组，其存储数据还是按照数组的连续空间存储；而链表则是指数据的存储不再使用连续内存空间，而是通过指针将前后元素连接起来形成逻辑上的连续存储空间。无论是动态数组还是链表，其数据长度都是可以变化的，可以向其中新增数据，也可以从中删除数据。本书只介绍泛型动态数组式列表List<T>，关于ArrayList和LinkedList<T>可以参阅C#相关资料加以了解。

（一）列表概念

定义3-7　列表（list）是指一组存储空间可以动态变化的数据，数据存储方式主要有动态数组式存储和链表式存储。

定义3-8　列表元素（list element）是指列表中存储的每个数据。

定义3-9　列表类型（list type）是指列表元素的数据类型。

定义3-10　列表长度（list count）是指列表中的元素个数。

定义3-11　列表索引（list index）是指列表中某个元素所在的位置编号，以整数“0”开始计算。

用图形表示列表相关概念，如图3-2所示。

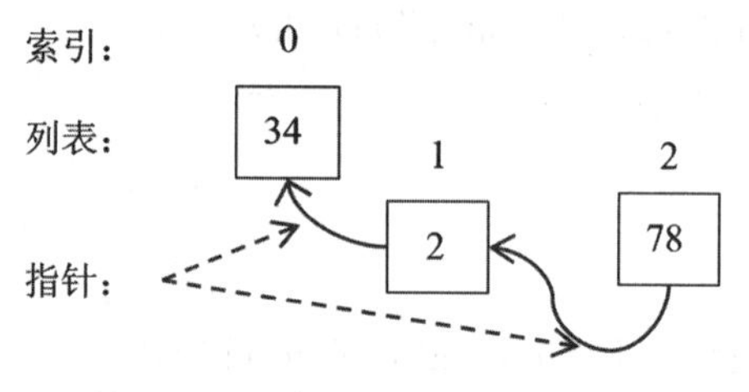

图3-2　列表相关概念（链表式）

（二）列表定义与创建

C#中的列表采用泛型List<T>来定义（泛型概念参见本章第二节的内容），具体包括列表变量的定义，以及变量实例化（列表变量属于对象变量，参见第四章有关对象变量的介绍）。

```
List<类型> 列表变量名 = new List<类型>();
```

变量定义　　　　变量实例化

例题3-4　定义一个整型列表，向列表中输入10个数据。

```
1    List<int> list = new List<int>(); // 定义列表并将类型指定为 int
2    for(int i = 0; i < 10; i++) {
3        int x = Convert.ToInt32(Console.ReadLine());
4        list.Add(x); // 通过 list.Add 方法向列表中添加数据
```

```
5       }
6       Console.WriteLine(list.Count); // 通过 list.Count 属性求解列表长度
```

列表也可以和数组一样，在创建的时候，通过初始化列表来添加数据。

List<类型> 列表变量名 = new List<类型>() {初始化列表};

变量定义　　变量实例化　　初始化列表

例题3-5　定义一个整型列表，并通过初始化列表添加3个整数。

```
1   List<int> list = new List<int>() {1, 3, 0};
```

注意：list.Add是方法，可以理解为函数，list.Count是属性，具体参见第四章。

(三) 列表使用

对于列表的操作主要包括：添加元素、遍历元素、删除元素、索引元素、求解长度等。

例题3-6　定义一个整型列表，向列表中输入10个数据，求和之后，删除其中能被3整除的数，再求解列表的长度。

```
1       List<int> list = new List<int>();
2       for(int i = 0; i < 10; i++) {
3           Console.Write("输入第 {0} 数：", i + 1);
4           int x = Convert.ToInt32(Console.ReadLine());
5           list.Add(x); // 通过 list.Add 方法向列表中添加数据
6       }
7       Console.WriteLine("列表和：", list.Sum()); // 通过 list.Sum 方法求解列表和
8       for(int i = 0; i < list.Count; i++) { // 循环条件用list.Count,否则会超出索引范围
9           if(list[i] % 3 == 0) { // 通过索引获取第 i 个元素
10              list.RemoveAt(i); // 通过 list.RemoveAt 方法删除指定位置上的元素
11              i--; // 由于删掉了一个元素,计数变量 i 应该要减1,否则会超出列表长度
12          }
13      }
14      Console.WriteLine("列表长度：", list.Count); // 通过 list.Count 属性求解列表长度
```

通过上述代码，我们了解到列表的添加元素（list.Add方法）、删除元素（list.RemoveAt方法）、列表求和（list.Sum方法）、列表长度（list.Count属性）以及获取列表元素（list[i]索引）的具体操作代码。除此之外，列表还有查找、排序、反转等操作。C#中列表常见的操作见表3-1。

表3-1　**C#中列表常见的操作**

功 能	操 作	示 例
添加元素	List.Add(元素)	list.Add(2) //向整型列表末尾添加元素2
添加一组元素	List.AddRange(一组元素)	list.Add(new int[]{3,4,5}) //向整型列表末尾添加一组数据，这组数据用数组表示
添加元素到指定位置	List.Insert(位置,元素)	list.Insert(2, 56) //在列表的2号索引位置插入元素56

续表

功 能	操 作	示 例
添加一组元素到指定位置	List.InsertRange(起始位置,一组元素)	list.InsertRange(2, new int[]{3,4,5}) //在列表的2号索引位置添加一组数，这组数据用数组表示
删除某个元素	List.Remove(元素)	list.Remove(56) //从列表中移除元素56，如果有多个56，则只删除第一个
删除指定位置元素	List.RemoveAt(位置)	list.RemoveAt(2) //删除索引号为2位置上的元素
删除一组元素	List.RemoveRange(起始位置，个数)	List.RemoveRange(2, 3) //从索引号为2的位置开始的3个元素
索引元素	List[索引号]	list[2] //获取索引号为2位置上的元素
查找第一个匹配元素	List.Find(lambda表达式)	list.Find(p=> p % 3 == 0) //查找能被3整除的第一个元素
查找所有匹配的元素	List.FindAll(lambda表达式)	list.FindAll(p=> p % 3 == 0) //查找能被3整除的所有元素
判断元素是否存在	List.Exists(lambda表达式)	list.Exists(p=> p % 3 == 0) //判断是否存在能被3整除的元素
排序	List.Sort()	list.Sort() //按照默认升序排序列表元素
反转	List.Reverse()	list.Reverse() //反向输出列表元素
求长度	List.Count	list.Count //获得列表长度
元素求和	List.Sum()	list.Sum() //获得列表所有元素的和
求元素均值	List.Average()	list.Average() //获得列表所有元素的平均值

注：上述示例假定已定义了一个整型列表变量list，且初始化了一组数据。

例题3-7 定义一个整型列表，向列表中输入10个数据，并对元素进行从大到小的排序。

```
1    List<int> list = new List<int>();
2    for(int i = 0; i < 10; i++) {
3        Console.Write("输入第 {0} 数:", i + 1);
4        int x = Convert.ToInt32(Console.ReadLine());
5        list.Add(x); // 通过 list.Add 方法向列表中添加数据
6    }
7    list.Sort(); // 先按照默认的从小到大排序
8    list.Reverse(); // 再进行反转,就按照从大到小排序
9    Console.WriteLine("排序之后:");
10   for(int i = 0; i < 10; i++) {
11       Console.Write("{0} ", list[i]); // 以不换行方式输出元素
12   }
```

从上面的例子可以看到，均有输入列表元素的问题，可以将这部分定义成一个函数，并通过函数调用重用这段代码。

例题3-8　分别定义两个函数，一个函数用于输入列表元素，另外一个函数用于输出列表元素，并在主函数中输入列表，对列表进行排序，删除能被3整除的元素，以及输出列表。

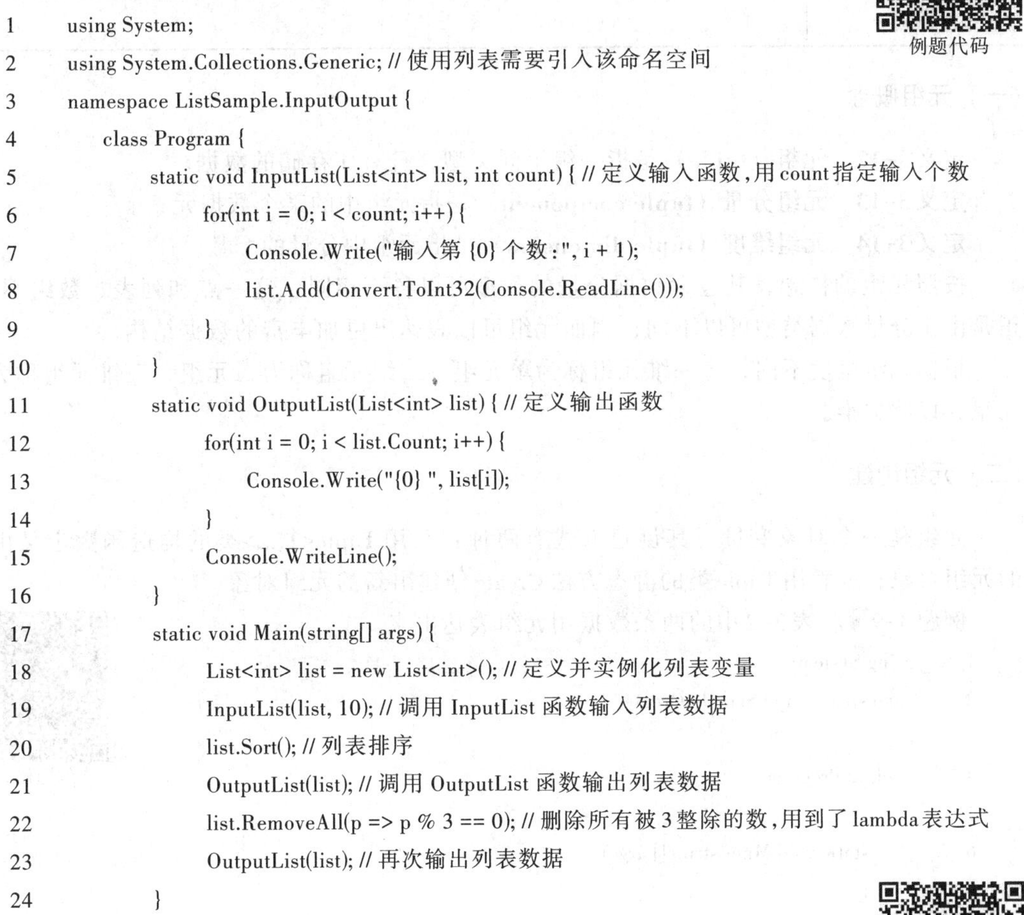

例题代码

```
1   using System;
2   using System.Collections.Generic; // 使用列表需要引入该命名空间
3   namespace ListSample.InputOutput {
4       class Program {
5           static void InputList(List<int> list, int count) { // 定义输入函数,用count指定输入个数
6               for(int i = 0; i < count; i++) {
7                   Console.Write("输入第 {0} 个数:", i + 1);
8                   list.Add(Convert.ToInt32(Console.ReadLine()));
9               }
10          }
11          static void OutputList(List<int> list) { // 定义输出函数
12              for(int i = 0; i < list.Count; i++) {
13                  Console.Write("{0} ", list[i]);
14              }
15              Console.WriteLine();
16          }
17          static void Main(string[] args) {
18              List<int> list = new List<int>(); // 定义并实例化列表变量
19              InputList(list, 10); // 调用 InputList 函数输入列表数据
20              list.Sort(); // 列表排序
21              OutputList(list); // 调用 OutputList 函数输出列表数据
22              list.RemoveAll(p => p % 3 == 0); // 删除所有被3整除的数,用到了lambda表达式
23              OutputList(list); // 再次输出列表数据
24          }
25      }
26  }
```

类List完整参考

上述给出的代码，其中在Main函数中，直接调用了InputList和OutputList两个静态函数，用于输入和输出列表元素。

三、元组

元组是一种小量数据处理的集合类型，常常用来表示数据库中的一条数据。例如，在一张表格中包含了身份证号、姓名、出生日期三列数据，那么每一行数据就可以用一个元组来表示（见表3-2）。

表3-2 **表格中每行数据可作为一个元组对象**

身份证号	姓 名	出生日期
36xxxxxxx...	张某某	1990-2-3
42xxxxxxx...	李某某	1994-5-19
…	…	…

（一）元组概念

定义3-12 元组（tuple）是指一组不同类型，且有序存储的数据。

定义3-13 元组分量（tuple component）是指元组中的某个数据元素。

定义3-14 元组维度（tuple dimension）是指元组中分量的个数。

按照元组的概念，其包含数据分量的类型可以各不相同，这一点和列表、数组不同。正是由于分量数据类型可以不同，因而元组可以表达出更加丰富的数据结构。

根据元组维度不同，将一维元组称为单元组，二维元组称为二元组，三维元组称为三元组，以此类推。

（二）元组创建

元组是一个对象变量，其创建方式有两种：采用Tuple<T,...>类的构造函数定义出新的元组对象；或者用Tuple类的静态方法Create创建出新的元组对象。

例题3-9 将表3-2中的两条数据用元组表达出来。

例题代码

```
1   using System;
2   namespace TupleSample.Create
3   {
4       class Program
5       {
6           static void Main(string[] args)
7           {
8               Tuple<string, string, DateTime> zhang =
9                   new Tuple<string, string, DateTime>(
10                      "36xxxxxxx...", "张某某", new DateTime(1990,2,3)); // 用构造函数创建
11              Console.WriteLine(zhang); // 直接输出元组分量内容
12              Tuple<string, string, DateTime> li =
13                  Tuple.Create(
14                      "42xxxxxxx...", "李某某", new DateTime(1994,5,19));// 用静态方法创建
15              Console.WriteLine(li); // 直接输出元组分量内容
16          }
17      }
18  }
```

对于用构造函数创建的元组，其一般代码形式为：

Tuple<类型 1, 类型 2, ...> 元组变量名 = new Tuple<类型 1, 类型 2, ...>(分量 1, 分量 2, ...)

定义元组变量　　　　　　　实例化元组对象

在定义元组变量类型的时候，需要说明每个分量的数据类型，一般情况下最多可以声明7个分量，同时还需要为每个分量赋值。

采用Tuple静态方法Create创建元组，其一般代码形式为：

Tuple<类型 1, 类型 2, ...> 元组变量名 = Tuple.Create(分量 1, 分量 2, ...)

定义元组变量　　　　　　　实例化元组对象

可以看出，用Tuple类的静态方法比用构造函数更加方便，因为其不用在new的时候为每个分量再指定一遍数据类型。

（三）元组与其他集合类型的组合

元组可以用来表示表格中的一条数据，如果再与数组或者列表组合使用，则可以完整地表达出表格数据。

例题代码

例题3-10　用数组和元组将表3-2中的数据表达出来。

```
1    using System;
2    namespace S02.ArrayTable
3    {
4       class Program
5       {
6          static void Main(string[] args)
7          {
8             Tuple<string, string, DateTime>[] t = new Tuple<string, string, DateTime>[]{
9                Tuple.Create("36xxxxxxx...", "张某某", new DateTime(1990,2,3)),
10               Tuple.Create("42xxxxxxx...", "李某某", new DateTime(1994,5,19))
11            }; // 定义了一个三元组数组,并用两个元组对象初始化该数组
12            for(int i = 0; i < t.Length; i++) {
13               Console.WriteLine(t[i]); // 输出元组
14            }
15         }
16      }
17   }
```

例题代码

例题3-11　用列表和元组将表3-2中的数据表达出来。

```
1    using System;
2    using System.Collections.Generic;
3    namespace S03.ListTable
4    {
5       class Program
6       {
7          static void Main(string[] args)
```

```
8          {
9              List<Tuple<string, string, DateTime>> t =
10                 new List<Tuple<string, string, DateTime>>(); // 创建元素类型为三元组的列表
11             // 用列表的Add方法添加元组对象
12             t.Add(Tuple.Create("36xxxxxxx...", "张某某", new DateTime(1990,2,3)));
13             t.Add(Tuple.Create("42xxxxxxx...", "李某某", new DateTime(1994,5,19)));
14             foreach(Tuple<string, string, DateTime> x in t) {
15                 Console.WriteLine(x);
16             }
17         }
18     }
19 }
```

无论是数组还是列表，都能与元组配合使用，并且都能完整地表达出表格数据。但是，数组一旦初始化之后，就不能再向其中添加新的元素，也无法删除现有元组，从这一点看，用列表与元组配合使用更加灵活。

（四）元组的分量访问

我们还可以通过Item属性访问元组中的分量，并给出更加丰富的输出结果。

例题3-12 用列表和元组将表3-2中的数据表达出来，并通过分量访问进行格式化输出。

例题代码

```
1  using System;
2  using System.Collections.Generic;
3  namespace S03.ListTable
4  {
5      class Program
6      {
7          static void Main(string[] args)
8          {
9              List<Tuple<string, string, DateTime>> t =
10                 new List<Tuple<string, string, DateTime>>();
11             t.Add(Tuple.Create("36xxxxxxx...", "张某某", new DateTime(1990,2,3)));
12             t.Add(Tuple.Create("42xxxxxxx...", "李某某", new DateTime(1994,5,19)));
13             foreach(Tuple<string, string, DateTime> x in t) {
14                 Console.WriteLine("身份证:{0} 姓名:{1} 出生日期:{2:D}",
15                     x.Item1, x.Item2, x.Item3); // 通过Item属性访问三个分量，并进行格式化输出
16             }
17         }
18     }
19 }
```

类 Tuple参考

但是需要注意，元组一旦初始化之后，就不能再修改其分量值。例如，x.Item2 = "刘某某"，这种用法会产生编译错误。如果要修改元组分量，必须重新构建一个新的元组。

例题3-13　将例题3-12中“李某某”的姓名更改为“刘某某”。

```
1    t[1] = Tuple.Create(t[1].Item1, "刘某某", t[1].Item3); // 保持原本1、3分量不变
```

可以看出，需要将t[1]整个元组用新创建的元组通过赋值替换，但是在创建新元组的时候，通过原元组分量访问，保持了新元组中的1、3分量值与原元组一致，这样比直接用原始常量值赋值更加方便。

四、字典

在用元组表示表格数据的时候，无法将表格的表头，即列名也完整地表达出来，这就需要借助字典这种集合型数据来实现。

（一）字典概念

定义3-15　**字典**（**dictionary**）是指由键值对（key-value pair）构成的一组数据。

定义3-16　**键**（**key**）是指用于标识字典中键索引的数据。

定义3-17　**值**（**value**）是指用于储存字典中的值数据。

定义3-18　**字典条目**（**entry**）是指字典中某一键值对。

可以将表3-2中的单条数据看成是由字典构成的数据，如图3-3所示。

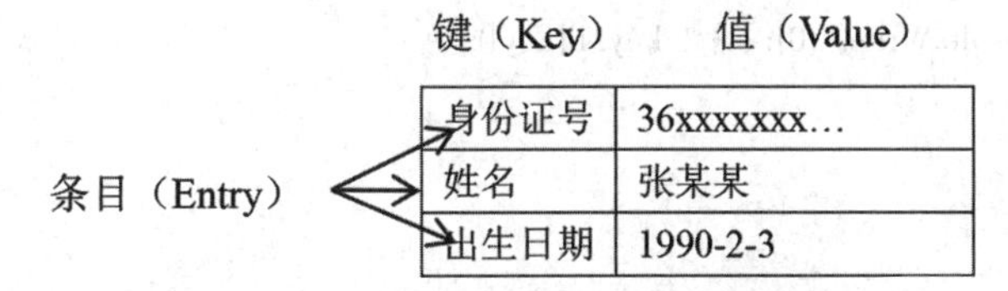

图3-3　用字典表示表格中的单条数据

（二）字典创建与使用

字典的创建包括两个步骤：构造出一个字典对象；将键值对作为条目加入到字典中。

创建字典对象的一般代码形式为：

Dictionary<键类型, 值类型> 字典变量名 = new Dictionary<键类型, 值类型>()

定义字典变量　　　　实例化字典对象

在定义字典变量类型的时候，需要说明键类型和值类型。在访问字典条目的时候，采用[]索引运算符，通过指定键名的方式访问到值内容。例如，dict["姓名"]，通过键“姓名”访问存储在字典dict中的值，或者通过dict["姓名"] = "张某某"，将键值对"姓名"-"张某某"存储到字典dict中。同时，也可以用字典对象的Add("姓名","张某某")方法将键值对添加到字典dict中。

例题3-14　将表3-2中的两条数据以字典形式表达。

```
1    using System;
2    using System.Collections.Generic;
3    namespace S01.Create
4    {
```

```
5        class Program
6        {
7            static void Main(string[] args)
8            {
9                Dictionary<string, object> zhang = new Dictionary<string, object>(); // 构造字典
10               // 用索引添加键值对条目
11               zhang["身份证"] = "36xxxxxxx...";
12               zhang["姓名"] = "张某某";
13               zhang["出生日期"] = new DateTime(1990,2,3);
14               foreach(string key in zhang.Keys) { // 遍历字典中的所有键
15                   Console.Write("{0}: {1} ", key, zhang[key]); // 用键索引获取值
16               }
17               Console.WriteLine();
18               Dictionary<string, object> li = new Dictionary<string, object>();
19               // 用Add方法添加键值对条目
20               li.Add("身份证", "42xxxxxxx...");
21               li.Add("姓名", "李某某");
22               li.Add("出生日期", new DateTime(1994,5,19));
23               foreach(string key in li.Keys) {
24                   Console.Write("{0}: {1} ", key, li[key]);
25               }
26           }
27       }
28   }
```

在向字典中添加键值对条目的时候，可以采用键索引方式，也可以采用Add方法。两者的区别在于：当添加的条目，其键已经存在于字典中，则采用键索引方式，后添加的条目会覆盖之前的条目；而采用Add方法，则会引发运行时错误，不允许在字典中添加具有相同键的条目。例如，zhang["姓名"] = "刘某某"，会覆盖zhang原本的姓名，而用zhang.Add("姓名", "刘某某")则会产生错误。这一点与元组不同，元组是不允许直接修改分量值的，而字典则可以用键索引来修改条目值。

（三）字典与其他集合类型的组合

与元组一样，字典适合表达表格中的一条数据，只是可以通过Key带上表格的表头。如果要完整地表达表格中的所有数据，还需要组合像数组、列表这样的集合类型共同实现。

例题3-15　用数组和字典将表3-2中的数据表达出来。

例题代码

```
1    using System;
2    using System.Collections.Generic;
3    namespace DictSample.ArrayTable
4    {
5        class Program
```

```
6        {
7            static void Main(string[] args)
8            {
9                //创建第一条数据的字典
10               Dictionary<string, object> zhang = new Dictionary<string, object>();
11               zhang["身份证"] = "36xxxxxxx...";
12               zhang["姓名"] = "张某某";
13               zhang["出生日期"] = new DateTime(1990,2,3);
14               //创建第二条数据的字典
15               Dictionary<string, object> li = new Dictionary<string, object>();
16               li.Add("身份证", "42xxxxxxx...");
17               li.Add("姓名", "李某某");
18               li.Add("出生日期", new DateTime(1994,5,19));
19               //定义字典型的数组,并将上述两条数据作为数组的初始化数据
20               Dictionary<string, object>[] t = new Dictionary<string, object>[] {
21                   zhang, li
22               };
23               //输出数组中的每条字典数据
24               for(int i = 0; i < t.Length; i++) {
25                   foreach(string key in t[i].Keys) { // t[i]获得第i条数据,是一个字典对象
26                       // t[i][key] 则是通过两次索引获得字典中key的值
27                       Console.Write("{0}: {1} ", key, t[i][key]);
28                   }
29                   Console.WriteLine();
30               }
31           }
32       }
33   }
```

上述代码首先创建了两个字典对象zhang、li，接着在第20~22行创建了一个字典型数组，并用zhang和li两个字典对象初始化为数组的两个元素。另外，特别关注t[i][key]的用法，[]为索引操作，第一个[]是对数组t进行索引，获得第i个元素，获得的元素是字典类型，然后再次使用[]对字典进行索引，以获得字典条目中指定key的值。

但是我们发现，创建字典的过程代码重复的内容相对较多，尤其是每个key都要编写两遍，也容易写错。因此，可以将创建字典的过程写成独立的函数，然后直接调用该函数即可得到创建好的字典对象。

例题3-16　用数组和字典将表3-2中的数据表达出来，并定义一个函数用于创建字典。

例题代码

```
1    using System;
2    using System.Collections.Generic;
3    namespace DictSample.ArrayTable
4    {
5        class Program
```

```
6       {
7           //定义一个函数用于创建字典,并作为返回值
8           static Dictionary<string, object> CreateDict(string id, string name, DateTime birthday) {
9               Dictionary<string, object> dict = new Dictionary<string, object>();
10              dict["身份证"] = id;
11              dict["姓名"] = name;
12              dict["出生日期"] = birthday;
13              return dict;
14          }
15          static void Main(string[] args)
16          {
17              //可以在数组初始化列表中直接调用字典创建函数
18              Dictionary<string, object>[] t = new Dictionary<string, object>[] {
19                  CreateDict("36xxxxxxx...", "张某某", new DateTime(1990,2,3)),
20                  CreateDict("42xxxxxxx...", "李某某", new DateTime(1994,5,19)),
21              };
22              for(int i = 0; i < t.Length; i++) {
23                  foreach(string key in t[i].Keys) {
24                      Console.Write("{0}: {1} ", key, t[i][key]);
25                  }
26                  Console.WriteLine();
27              }
28          }
29      }
30  }
```

在将创建字典的过程定义成函数CreateDict之后，我们就可以在第18~21行定义数组的初始化列表中，直接调用CreateDict函数两次，用于创建zhang和li的信息字典。这种做法可以很好地体现“利用函数封装、重用代码”的理念。另外，也可以用列表来组合字典，构建完整的表格数据。

例题3-17 用列表和字典将表3-2中的数据表达出来，并定义一个函数用于创建字典。

例题代码

```
1   using System;
2   using System.Collections.Generic;
3   namespace S04.ListTable
4   {
5       class Program
6       {
7           static Dictionary<string, object> CreateDict(string id, string name, DateTime birthday) {
8               Dictionary<string, object> dict = new Dictionary<string, object>();
9               dict["身份证"] = id;
10              dict["姓名"] = name;
11              dict["出生日期"] = birthday;
```

```
12              return dict;
13          }
14          static void Main(string[] args)
15          {
16              // 注意List的类型参数为一个字典类型
17              // 并且 new List<Dictionary<string, object>>()要带上小括号,表示调用构造函数
18              // 列表也可以有初始化列表
19              List<Dictionary<string, object>> t = new List<Dictionary<string, object>>() {
20                  CreateDict("36xxxxxxx...", "张某某", new DateTime(1990,2,3)),
21                  CreateDict("42xxxxxxx...", "李某某", new DateTime(1994,5,19))
22              };
23              for(int i = 0; i < t.Count; i++) { // 列表是用Count属性来获得长度
24                  foreach(string key in t[i].Keys) {
25                      Console.Write("{0}: {1} ", key, t[i][key]);
26                  }
27                  Console.WriteLine();
28              }
29          }
30      }
31  }
```

Dictionary参考

第二节　泛型

【思政专栏】
泛型

本章第一节中提到的列表、元组、字典这些集合类型数据，都有一个特点，即需要通过“<类型>”这种语法方式说明存储元素的类型，这实际上是一种编程的范式（Diagram），即泛型编程（Generic Programming）。本节将对C#中的泛型做出简单的介绍。

一、泛型与泛型函数

泛型概念的提出，是为了减少重复的代码，请看下面的例子。

例题代码

例题3-18　设计一组函数，用来比较两个数firstValue和secondValue的大小，如果firstValue大于secondValue，函数返回值为1，如果小于其返回值为-1，若相等则返回值为0；并且这组函数要能处理两个整数、浮点数、双精度数、字符串的比较。

```
1   using System;
2   namespace GenericSample.Why
3   {
4       class Program
5       {
```

```
6         // 定义两个整数比较大小的函数
7         static int Compare(int firstValue, int secondValue) {
8           return firstValue.CompareTo(secondValue);
9         }
10        // 定义两个浮点数比较大小的函数
11        static int Compare(float firstValue, float secondValue) {
12          return firstValue.CompareTo(secondValue);
13        }
14        // 定义两个双精度数比较大小的函数
15        static int Compare(double firstValue, double secondValue) {
16          return firstValue.CompareTo(secondValue);
17        }
18        // 定义两个字符串比较大小的函数
19        static int Compare(string firstValue, string secondValue) {
20          return firstValue.CompareTo(secondValue);
21        }
22        static void Main(string[] args)
23        {
24          Console.WriteLine(Compare(5, 3)); // 比较两个整数
25          Console.WriteLine(Compare(1.1, 2.1)); // 比较两个双精度数
26          Console.WriteLine(Compare (3.4f, 3.4f)); // 比较两个浮点数
27          Console.WriteLine(Compare("DEF", "ABC")); // 比较两个字符串
28        }
29      }
30    }
```

可以看出，为了能够比较不同类型数据之间的大小，通过函数重载，实现了4个版本的比较函数Compare，而且该函数的函数体代码完全一样，即都是return firstValue.CompareTo(secondValue);这条比较大小的语句，代码的重复度是非常高的。

我们仔细观察这4个版本的函数，除了参数类型不同之外，其余部分可以说完全一样。于是，可以考虑将类型变成一个参数，使得仅仅编写一个比较大小的函数，就可以实现4个类型数据的大小比较功能。这就是泛型提出的初衷和类型参数化的设想。

定义3-19　泛型（generic type）是在处理数据的时候，不具体指定数据的类型，而是指定一个类型参数，其目的是将数据处理的算法与数据的类型分离，减少因数据类型不同，而重复编写数据处理的代码。

定义3-20　类型参数（type parameter）是将数据类型参数化，即在使用数据的时候才具体指定数据类型。类型参数也称为泛型参数。

定义3-21　类型参数约束（constraint of type parameter）是类型参数的限制条件。

定义3-22　类型参数绑定（binding of type parameter）是为类型参数指定具体类型的过程，发生在函数调用或者对象定义的时候。

在例题3-18中，4个版本的Compare函数，只需要将函数形参替换成类型参数，即可实现1个泛型版本的Compare函数。

```
1   using System;
2   namespace GenericSample.Why
3   {
4       class Program
5       {
6           //定义泛型函数,通过<T>指定类型参数
7           //where 为 T 添加约束,限定类型必须实现接口 IComparable
8           static int Compare<T>(T firstValue, T secondValue) where T : IComparable {
9               //由于类型参数 T 约束为实现 IComparable 接口,则必有 CompareTo 方法可调用
10              return firstValue.CompareTo(secondValue);
11          }
12          static void Main(string[] args)
13          {
14               //Compare 函数在调用的时候,根据实参类型会自动为类型参数 T 指定相应的具体类型
15              Console.WriteLine(Compare(5, 3)); //比较两个整数,T绑定为 int
16              Console.WriteLine(Compare(1.1, 2.1)); //比较两个双精度数,T绑定为 double
17              Console.WriteLine(Compare (3.4f, 3.4f)); //比较两个浮点数,T绑定为 float
18              Console.WriteLine(Compare("DEF", "ABC")); //比较两个字符串,T绑定为 string
19          }
20      }
21  }
```

一般的泛型函数的定义形式为:

```
返回值类型 函数名<类型参数1,类型参数2, ...>(形参列表)
    where 类型参数x: 约束条件
    where 类型参数x: 约束条件
    …
{
    函数体
}
```

"类型参数1,类型参数2, ..."形成类型参数列表。同时，类型参数可以作为函数形参的类型说明，也可以作为返回值的类型说明，这个要看具体的函数设计需要。以下几种泛型函数的写法都是正确的。

```
void SomeFunc<T>() {
    …
}
void SomeFunc<T>(T p1, T p2) {
    …
}
T SomeFunc<T>(T p1, T p2)
    where T : IComparable
{
    …
```

```
}
T SomeFunc<T>(int p) {
    …
}
T SomeFunc<T1, T2, T>(T1 p1, T2 p2)
    where T1 : IComparable
    where T2 : IComparable
{
    …
}
```

但是，下面的泛型函数的写法则是错误的。

```
T SomeFunc<T1, T2>(T1 p1, T2 p2) { // T 没有出现在类型参数列表中
    …
}
T SomeFunc<T1, T2, T>(T1 p1, T2 p2)
    where T1, T2 : IComparable // 类型参数的约束条件必须一个个指定,不能同时指定
{
    …
}
```

另外，类型参数可以设置约束条件，以限定类型参数的功能范围，例如，上述Compare函数的类型参数T，就限定为IComparable接口的实现。因为设置该约束，用于比较的两个函数参数firstValue和secondValue就都具有CompareTo方法可用，否则就无法进行两个数据的比较运算，也就无法采用泛型参数来解决比较两个数的代码重复问题。C#中的类型参数约束条件有以下几种（见表3-3）：

表3-3　**C#中常用的类型参数约束**

约 束	描 述
where T : struct	类型参数必须是不可为null的值类型。由于所有值类型都具有可访问的无参数构造函数，因此struct约束已表示new()约束，不能与new()约束结合使用
where T : class	类型参数必须是引用类型。此约束还应用于任何类、接口、委托或数组类型
where T : notnull	类型参数必须是不可为null的类型
where T : new()	类型参数必须具有公共无参数构造函数。与其他约束一起使用时，new()约束必须最后指定。new()约束不能与struct约束结合使用
where T : <base class name>	类型参数必须是指定的基类或派生自指定的基类
where T : <interface name>	类型参数必须是指定的接口或实现指定的接口。可指定多个接口约束。约束接口也可以是泛型
where T : U	为T提供的类型参数必须是为U提供的参数或派生自为U提供的参数。在可为null的上下文中，如果U是不可为null的引用类型，T必须是不可为null的引用类型。如果U是可为null的引用类型，则T可以是可为null的引用类型，也可以是不可为null的引用类型

注意：有关类、接口、基类、派生等更多的概念参见后续章节的介绍。

二、泛型类

泛型除了可以应用在函数上，以减少重复的函数定义，而且还可以用在类上（有关类的概念参见第四章的内容）。本章介绍的集合型数据，均是采用了泛型技术的类。关于类、对象的概念将在第四章进行详细介绍，本节主要通过一个示例，说明泛型技术应用在类上的必要性。

例题3-19　设计两个类，一个表示整数集合，一个表示浮点数集合，并且这两个类都具有求解最大值的功能。

例题代码

```
1    using System;
2    namespace GenericSample.Class
3    {
4      //定义表示整数集合的类
5      class IntList
6      {
7        public IntList(params int[] values) { //传递一组整数初始化集合数据
8          _list = values;
9        }
10       int[] _list;
11       public int Max() { //求解最大值的方法(函数)
12         int s = _list[0];
13         foreach(int x in _list) {
14           if(x > s) {
15             s = x;
16           }
17         }
18         return s;
19       }
20     }
21     class DoubleList
22     {
23       public DoubleList(params double[] values) { //传递一组浮点数初始化集合数据
24         _list = values;
25       }
26       double[] _list;
27       public double Max() { //求解最大值的方法(函数)
28         double s = _list[0];
29         foreach(double x in _list) {
30           if(x > s) {
```

```
31                  s = x;
32                }
33              }
34              return s;
35            }
36        }
37        class Program
38        {
39            static void Main(string[] args)
40            {
41                IntList list1 = new IntList(1,2,3); // 定义一个整数集合对象
42                Console.WriteLine(list1.Max()); // 求解最大值
43                DoubleList list2 = new DoubleList(2.3,4.5,1.7); // 定义一个浮点数集合对象
44                Console.WriteLine(list2.Max()); // 求解最大值
45            }
46        }
47    }
```

需要特别关注一下第11~19行代码和第27~35行代码，这两段代码除了数据类型不同外，其余部分完全一样。这又是因为数据类型的不同而造成大量的重复代码。为此，通过将要操作的类型与实现算法的代码分离的泛型技术，能够避免这种情况的出现。以下是经过改造之后的代码：

例题代码

```
1     using System;
2     namespace S03.Class
3     {
4         // 定义泛型类，指定泛型参数T，并添加约束为IComparable接口的实现
5         class MyList<T> where T : IComparable
6         {
7             public MyList(params T[] values) {
8                 _list = values;
9             }
10            T[] _list;
11            public T Max() { // 求解最大值的方法(函数)
12                T s = _list[0];
13                foreach(T x in _list) {
14                    if(x.CompareTo(s) > 0) { // 因为实现接口IComparable，则必有CompareTo方法可调用
15                        s = x;
16                    }
17                }
18                return s;
19            }
20        }
21        class Program
```

```
22        {
23            static void Main(string[] args)
24            {
25                MyList<int> list1 = new MyList<int>(1,2,3); // 绑定泛型参数 int
26                Console.WriteLine(list1.Max()); // 求解最大值
27                MyList<double> list2 = new MyList<double>(2.3,4.5,1.7); // 绑定泛型参数 double
28                Console.WriteLine(list2.Max()); // 求解最大值
29            }
30        }
31    }
```

这段经过改造之后的代码，只定义了一个类MyList，通过“<T>”泛型参数，将数据类型与求解最大值的算法分离，从而实现了算法代码的重用，也避免了重复的类定义。

三、泛型类的集合功能函数

C#通过定义很多泛型类，为数据处理提供了强大的支持，并且由此形成了一个集合类型体系。例如，我们已经介绍的数组的类型Array、列表的类型List、元组的类型Tuple、字典的类型Dictionary等。在C#中，还提供了很多其他实用的泛型类，如：表示栈结构的Stack类型、表示队列结构的Queue类型、表示哈希结构的HashSet类型等。

但是，几乎所有集合类型都继承并实现了IEnumerable这个顶层接口，而C#为这个顶层接口提供了一组通用的功能函数，用于对集合类型数据进行处理，如：进行集合计数的Count函数、求解最大值的Max函数、求解最小值的Min函数、求解平均值的Average函数等。这些函数均可以作用在前面提及的数组、列表、字典集合类型数据上，但由于元组没有实现IEnumerable接口，因此无法直接运用这组功能函数。其一般用法形式为：

```
集合类型数据对象.功能函数(lambda表达式)
```

以Max函数为例，我们可以看一下各种不同集合类型数据的最大值求解方法。

数组：

```
int[] values = new int[] {3,2,5,1};
values.Max();
```

列表：

```
List<int> values = new List<int>();
values.Max();
```

元组：

```
Tuple<int, int, int> values = Tuple.Create(3, 1, 2);
values.Max(); // 元组没有实现IEnumerable接口，因此报错
```

字典：

```
Dictionary<string, int> dict = new Dictionary<string, int>();
dict["A"] = 3;
dict["B"] = 1;
dict["C"] = 2;
dict.Max(p=>p.Value); // 通过lambda表达式对字典值求最大值
```

扩展方法

注意：关于继承和接口实现的内容参见第六章。另外，集合功能函数是通过扩展方法来实现的，可以通过扫描二维码了解扩展方法的语法现象。

表3-4列出了常用的集合功能函数。

表3-4 **常用的集合功能函数**

功能函数	含 义	示 例
Count	集合计数	x.Count()
Sum	求和	x.Sum(p=>p.Quantity)
Max	求最大值	x.Max(p=>p.Quantity)
Min	求最小值	x.Min(p=>p.Quantity)
Average	求平均值	x.Average(p=>p.Quantity)
ElementAt	取指定索引位置元素	x.ElementAt(3)
Take	取前n个元素	x.Take(10)
Skip	从当前位置向前跳跃n个元素	x.Skip(2)
GroupBy	分组数据	x.GroupBy(p=>p.OrderID)
OrderBy	升序排列数据	x.OrderBy(p=>p.Quantity)
OrderByDescending	降序排列数据	x.OrderByDescending(p=>p.Quantity)

注：假定x为包含OrderID（订单号）、Quantity（销售量）两个属性构成的类型对象集合。

第三节 基本数据操作

利用集合类型数据可以进行很多数据操作，这是数据分析的基础。本节将结合集合类型数据介绍基础性的数据分析编程。

【思政专栏】
基本数据操作

一、描述性统计

描述性统计是对数据进行分析的最基本操作，常见的分析方法有求最大值、最小值、平均值、标准差等。我们可以充分利用集合类型数据帮助完成描述性统计。

例题3-20 现有一个数据文件Northwind.txt记录了订单数据，每条订单数据包括了订单编号(OrderID)、订购日期(OrderDate)、产品类别(CategoryName)、产品名称(ProductName)、单价(UnitPrice)、销售量(Quantity)、折扣率(Discount)。数据内容概览，如图3-4所示。

```
OrderID,OrderDate,CategoryName,ProductName,UnitPrice,Quantity,Discount
10248,1996-07-04 00:00:00,Dairy Products,Queso Cabrales,14,12,0
10248,1996-07-04 00:00:00,Grains/Cereals,Singaporean Hokkien Fried Mee,9.8,10,0
10248,1996-07-04 00:00:00,Dairy Products,Mozzarella di Giovanni,34.8,5,0
...
```

图3-4 数据文件Northwind.txt中的内容概览

现需要统计出每个产品的销售数据，希望得到以下的结果（如图3-5所示）：

```
Sirop d'érable 销售情况描述:
        最大销售量: 120.00000
        最小销售量: 4.00000
        最大销售额: 2565.00000
        最小销售额: 114.00000
        平均销售量: 25.12500
        平均销售额: 598.02500
        销量标准差: 27.71028
        销售额标准差: 578.88256
Mishi Kobe Niku 销售情况描述:
        最大销售量: 50.00000
        最小销售量: 3.00000
        最大销售额: 3637.50000
        最小销售额: 291.00000
        平均销售量: 19.00000
        平均销售额: 1445.30000
        销量标准差: 16.70928
        销售额标准差: 1174.87784
共统计 77 个产品信息。
```

图3-5　统计每个产品的销售数据

代码如下：

例题代码

```
1	using System;
2	using System.Linq; //引入处理集合类型数据功能的命名空间
3	using System.Collections.Generic;
4	namespace DataAnalysis.Describe
5	{
6	  class Program
7	  {
8	    //定义读取订单数据文件的函数,将数据构建成7元组列表,作为返回值
9	    //7元组的每一项分别代表:
10	    //  订单编号、订购日期、产品类别、产品名称、单价、销售量、折扣率
11	    //对应元组分量的数据类型:
12	    //  string、DateTime、string、string、double、int、double
13	    static List<Tuple<string, DateTime, string, string, double, int, double>> ReadOrders() {
14	      var orders =
15	        new List<Tuple<string, DateTime, string, string, double, int, double>>();
16	      string s = System.IO.File.ReadAllText("Northwind.txt"); //读取数据文件为一个字符串
17	      string[] rows = s.Split("\r\n".ToCharArray(),
18	        StringSplitOptions.RemoveEmptyEntries); //用Split函数将数据行拆分为数组
19	      for(int i = 1; i < rows.Length; i++) { //i从1开始,以跳过数据的标题
20	        string[] fs = rows[i].Split(new char[]{','},
21	          StringSplitOptions.RemoveEmptyEntries); //用Split函数将每行拆分为数据项数组
22	        Tuple<string, DateTime, string, string, double, int, double> o =
23	          Tuple.Create(
24	            fs[0], //数组第一项作为元组第一项的订单编号
25	            Convert.ToDateTime(fs[1]), //数组第二项转换为元组第二项的订购日期
26	            fs[2], //数组第三项作为元组第三项的产品类别
```

```
27                  fs[3], //数组第四项作为元组第四项的产品名称
28                  Convert.ToDouble(fs[4]), //数组第五项转换为元组第五项的单价
29                  Convert.ToInt32(fs[5]), //数组第六项转换为元组第六项的销售量
30                  Convert.ToDouble(fs[6]) //数组第七项转换为元组第七项的折扣率
31                );
32              orders.Add(o); //将订单元组添加到列表中
33            }
34            return orders; //返回整个订单列表
35          }
36          static double Var(double[] values) { //求解一组数据的方差
37            double avg = values.Average();
38            double r = 0.0;
39            for(int i = 0; i < values.Length; i++) {
40              r += Math.Pow(values[i] - avg, 2);
41            }
42            return r / values.Length;
43          }
44          static double Std(double[] values) { //求解一组数据的标准差
45            return Math.Sqrt(Var(values));
46          }
47          //定义求解某个产品描述统计信息的函数,
48         //返回值为字典类型,用于存储各项描述性统计值
49          static Dictionary<string, double> GetDescribingData(
50            List<Tuple<string, DateTime, string, string, double, int, double>> orders,
51            string productName) {
52            //首先用列表的FindAll函数查找出指定productName的订单数据
53            var products = orders.FindAll(p=>p.Item4==productName);
54            //构造字典,用于存储各项描述性统计值
55            Dictionary<string, double> desc = new Dictionary<string, double>();
56            desc["最大销售量"] = products.Max(p=>p.Item6);
57            desc["最小销售量"] = products.Min(p=>p.Item6);
58            desc["最大销售额"] = products.Max(p=>
59              p.Item5*p.Item6*(1-p.Item7));
60            desc["最小销售额"] = products.Min(p=>
61              p.Item5*p.Item6*(1-p.Item7));
62            desc["平均销售量"] = products.Average(p=>p.Item6);
63            desc["平均销售额"] = products.Average(p=>
64              p.Item5*p.Item6*(1-p.Item7));
65            desc["销量标准差"] = Std(products.Select(p=>(double)p.Item6).ToArray());
66            desc["销售额标准差"] = Std(products.Select(p=>
67              p.Item5*p.Item6*(1-p.Item7)).ToArray());
68            return desc; //返回存储各项描述性统计值的字典
69          }
```

```
70          //定义输出某个产品描述性统计结果的函数
71          static void Describe(
72             List<Tuple<string, DateTime, string, string, double, int, double>> orders,
73             string productName) {
74             Console.WriteLine($"{productName} 销售情况描述:");
75             var dict = GetDescribingData(orders, productName); //调用函数求得描述性统计结果
76             foreach(string key in dict.Keys) {
77                Console.WriteLine("\t{0}:{1:#.00000}", key, dict[key]); //格式输出描述统计项
78             }
79          }
80          static void Main(string[] args)
81          {
82             var orders = ReadOrders(); //读取Northwind.txt文件数据为7元组列表
83             var productNames = orders.Select(p=>p.Item4).Distinct(); //查找所有产品名称,并去重
84             foreach(string productName in productNames) {
85                Describe(orders, productName); //调用函数输出每个产品的描述性统计结果
86             }
87             Console.WriteLine("共统计 {0} 个产品信息。", productNames.Count());
88          }
89       }
90    }
```

此题的解题思路是：首先将Northwind.txt文件中的数据读取为7元组列表（orders）；然后查找出所有产品名称；通过循环每个产品名称，输出其描述性统计结果（Describe函数）；在Describe函数中调用GetDescribingData函数，具体计算描述性统计值；而在函数GetDescribingData中通过产品名称在列表（orders）中查找该产品的订单数据（FindAll函数）；再通过一组列表函数求解该产品的销售量和销售额的最大值（Max函数）、最小值（Min函数）、平均值（Average函数）；而列表默认不包含标准差的计算函数，因此需要自己先定义求解方差的函数Var，再定义求解标准差的函数Std，形成嵌套调用关系；再在GetDescribingData函数中调用Std函数，为指定产品求解标准差，并存入字典。

Split方法参考

这段代码需要注意以下几个知识点：①用到了列表、元组、数组、字典，并体会这些集合类型数据的使用场景；②学会列表中的一些功能函数的使用，如：Max、Min、Average、Count等；③列表没有的数据求解功能，则需要自己定义函数来完成，如：求解方差的Var和标准差的Std函数；④上述列表提供的功能函数的使用均采用了lambda表达式；⑤使用var定义变量通过类型推断简化了很多地方的代码编写，如：第80行如果不采用var定义变量orders进行类型推断，则需要长串的类型声明List<Tuple<string, DateTime, string, string, double, int, double>>。

Select方法参考

Distinct方法参考

二、数据分组

数据分组是数据分析的一项重要工作，通过数据分组可以对数据按照某一标准进行分门别类的处理。在前述的描述性统计中，就是对订单数据按照销售的产品进行分类统计，从而观察到每个产品的销售情况。

掌握数据分组必须要了解数据分组的结构关系。一般情况下，我们可以按照图3-6所示的表格形式来理解数据分组的数据结构。

产品类别	产品名称	订单数据 (订单编号,订购日期,单价,销售量,折扣率)
C1	P1	(1087,1997-1-3,4.5,400,0.1)
		(1093,1998-4-5,5.5,300,0.05)
	P2	(1203,1998-3-9,65,100,0.02)
		(1288,1998-5-4,78,80,0.02)
C2	P3	(1099,1997-4-9,4.5,100,0)
	P4	(2012,1998-9-8,77,50,0)

分组键　　　　分组数据

图3-6　数据分组的结构

可以看出，分组后的数据包括两个部分：分组键（Grouped Key）、分组数据（Grouped Data）。另外，分组键是具有层次关系的，产品类别和产品名称具有上下级的分层关系，C1类别对应P1、P2两个产品，C2类别对应P3、P4两个产品。

C#中提供了功能函数GroupBy用于分组操作，其一般代码形式为：

```
IEnumerable<IGrouping<TKey, TSource>> GroupBy(Func<TSource, TKey> keySelector)
```

返回值：分组对象　　　　求分组键的lambda表达式

GroupBy函数带一个参数，该参数为一个lambda表达式，其输入形参类型为TSource，表示待分组的原始数据，返回值类型为TKey，用于创建数据分组键对象。而GroupBy函数的返回值类型为分组对象的集合，该集合中的元素为分组对象IGrouping<TKey, TSource>，这表明每个分组对象又是一个泛型对象，由一个TKey类型的分组键和一组经过分组归类之后的原始数据TSource对象构成的集合数据对象共同组成。

例题3-21　依然读取Northwind.txt数据文件，并按照产品名称进行分组计算订单个数。其Main函数的核心代码如下：

```
1    var orders = ReadOrders(); //读取Northwind.txt文件数据为元组列表
2    var ogs = orders.GroupBy(p=>p.Item4); //按照Item4即产品名称进行分组
3    foreach(var og in ogs) { //循环遍历每个分组对象
4      //输出分组对象中的Key,即产品名称,以及订单个数
5      Console.WriteLine("产品{0}的订单数:{1}", og.Key, og.Count());
6    }
```

我们注意到GroupBy函数是通过orders调用的，orders的类型是一个7元组构成的列表，这个7元组就是TSource类型参数的具体类型。GroupBy的参数为lambda表达式p=>p.Item4，输入形参p类型就是TSource类型参数的对象，即7元组，而p.Item4为产品名称元组分量，作为了分组键，TKey类型参数的具体类型就是p.Item4所代表的元组分量string类型。所以，可以推断出ogs变量的具体类型应该是IEnumerable<IGrouping<string, Tuple<…>>>。这是一个分组对象的集合，每个分组对象由分组键即产品名称和7元组代表的订单数据集合构成。因此，foreach循环语句就可以作用在这个分组对象上，遍历出每个分组对象og，并输出分组键Key，即产品名称，和分组对象计数，即Count()函数调用，表示订单个数。代码最终运行结果，如图3-7所示。

例题代码

```
产品Rogede sild的订单数：14
产品Chocolade的订单数：6
产品Sirop d'érable的订单数：24
产品Mishi Kobe Niku的订单数：5
```

图3-7　代码输出结果

三、数据排序

在日常的数据分析中，数据排序也是重要的操作之一，通过排序可以看出各种情况的数据排名，以及对数据进行顺序规整。

C#中为集合类型数据提供了两个用于排序的功能函数OrderBy和OrderByDescending，第一个是用于升序排列的，第二个是用于降序排列的。其一般的调用形式为：

IOrderedEnumerable<TSource> 集合数据对象.OrderBy<TSource, TKey>(lambda表达式)

（IOrderedEnumerable<TSource>：返回排序后的集合数据；lambda表达式：排序依据）

lambda表达式参数为集合元素类型，即TSource类型参数指定的数据类型，返回值为用于排序的依据对象，其类型即TKey类型参数的指定数据类型。OrderBy返回值类型是排序集合类型IOrderedEnumerable，这个类型为IEnumerable的派生类型。

例题3-22　读取Northwind.txt数据文件，查询出最近的10条订单数据。其Main函数的核心代码如下：

```
1    var orders = ReadOrders();//读取Northwind.txt文件数据为元组列表
2    //调用降序排列函数OrderByDescending，传递lambda表达式，
3    //用于按照p.Item2，即订购日期进行订单排序，
4    //再用Take功能函数取出前10条数据
5    var sorting = orders.OrderByDescending(p=>p.Item2).Take(10);
6    foreach(var order in sorting) {
7        Console.WriteLine(order);
8    }
```

这个示例中，使用降序排列的功能函数OrderByDescending，通过lambda表达式将集合元素对象，即表示订单数据的7元组的第二个分量取出，也就是将订购日期作为依据进

行排序。后面紧接着调用了Take功能函数，取出经过降序排列的前10条数据，即为最近的10条订单数据。这是因为OrderByDescending函数返回值类型也是一个IEnumerable的实现类型，因此可以采用函数级联调用形式，调用集合的功能函数Take。

例题3-23　读取Northwind.txt数据文件，查询出销量最差的10个产品。其Main函数的核心代码如下：

```
1    var last10 = orders.GroupBy( //按照产品 p.Item4 分组
2      p=>p.Item4).OrderBy( //按照销量进行排序
3        q=>q.Sum( //按照销量 p.Item6 进行汇总
4          x=>x.Item6)).Take(10); //取前 10 条数据
5    foreach(var g in last10) { //输出产品与销量数据
6      Console.WriteLine("产品 :{0}, 销量 :{1}", g.Key, g.Sum(p=>p.Item6));
7    }
```

第一条语句采用了三次函数级联调用形式：GroupBy(...).OrderBy(...).Take(...)，第一次是对订单数据进行分组，第二次是对分组后的数据进行排序，第三次是对排序之后的数据取前10条。GroupBy的分组依据是p.Item4产品名称，返回值类型推断为IEnumerable<IGrouping<string, Tuple<...>>>，即以产品名称为分组键，7元组为分组数据的分组对象集合。OrderBy的排序依据是q.Sum(x=>x.Item6)，即销量x.Item6的汇总值，按照级联调用进行推断，其返回值类型为IOrderedEnumerable<IGrouping<string, Tuple<...>>>。紧接着在该返回值上调用Take功能函数，获取前10条数据，推断其返回值类型为IEnumerable<IGrouping<string, Tuple<...>>>，并将该返回值赋予last10。于是，可以用foreach语句对last10进行循环遍历每个分组对象g，而g的分组键Key就是产品名称，g本身为分组数据集合，即Tuple<...>这个7元组代表的订单数据集合，因此再次用g.Sum(p=>p.Item6)对每个产品的销量进行求和。

例题代码

四、数据连接

数据连接是将两组具有共同属性的数据，进行横向拼接的一种操作，常用于对比分析这两组数据的差别。

例题3-24　读取Northwind.txt数据文件，查询出Konbu和Tofu这两个产品按照月份分组的数据，并对销量进行对比分析。

该题的解题思路可以概括为：首先按照前述方法读取Northwind.txt数据文件，作为7元组列表；然后分别按照产品名称查询出Konbu和Tofu两个产品，并按照订购日期的年份、月份进行分组；将分组的两个产品数据，按照年份、月份进行横向连接，形成“销售年份、销售月份、Konbu销量、Tofu销量”的数据集合。可以将对比分析的数据表达成下面的表格（见表3-5）：

表3-5　**Konbu与Tofu产品按照月份分组连接的汇总对比数据**

销售年份	销售月份	Konbu 销量	Tofu 销量
1997	3	96	78
1997	4	80	120
…	…	…	…

其Main函数的核心代码如下：

```
1        // 读取Northwind.txt数据文件
2        var orders = ReadOrders();
3        // 查询出Konbu产品,并按照月份分组
4        var konbu = orders.Where(
5            p=>p.Item4=="Konbu").GroupBy( //分组依据是年份+月份
6                q=>Tuple.Create(q.Item2.Year, q.Item2.Month)); //把分组依据组合成元组
7        // 查询出Tofu产品,并按照月份分组
8        var tofu = orders.Where(
9            p=>p.Item4=="Tofu").GroupBy(//分组依据是年份+月份
10                 q=>Tuple.Create(q.Item2.Year, q.Item2.Month)); //把分组依据组合成元组
11       // 将Konbu和Tofu分组数据按照月份横向连接,并构建成新的元组
12       var rs =
13           konbu.Join(tofu, //以Konbu分组对象为基础,横向连接Tofu分组对象
14               (p=>p.Key), //Konbu的分组键(年份+月份元组)作为连接依据
15               (q=>q.Key), //Tofu的分组键(年份+月份元组)作为连接依据
16               ((k,t)=>Tuple.Create( //k为Konbu分组对象,t为Tofu分组对象,创建一个4元组
17                   k.Key.Item1, //第一个分量为年份
18                   k.Key.Item2, //第二个分量为月份
19                   k.Sum(kq=>kq.Item6), //第三个分量为k的销量汇总值
20                   t.Sum(tq=>tq.Item6)))); //第四个分量为t的销量汇总值
21        // 输出连接之后的元组
22        foreach(var r in rs) {
23            Console.WriteLine("({0:0000}{1:00}) Konbu 销量:{2},Tofu 销量:{3}",
24                r.Item1, r.Item2, r.Item3, r.Item4); //输出4元组的各个分量
25        }
```

程序运行的输出结果，如图3-8所示。

```
(199610) Konbu 销量：12，Tofu 销量：19
(199612) Konbu 销量：48，Tofu 销量：57
(199701) Konbu 销量：2，Tofu 销量：67
(199703) Konbu 销量：1，Tofu 销量：12
(199704) Konbu 销量：10，Tofu 销量：70
(199708) Konbu 销量：13，Tofu 销量：24
(199711) Konbu 销量：10，Tofu 销量：21
(199712) Konbu 销量：20，Tofu 销量：15
(199805) Konbu 销量：14，Tofu 销量：21
```

图3-8　程序运行的输出结果

需要特别注意第16~20行代码，其中k.Key.Item1表示取k的分组键的第一个分量，即订购日期的年份作为新创建的四元组的第一个分量。这是由于k是Konbu按照年份+月份分组之后的对象，代表了某年某月的一组订单数据，其分组键是在第6行代码中创建的二元组，即第一个分量为年份，第二个分量为月份。因此，k.Key.Item2就是月份分量。这里也可以用Tofu的分组对象的分组键取出年份和月份。因为按照两个产品分组键进行连接之后的数据，会按照分组键的年份与月份进行数据对齐，用k和t取出年份和月份是一致的。

例题代码

数据连接是通过集合功能函数Join实现的，其一般的代码形式为：

IEnumerable<TResult> 集合变量 1.Join(集合变量 2, 连接键 1, 连接键 2, 结果对象)

结果对象集合，类型为 TResult　　形成　　形成

具体来说，集合变量1用Konbu代替，集合变量2用Tofu代替。然后，按照Konbu使用lambda表达式形成连接键1，p.Key为分组Konbu对象的分组键，即年份+月份二元组，同理按照Tofu使用lambda表达式形成连接键2，q.Key为分组Tofu对象的分组键，也即年份+月份二元组。最后的结果对象用lambda来构建一个新的四元组，这样，类型参数TResult就被四元组类型替代了。

本章练习

一、判断题

1.（　　）数组int x[10]表示最多容纳10个元素的整数。

2.（　　）数组中的元素一旦确定了，是不能修改的。

3.（　　）列表中的数据可以通过Add方法添加新的元素。

4.（　　）列表List<string> x中只能存储string类型的数据。

5.（　　）元组的数据在初始化后是不能修改的。

6.（　　）Tuple.Create方法可以采用类型推断创建合适的元组。

7.（　　）字典是键值对构成的集合，每个键值对称为字典条目。

8.（　　）泛型函数一旦绑定泛型参数后，就确定了要处理数据的类型。

9.（　　）泛型集合类型有很多通用的功能函数，例如，x.Take(i)用于定位到第i个元素。

10.（　　）两个集合数据要进行横向拼接，需要用到集合功能函数GroupBy。

二、程序题

1.根据Northwind.txt数据文件，求解Konbu和Tofu两个产品的各年份销售额。

2.根据Northwind.txt数据文件，判断Konbu和Tofu哪个产品的销售量波动更大。

第二篇 面向对象

第四章　对象、类与抽象性

【学习要点】

- 对象与类的概念
- 对象属性、行为定义
- 对象生命周期
- 代码推导规则
- 类与数据类型

【学习目标】

理解对象与类之间的区别，学会从语言学的角度提取对象的属性、行为，并利用代码推导规则编写类定义代码、对象定义与使用代码，以数据类型和变量角度理解类与对象的关系。

【应用案例】

“矩阵”对象：学习如何定义并使用用于数据分析的矩阵对象。

“订单”对象：学习电子商务系统中最核心的订单对象的定义与使用。

“会计科目”对象：学习用面向对象的思维建立起会计科目的数据模型。

第一节 对象与类的概念

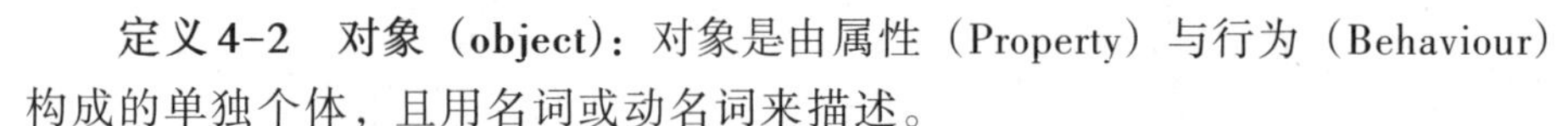

一、对象的概念

【思政专栏】
类与对象的定义

定义4-1 对象（object）：万事万物皆为对象。

这个定义是公理化的，意味着在采用面向对象编程语言撰写代码过程中，所有的内容都要看成对象。除此之外，对象的定义还可以表述为：

定义4-2 对象（object）：对象是由属性（Property）与行为（Behaviour）构成的单独个体，且用名词或动名词来描述。

这个定义给出了对象稍微详细的描述，即对象要从属性、行为、个体三个方面去理解。我们可以想象每个“人”的个体，有姓名、性别、身高等描述个体特征的属性，还有具备行走、奔跑、吃饭等的行为。这是我们最容易想到的对象，根据定义4-1，一切皆为对象，那么除了“人”这种有形的事物可以看成对象，“时间”这种无形的事物，还有某个“游戏人物”这种虚拟的事物也可以看成对象。

注意：实际上，在编程中大多数的对象都是无形的或者虚拟的事物，在我们现实世界中是无法找到对应实体的。例如，C#中StringBuilder就代表一个字符串构造器对象，这在现实中根本是不存在的。

例题4-1 请判断“一片树叶”“一个整数”“一张嘴”“某个时刻”“一个原子”“地球”“黑暗之女安妮”“引力波”“墨子号”，这些是否为对象？

题解：根据定义4-1，一切皆为对象，所以上述事物都是对象。

定义4-3 属性（property）：描述对象从属特征的名词，一个属性对应一个名词。

例题4-2 请说出“一朵花”的属性。

题解：根据定义4-3，可以用来描述花的名词，且具有从属性的有“颜色”“花瓣数量”“花朵平均直径”。

注意：“从属性”表明在语义上名词A和名词B之间可以表述成为“A的B”，那么名词B就是描述名词A的从属性名词。例如，“花朵”的“颜色”，颜色就是花朵的从属性名词。

定义4-4 行为（behaviour）：描述对象动态特征的动词或动词短语，一个行为对应一个动词或动词短语。行为也称为对象的功能。

例题4-3 请说出“一朵花”的行为。

题解：根据定义4-4，可以用来描述花朵的动词有“绽放”“凋谢”。

例题4-4 请说出“大数据”作为对象的属性和行为。

题解：根据定义4-3，可以用来描述大数据的从属名词有“数量级”“数据种类”“更新速度”；根据定义4-4，可以用来描述大数据的动词有“更新”“挖掘知识”。

例题4-5　请说出“时间”作为对象的属性和行为。

题解：根据定义4-3，可以用来描述时间的从属名词有“年份”“月份”“星期”“日期”“小时”“分钟”“秒”；根据定义4-4，可以用来描述时间的动词短语有“加上天数”“减去天数”“获得与另一日期间隔”等。

注意：谈到属性的时候，要区分属性、属性值。例如，花的颜色，颜色是属性，而红色、绿色是颜色的属性值。

二、类的概念

定义4-5　类（class）：具有相同属性和行为的对象集合。

这个概念给出了类与对象两个概念之间的联系，即类是集合，对象是集合中的每个元素。基于这个定义，可以给出更加形式化的定义：

定义4-6　类（class）：是一个二元组<P, B>，其中P是对象的属性集、B是对象的行为集。

例题4-6　请指出“小明”“小红”两位具有的共同属性和行为，并将其提取为一个类。

题解：按照实际情况，“小明”“小红”都具有姓名、性别、身高、体重的属性，也都具有奔跑、吃饭、睡觉的行为，根据定义4-6，可以表示成为一个类“人”，并且P为：{姓名,性别,身高,体重}，B为：{奔跑,吃饭,睡觉}。

例题4-7　请根据定义4-6描述杨辉三角。

题解：将杨辉三角视为一个类，那么P为：{层数}，B为：{获得第i层的所有数据,获得第i层的数据个数,获得第i层第j个数,获得整个杨辉三角数据}。

三、类与对象的关系

类与对象的关系，可以用多种方式加以描述：

（1）根据定义，类是集合，对象是集合中的元素，如图4-1所示。

（2）类是对象的模板，可以把类想象成一个模具，根据这个模具可以生产出很多个对象；类是一个抽象概念，用名词表示，对象则是这个概念下的一个具象，也用名词表示。例如，“人”是一个抽象概念，“小明”“小红”就是人的两个具象。

（3）类是自定义数据类型，对象就是这种自定义数据类型的某个变量。这种说法可以从后面的代码推导规则中看得更加清晰。

图4-1 类与对象的关系（从集合角度）

（4）对象存在生命周期的概念，而类不具有生命周期。

四、对象的生命周期

与类不同，每个对象都有一个从无到有，再到消亡的过程，这个过程称为生命周期。

定义4-7 对象生命周期（object life cycle）：对象的“创建—存在—消亡”顺序变化的过程，该过程也称为对象存续期。

定义4-8 对象创建（object constructing）：对象作为变量，而被分配内存存储空间的过程，该过程也称为对象构造过程。

定义4-9 对象存在（object referencing）：对象作为变量，其被使用、访问，且占用内存空间的状态。

定义4-10 对象消亡（object destructing）：对象作为变量，其占用的内存空间被收回清理的过程，该过程也称为对象析构过程。对象一旦消亡，则无法被使用、访问。

下面用一段代码说明对象的生命周期。

例题4-8 截取一段主函数中的代码：

```
1    public void Main()
2    {
3        Person aPerson = new Person();// 此处创建了一个对象 aPerson
4        aPerson.Name = “小明”;// 开始使用该对象
5        aPerson.Birthday = new DateTime(1990,2,19);
6        Console.WriteLine(aPerson.Name);
7        Console.WriteLine(aPerson.Birthday);
8    }  // 此处为函数结束符号,意味着 aPerson 自动消亡
```

对象生命周期的代码示例，如图4-2所示。

从上述代码可以看出，aPerson作为一个对象在主函数中从第3行代码处被创建，接着第4～7行代码用于赋值、输出aPerson的姓名、出生日期，这表明对象aPerson被主函数使用，第8行代码则表明随着主函数执行的结束，aPerson自动消亡。

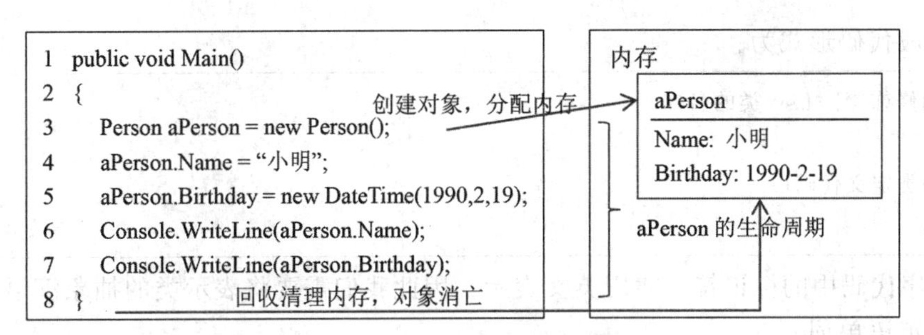

图 4-2　对象生命周期的代码示例

注意：对象创建、使用代码在后面的代码推导规则中具体介绍。

注意：对象的生命周期其实就是程序在执行过程中，对象变量作用域的体现。

定义 4-11　对象自动消亡（object implicit destructing）：对象作为变量，其占用的内存空间被系统自动收回清理的过程，这种消亡方式也称为对象隐式消亡。

一般情况下，对象在创建之后，C#的垃圾回收机制会主动去清理不再使用的对象，及其占用的内存空间，这是对象自动消亡的背后机制，因此无需我们关心是怎样被清理的，以及是怎样消亡的，但要知道对象生命周期，以及对象应当消亡的时机，这样有助于理解对象的内存使用机制。

定义 4-12　对象显式消亡（object explicit destructing）：对象作为变量，其占用的内存空间由专门的代码进行清理的过程。

在 C#中，可以采用为对象变量赋 null 空值的做法，显式地告诉垃圾回收器去清理该对象内存空间。

例如，“aPerson = null;”，通过执行该语句，可以明确地告诉垃圾回收器，在程序执行到 aPerson 对象变量作用域结束位置，一定要回收其占用的内存空间。

对象为什么需要生命周期呢？其主要出于两个方面的考虑：一是 OOP 就是通过模拟世界构成的机制来完成代码的编写，而世界上的万事万物都有从无到有，再从有到无的一个生命过程，因此，OOP 中的对象具有生命周期的概念也正是这一编程思想的体现；二是计算机内存空间是有限的，对象作为变量需要消耗内存空间，出于对内存空间使用限制的要求，也需要通过对象生命周期的管理方式来节约宝贵的内存资源。

第二节　代码推导规则

一、类定义代码推导规则

【思政专栏】
代码推导规则

代码推导 4-1　【类定义】代码推导规则：抽象名词 C 如果是一个类，则使用关键字 class 将 C 标注为类，并用一对花括号界定出类级别代码块。

其一般代码形式为：

```
[访问修饰符] class 类的名称
{
    [类定义代码块]
}
```

1.程序代码中的标识符一律用英文表示，因此我们需要将表示类的抽象汉语名词翻译成对应的英语单词。

2.访问修饰符是限定类可以使用的程序范围，默认为internal，可以省略，具体参见封装性部分。

3.C#中类的名称采用PASCAL命名规范。

例题4-9 如果“人”为一个类，则其定义代码如下：

```
1    class Person
2    {
3    }
```

例题4-10 如果“杨辉三角”为一个类，则其定义代码如下：

```
1    class YanghuiTriangle
2    {
3    }
```

二、属性定义代码推导规则

属性反映了对象的状态，如何定义属性是定义类之后最重要的工作，C#提供了丰富的属性定义的代码形式，概括起来有基于字段的属性定义、基于函数的属性定义、简化的属性定义。除此之外，属性包括了读、写两种操作，但并非所有属性都是可读、可写的，有些属性自初始化之后就不能再被修改，为只读属性。而一种重要的只读属性是通过其他属性或方法计算得到的。这些问题均是在学习属性定义过程中需要了解的。

（一）基于字段的属性定义

基于字段的属性定义，首先需要定义出类的一个字段变量，然后通过C#的属性代码形式将该字段包装成为一个属性。在C#中，属性不是变量，而是相当于一种代码形式比较特殊的函数。

代码推导4-2 【字段(Field)定义】代码推导规则：若P是类C的一个属性，其数据类型为T，那么在类C的代码块中增加以_p为名称的字段变量定义语句，其中在_p左侧标注其数据类型T。

定义代码形式： [访问修饰符] T _p;	一般代码形式： [访问修饰符] 数据类型 _字段变量名称;

1.访问修饰符是限定字段变量可访问的代码范围，默认为private，可以省略，更多访问修饰符的内容参见封装性部分。

2.数据类型可以是基本数据类型，也可以是自定义数据类型。

3.字段变量名称遵循CAMEL命名规范，且以“_”下划线开始。

4.字段变量定义代码是一条完整的C#语句，因此要以“;”分号结尾。

5.字段变量定义代码必须包括在类代码块中。

例题4-11　定义出“人”类及其属性“姓名”代码如下：

```
1    public class Person
2    {
3        string _name;
4    }
```

代码推导4-3　【属性定义】代码推导规则：若P是类C的一个属性，其数据类型为T，首先根据代码推导4-2完成字段定义，之后在类C的代码块中增加以P为名称的属性代码块，其中在P的左侧要标注数据类型T，在P属性代码块中需要撰写读取器get代码块和写入器set代码块。

定义代码形式：	一般代码形式：

[访问修饰符] T _p;
[访问修饰符] T P
{
　　[访问修饰符] get {
　　　　属性读取器代码块
　　}
　　[访问修饰符] set {
　　　　属性写入器代码块
　　}
}
	[访问修饰符] 数据类型 _字段变量名称;
	[访问修饰符] 数据类型 属性名称
	{
	　　[访问修饰符] get {
	　　　　属性读取器代码块
	　　}
	　　[访问修饰符] set {
	　　　　属性写入器代码块
	　　}
	}

1.属性的访问修饰符一般为public，具体参见封装性部分。

2.属性名称遵循PASCAL命名规范，且字段变量名称与属性名称相同。

3.属性读取器代码块以get关键字引导。

4.属性写入器代码块以set关键字引导。

5.属性读取器和写入器的访问修饰符默认为属性的访问修饰符，因此可以省略。

6.属性代码块必须包括在类代码块中。

例题4-12　定义出“人”类及其属性“姓名”代码如下：

```
1    public class Person
2    {
3        string _name;
4        public string Name
5        {
6            get {
7            }
8            set {
9            }
10       }
11   }
```

这对花括号界定了属性代码块

注意：上述代码并不完整，会产生编译的语法错误。

代码推导4-4 【set访问器】代码推导规则：若P是类C的一个属性，其数据类型为T，首先根据代码推导4-2完成字段定义，之后根据代码推导4-3完成属性代码块，并在写入器set代码块中，以“_p = value;”作为核心语句，用关键字value对字段_p进行赋值。

定义代码形式：	一般代码形式：
[访问修饰符] T _p	[访问修饰符] 数据类型 _字段变量名称;
[访问修饰符] T P	[访问修饰符] 数据类型 属性名称
{	{
[访问修饰符] get {	[访问修饰符] get {
属性读取器代码块	属性读取器代码块
}	}
[访问修饰符] set {	[访问修饰符] set {
_p = value;	**_字段变量名称 = value;**
}	}
}	}

1.属性写入访问器中的赋值语句，用于对字段变量进行赋值。

2.关键字value只能用在属性写入访问器的代码块中，其含义是对属性所赋予的值，超出这段代码块，该单词就不再是关键字了。

3.只有为属性定义了写入访问器，才能对属性进行赋值操作，例如，aPerson.Name = “Zhang”。

4.写入访问器代码块可以视为带一个value参数的无返回值函数，因此可以写入任何符合C#语法规范的语句。

代码推导4-5 【get访问器】代码推导规则：若P是类C的一个属性，其数据类型为T，首先根据代码推导4-2完成字段定义，之后根据代码推导4-3完成属性代码块，并在读取器get代码块中，以“return _p;”作为核心语句，返回字段_p的值。

定义代码形式：	一般代码形式：
[访问修饰符] T _p;	[访问修饰符] 数据类型 _字段变量名称;
[访问修饰符] T P	[访问修饰符] 数据类型 属性名称
{	{
[访问修饰符] get {	[访问修饰符] get {
return _p;	**return _字段变量名称;**
}	}
[访问修饰符] set {	[访问修饰符] set {
属性写入器代码块	属性写入器代码块
}	}
}	}

1.属性读取访问器中的返回语句是必需的。

2.读取访问器代码块可以视为无参数且返回值类型为属性数据类型的函数，因此也可以写入任何符合C#语法规范的语句。

根据上述代码推导规则，可以形成完整的属性定义代码。

例题4-13　定义出“人”类及其属性“姓名”完整代码如下：

```
1   public class Person
2   {
3       string _name;
4       public string Name
5       {
6           set {            ←—— set访问器代码块
7               _name = value;
8           }
9           get {            ←—— get访问器代码块
10              return _name;
11          }
12      }
13  }
```

注意：set与get访问器代码块可以视同比属性代码块低一级别，但比语句代码块高一级别的函数代码块。

（二）基于函数的属性定义

既然get与set访问器相当于对属性读、写函数，那么完全可以用等价的方法来表达属性及其读、写操作。

代码推导4-6　【set访问器等价方法】代码推导规则：若P是类C的一个属性，其数据类型为T，首先根据代码推导4-2完成字段定义，之后定义出以Set作为前缀，P作为词根命名的方法代码块，其中方法参数为p，无返回值，并在其中以“_p = p;”作为核心语句，用参数p对字段_p进行赋值。

定义代码形式：	一般代码形式：
[访问修饰符] T _p;	[访问修饰符] 数据类型 _字段变量名称;
public void SetP(T p)	public void Set属性名(数据类型 参数变量)
{	{
_p = p;	_字段变量名 = 参数变量;
}	}

这一代码推导规则表明，set访问器其实就是一个对_p字段进行赋值的方法。

代码推导4-7　【get访问器等价方法】代码推导规则：若p是类C的一个属性，其数据类型为T，首先根据代码推导4-2完成字段定义，之后定义出以Get作为前缀，P作为词根命名的方法代码块，其中方法返回值类型为T，并在其中以“return _p;”作为核心语句，返回_p的值。

定义代码形式：
[访问修饰符] T _p;
public T GetP()
{
    return _p;
}
	一般代码形式：
	[访问修饰符] 数据类型 _字段变量名称;
	public 数据类型 Get属性名()
	{
	    return _字段变量名称;
	}

这一代码推导规则表明，get访问器其实就是一个返回_p字段值的方法。

例题4-14 定义出“人”类及其属性“姓名”等价代码如下：

```
1    public class Person
2    {
3        string _name;
4        public void SetName(string name)
5        {
6            _name = name;
7        }
8        public string GetName()
9        {
10           return _name;
11       }
12   }
```

既然定义属性的读、写操作用等价的get、set函数来完成，那么在这两个函数体内，就可以采用任何合法的C#代码进行更多的操作，但合法并不意味着合理。一般情况下，我们赋予属性的操作应该集中在读、写上，而不应该赋予更多的其他操作任务。

（三）简化的属性定义

上述基于字段和基于函数的属性定义代码相对烦琐，C#提供了一种简化的属性定义形式，称为“自动实现属性”。

代码推导4-8 【简化属性定义】代码推导规则：若P是类C的一个属性，其数据类型为T，且满足代码推导4-2、代码推导4-3、代码推导4-4、代码推导4-5的所有要求和形式，则无需定义_p字段，且将set与get访问器简写成“set;”和“get;”两条语句。该代码推导规则也称为自动属性定义。

定义代码形式：
[访问修饰符] T P
{
    get; set;
}
	一般代码形式：
	[访问修饰符] 数据类型 属性名
	{
	    get; set;
	}

例题4-15 定义出“人”类及其属性“姓名”简化代码如下：

```
1    public class Person
2    {
3        public string Name
4        {
5            get; set;
6        }
7    }
```

可以看出，这种简化版本的属性定义形式，代码量减少了很多。但这种属性定义形式要求对属性的读、写操作是非常标准的return返回和value赋值操作，除此之外，不能有任何过多的其他操作任务。这种属性代码形式是推荐的写法。

(四) 只读属性定义

以上代码假定属性均可进行读、写操作，但有时一些属性是只需读取，而无需写入的，一旦属性的值被确定下来，就不能再次改变其值。

代码推导4-9 【只读属性定义】代码推导规则：若P是类C的一个属性，其数据类型为T，且P的值是只读的，通过代码推导4-2、代码推导4-3、代码推导4-5以字段定义方式给出属性P的定义，即只有get访问器，该属性称为只读属性。

<table>
<tr><td>定义代码形式：
[readonly] T _p;
[访问修饰符] T P
{
    get
    {
        return _p;
    }
}</td><td>一般代码形式：
[readonly] 数据类型 _字段变量名;
[访问修饰符] 数据类型 属性名
{
    get
    {
        return _字段变量名;
    }
}</td></tr>
</table>

1.可以看出，只读属性采用基于字段的属性定义形式。因为在没有set访问器的情况下，该属性无法进行赋值操作。

2.可以为字段变量定义加上只读修饰符"readonly"。如果不加上该修饰符，类C中的代码可以任意修改这个字段变量的值，从而改变属性取值，因此这个属性的只读，只是针对该类的外部代码来说的。

例题4-16 定义"人"类，具有属性"出生日期"，将这个属性定义为只读。

```
1    public class Person
2    {
3        readonly DateTime _birthDate;
4        public DateTime BirthDate
5        {
6            get { return _birthDate; }
7        }
8    }
```

有一种情况，某个属性被定义为只读属性，但在程序运行期间其属性值会发生改变，这种只读属性为可变只读属性。

代码推导4-10 【可变只读属性定义】代码推导规则：若P是类C的一个属性，且P的值是只读的，通过代码推导4-2、代码推导4-3、代码推导4-5以字段定义方式给出属性P的定义，即只有get访问器，且字段变量不能加上readonly修饰符，该属性称为可变只读属性。

定义代码形式：	一般代码形式：

T _p;
[访问修饰符] T P
{
    get
    {
        return _p;
    }
}
	数据类型 _字段变量名;
	[访问修饰符] 数据类型 属性名
	{
	    get
	    {
	        return _字段变量名;
	    }
	}

可以看出，这就是只读属性去掉了对字段变量的readonly修饰符的限制，致使其属性值能够在类代码块中被修改。

例题4-17 定义“人”类，具有属性“姓名”，该属性对“人”类外部是只读的，但内部是可以修改的。

```
1    public class Person
2    {
3        string _name;
4        public string Name // 该属性定义为只读属性
5        {
6            get { return _name; }
7        }
8        // 通过这个函数可以改变只读属性Name的值
9        public void ChangeName(string newName) {
10           _name = newName; // 修改了_name字段值,从而改变了Name属性值
11       }
12   }
```

另外一种比较特殊的只读属性，其属性值是由其他属性或方法计算得到的，此时该属性中的get访问器代码，就不是一句return返回字段值这么简单了，而是给出一个计算表达式。

代码推导4-11 【导出属性定义】代码推导规则：若P是类C的一个属性，其数据类型为T，且P的值是计算得到的，那么只需要为属性P定义get访问器，并将计算属性值的表达式作为返回值。该属性也称为计算属性。

定义代码形式：
[访问修饰符] T P
{
　　get
　　{
　　　　return 计算表达式;
　　}
}
	一般代码形式：
	[访问修饰符] 数据类型 属性名
	{
	　　get
	　　{
	　　　　return 计算表达式;
	　　}
	}

1.导出属性一定是只读属性。

2.有可能计算表达式很复杂，可以写成多条C#语句，最后将计算得到的属性值作为返回值。

3.导出属性可以不用定义出对应的字段变量。

例题4-18　定义“人”类，具有属性“出生日期”，同时定义“年龄”属性，并由“出生日期”计算得到。

```
1    public class Person
2    {
3        readonly DateTime _birthDate;
4        public DateTime BirthDate
5        {
6            get { return _birthDate; }
7        }
8        public int Age
9        {
10           get {
11               return DateTime.Now.Year - BirthDate.Year; // 当前年份减去出生日期年份
12           }
13       }
14   }
```

（五）集合属性

有时候，一个对象的某个属性存在多个值，这样就需要将该属性定义为第3章介绍的集合类型数据。例如，一个人可能存在多个联系地址，可以试想一下在“淘宝网”购物的时候有多个可选择的收货地址。

代码推导4-12　【集合属性定义】代码推导规则：若P是类C的一个属性，其数据类型为T，存在对象∃c ∈ C，其属性P有多个属性值$p_1,p_2,\ldots,p_n$，则P的数据类型应为T的集合类型。

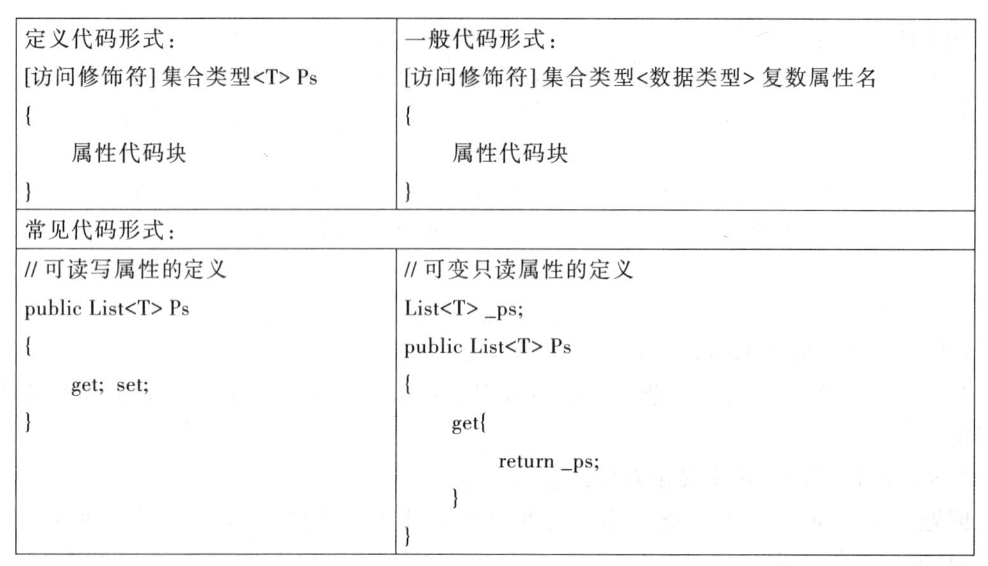

定义代码形式：
[访问修饰符] 集合类型<T> Ps
{
    属性代码块
}
	一般代码形式：
	[访问修饰符] 集合类型<数据类型> 复数属性名
	{
	    属性代码块
	}

常见代码形式：	

// 可读写属性的定义
public List<T> Ps
{
    get; set;
}
	// 可变只读属性的定义
	List<T> _ps;
	public List<T> Ps
	{
	    get{
	        return _ps;
	    }
	}

1.常用的集合类型为List。

2.通过常见代码形式可以看出，集合属性既可以用简化属性定义形式，又可以用只读属性定义形式。

3.属性名要采用复数形式单词来表达。

例题4-19 定义“人”类，具有属性“联系地址”。

```
1    public class Person
2    {
3        public List<string> Addresses
4        {
5            get; set;
6        }
7    }
```

或者：

```
1    public class Person
2    {
3        List<string>  _addresses;
4        public List<string> Addresses
5        {
6            get{
7                return _addresses;
8            }
9        }
10   }
```

可以将集合属性定义为只读属性，但这并不意味着不能向集合中添加新的元素，或者删除现有的元素。如果要限制对集合属性中的元素进行增、删操作，则需要将集合属性定义为只读集合。

代码推导4-13 【只读集合属性定义】代码推导规则：若P是类C的一个集合属性，

P的元素类型为T，且只能读取集合中的元素，则需要将该属性定义为ReadOnlyCollection<T>类型。

```
定义代码形式：
List<T> _ps;
[访问修饰符] ReadOnlyCollection<T> Ps
{
    get{
        return _ps.AsReadOnly();
    }
}
```

在C#中，List集合类型可以通过AsReadOnly()方法转换只读集合，而只读泛型集合类型ReadOnlyCollection<T>来自System.Collections.ObjectModel命名空间。

例题4-20　定义“人”类，具有只读集合属性“联系地址”。

```
1    public class Person
2    {
3        List<string>  _addresses;
4        public ReadOnlyCollection<string> Addresses
5        {
6            get{
7                return _addresses.AsReadOnly();
8            }
9        }
10   }
```

由于ReadOnlyCollection<T>类型没有List<T>类型的Add、Remove方法可以增加、删除集合元素，因而为只读集合。这与通过关键字readonly将_addresses字段定义为只读的不同，readonly关键字只能限定对字段变量_addresses的赋值操作，并不能限制将新的地址添加到集合中。因此，要真正地将一个集合属性定义为只读属性，应该采用如下的代码写法：

```
1    public class Person
2    {
3        readonly  List<string>  _addresses;
4        public ReadOnlyCollection<string> Addresses
5        {
6            get{
7                return _addresses.AsReadOnly();
8            }
9        }
10   }
```

这段代码不仅限制了对字段变量_addresses的赋值操作，而且通过ReadOnlyCollection集合类型完全限定了对集合元素的新增、删除操作。

三、行为定义代码推导规则

代码推导4-14 【行为定义方法】代码推导规则：若M是类C的一个行为，则在类C代码块中增加一个以M为命名的函数代码块，并遵循函数定义规则，该函数称为类的方法（Method）。

其一般代码形式为：

```
[可访问修饰符] 数据类型 方法名(形参列表)
{
    方法代码块
}
```

1.C#中方法名遵循PASCAL命名规范。

2.方法的可访问修饰符一般为public，但默认的是private，具体参见封装性部分。

3.对象的行为实质上就是用函数来表示的，一般称对象的函数为方法。

4.方法代码块必须包括在类代码块中。

例题4-21 定义出“人”类及其“奔跑”行为的代码如下：

```
1    public class Person
2    {
3        public void Run()
4        {
5            //此处省略具体的代码
6        }
7    }
```

与属性一样，当行为在类中定义之后，即可对其进行访问，行为的访问实际上就是对函数的调用。

四、构造函数代码推导规则

任何对象都具有一个特殊的行为——创建行为，这与对象的生命周期有关，对象的创建需要借助类为其定义的创建行为来完成。

代码推导4-15 【创建行为】代码推导规则：对于任意类C，为了创建该类的对象，需要定义一个函数，该函数的名称与类的名称完全一致，但无需声明其返回值类型。该函数称为“构造函数（Constructor）”。

其一般代码形式为：

```
[访问修饰符] 类名(形参列表)
{
    方法代码块
}
```

1.构造函数名称与类名相同。

2.构造函数的访问修饰符与方法的用法一致。

3.构造函数虽然没有返回值，但也不能标注返回值数据类型为void。

例题4-22　定义出“人”类创建行为代码如下：

```
1    public class Person
2    {
3        public Person()
4        {
5        }
6    }
```

更准确的说法是类提供的创建对象行为，这里简称为“创建行为”。

既然创建行为是通过函数实现的，那么函数的重载规则依然适用于这种创建行为的函数，即构造函数可以重载。

代码推导4-16　【创建行为重载】代码推导规则：可以为类提供的创建行为按照函数重载规则定义多个版本。

例题4-23　定义出“人”类提供的三个版本创建行为，即不带参数的、给定出生日期参数的、给定出生日期和性别两个参数的。

```
1    public class Person
2    {
3        public Person()
4        {
5        }
6        public Person(DateTime birthday)
7        {
8        }
9        public Person(DateTime birthday, Gender gender)
10       {
11       }
12   }
```

代码推导4-17　【默认创建行为】代码推导规则：在没有为类C定义任何构造函数的情况下，系统会自动提供一个不带参数的构造函数。

这个代码推导规则说明，不带参数的构造函数是类的默认构造函数，如果没有必要写出函数体的代码，完全可以不用显式地写出该构造函数的代码。例如，例题4-22中的第3行到第5行代码，这个不带参数的且没有具体函数体内容的构造函数，完全可以省略不写，系统也会自动定义并生成。

五、成员访问代码推导规则

对象的属性与方法都是对象的成员。在类代码块中完成对属性、方法的定义之后，就可以使用这些属性与方法。属性的使用分为写入、读取，方法的使用则是调用。

代码推导4-18 【对象成员访问】代码推导规则：若c为类C的一个对象，且已经由代码推导4-22、代码推导4-23定义为对象变量并已实例化，那么该对象的任何属性与方法均可通过"c."访问，其中点号运算符称为成员访问运算符。

代码推导4-19 【属性写入】代码推导规则：若P是类C的一个属性，且已经定义了C的对象变量x，那么通过将"x.P"作为赋值运算的左操作数进行赋值，即对x的属性P进行了写入操作。

例题4-24 已经定义出"人"类的对象ming，对其属性"Name"进行初始化为"小明"。

```
1    public void Main(void)
2    {
3        Person ming = new Person();
4        ming.Name = "小明";
5    }
```

这里的"ming.Name = "小明";"就是将"小明"写入到ming.Name属性，即是对ming的Name属性进行了赋值。

代码推导4-20 【属性读取】代码推导规则：若P是类C的一个属性，且已经定义了C的对象变量x，那么通过"x.P"即读取了该属性的值。

例题4-25 定义出"人"类的对象ming，对其属性"Name"进行初始化为"小明"之后，用输出语句在屏幕上打印出该属性值。

```
1    public void Main(void)
2    {
3        Person ming = new Person();
4        ming.Name = "小明";
5        Console.WriteLine(ming.Name);
6    }
```

上述代码中的第5行，即为对ming的Name属性进行了读取操作。

代码推导4-21 【行为执行】代码推导规则：若M是类C的一个方法，且已经定义了C的对象变量x，那么通过"x.M(实参列表)"成员方法调用的代码来执行。

行为执行其实就是通过实例函数调用代码来执行对象行为。

例题4-26 请写出"人"类成员访问代码。

题解：由于Person类具有Name、Gender、Birthday属性，以及Run、Walk、Sleep行为，那么根据代码推导4-22、代码推导4-23定义并实例化Person对象aPerson，通过代码推导4-19为其Name、Gender、Birthday属性赋值，再通过代码推导4-21执行Run、Walk、Sleep行为方法。

可以得到以下代码：

```
1    Person aPerson = new Person();
2    aPerson.Name = "Liu";
3    aPerson.Gender = Gender.Female;
4    aPerson.Birthday = new DateTime(1992, 12, 3);
5    aPerson.Run();
```

```
6        aPerson.Walk();
7        aPerson.Sleep();
```

这段代码首先根据代码推导4-22、代码推导4-23定义并实例化了一个Person对象变量aPerson，则aPerson.Name、aPerson.Gender、aPerson.Birthday是对三个属性的访问，并通过赋值运算符“=”获得了具体的属性值，aPerson.Run()、aPerson.Walk()、aPerson.Sleep()是对三个行为的访问，其中行为的访问形式为方法调用。该程序的运行结果，如图4-3所示。

```
Liu is running...
Liu is waling...
Liu is sleeping...
```

图4-3　程序输出结果（“人”类）

例题4-27　请写出“杨辉三角”类成员访问代码。

题解：由于YanghuiTriangle类具有Data、LevelCount属性，以及BuildTriangle、GetData、Output行为，那么根据代码推导4-22、代码推导4-23定义并实例化杨辉三角对象变量t，再通过代码推导4-19为其LevelCount赋值，并根据代码推导4-21执行BuildTiangle()、Output()方法，用于构建和输出杨辉三角。接着根据代码推导4-21执行GetData(3)获得第三行数据。

可以得到以下代码：

```
1        YanghuiTriangle t = new YanghuiTriangle();
2        t.LevelCount = 10;
3        t.BuildTiangle();
4        t.Output();
5        int[] iData = t.GetData(3);
6        for(int i = 0; i < iData.Length; i++)
7        {
8            Console.Write("{0,-5}", iData[i]);
9        }
```

这段代码首先通过定义并实例化了对象变量t，接着通过访问t.LevelCount属性进行赋值，给定了该杨辉三角为10个层级，然后通过调用t.BuildTriangle()构造出杨辉三角数据，再通过调用t.Output()输出杨辉三角。后面的t.GetData(3)则是获得该杨辉三角第三层数据，获得的数据为一个数组，不能直接输出，因此用到了循环语句对数组中每个元素进行单独输出。该程序的运行结果，如图4-4所示。

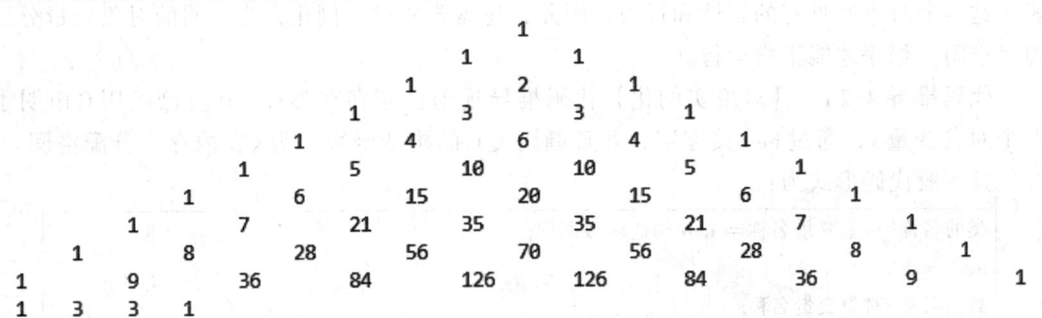

图4-4　程序输出结果（“杨辉三角”类）

输出结果中的最后一行是对t.GetData(3)调用得到的数组iData的输出结果。

注意：上述代码不符合面向对象的封装性原则，并不是一种推荐的代码写法，在后续章节中将进一步解释，并给出更加符合面向对象原则的代码形式。

六、对象定义代码推导规则

当我们定义了类之后，接下来就可以使用这个类，定义出其许多对象，并使用这些对象来完成软件系统的功能。具体来说，对象定义包括两个部分：对象声明、对象实例化。

代码推导4-22 【对象声明】代码推导规则：若存在类C，并且存在一个变量x，通过将该变量类型声明为C，则在代码中就定义了类C的对象变量。

其一般代码形式为：

```
类的名称  对象变量名称;
```

1.实际上，对象声明就是一种变量声明。

2.对象变量如果声明在函数体中，则采用CAMEL命名规范。

例题4-28 存在已经定义的“Person”类，声明两个对象变量ming、hong，分别代表小明、小红。

```
1    public void Main(void)
2    {
3        Person ming;
4        Person hong;
5    }
```

如果对象变量的类型相同，可以将其声明放在同一行代码上，对象变量之间用逗号分隔。例如：

例题4-29 用同一行代码声明Person的两个对象变量ming、hong。

```
1    public void Main(void)
2    {
3        Person ming, hong;
4    }
```

仅仅通过声明对象变量还不够，此时这两个对象变量并没有在内存中申请空间，用于表达这两个对象所具有的属性和行为，因此，还需要通过实例化，为声明的对象变量分配内存空间，程序才能正常运行。

代码推导4-23 【对象实例化】代码推导规则：若存在类C，并且已经用C声明了一个对象变量x，通过new关键字，并且调用类C的构造函数，为x在内存中分配空间。

其一般代码形式为：

```
类的名称  对象变量名称 = new 构造函数调用;
或者
类的名称  对象变量名称;
对象变量名称 = new 构造函数调用;
```

1.对象实例化可以在声明对象变量的同时用赋值运算符完成，也可以在声明对象之后，用专门的赋值语句完成实例化。

2.new关键字引导类的构造函数调用，如果类定义了多个构造函数，则按照需要可以选择其中一个构造函数调用实例化对象。

例题4-30　存在已经定义的“Person”类，且声明两个对象变量ming、hong，并对他们实例化。

```
1    public void Main(void)
2    {
3        Person ming = new Person();
4        Person hong = new Person();
5    }
```

对象实例化和对象声明可以分开进行，例如：

例题4-31　存在已经定义的“Person”类，且声明两个对象变量ming、hong，并对他们实例化。

```
1    static void Main(void)
2    {
3        Person ming;
4        ming = new Person();
5        Person hong = new Person();
6    }
```

上述代码中的ming对象变量的声明和实例化分别在第3、4行完成，而hong对象变量的声明和实例化在第5行一次性完成。

例题4-32　存在已经定义的“Person”类，且定义了构造函数Person(string name)，声明两个对象变量ming、hong，并对他们实例化。

```
1    static void Main(void)
2    {
3        Person ming  =  new Person("小明");
4        Person hong  =  new Person("小红");
5    }
```

对象定义的代码推导规则说明，对象定义和变量定义是一致的。

对象定义和变量定义对比，如图4-5所示。

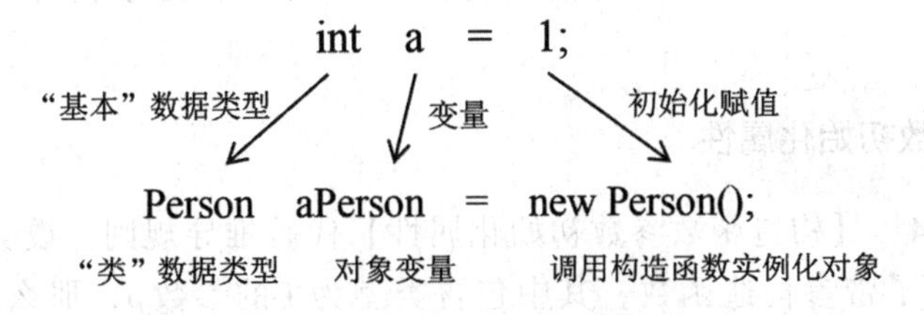

图4-5　对象定义和变量定义对比

对象定义和变量定义还是有所不同的，基本变量定义是在栈内存空间上分配内存，而对象定义不仅在栈内存空间上为对象引用分配内存，而且在堆内存空间上实例化，其形式如图4-6所示。

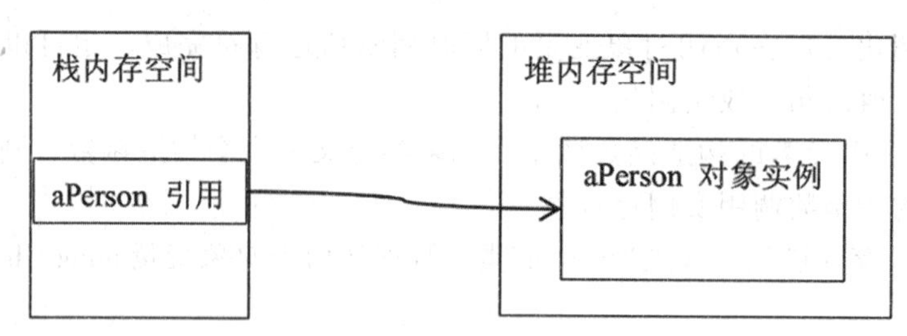

图4-6 对象定义的内存空间分配

对象引用（Object Reference）：可以认为是对象变量，即一把打开对象房门的钥匙，而不是对象本身，或者也可以理解为一个指向对象的指针，就像上图4-6画的那个箭头。

对象实例（Object Instance）：即对象本身。

如果把我们自己当作对象，那么，我们每个个体都是一个“人”类对象的实例，而我们身份证上的名字就好比是每个人对象的引用。对象引用与对象实例之间的关系类比，如图4-7所示。

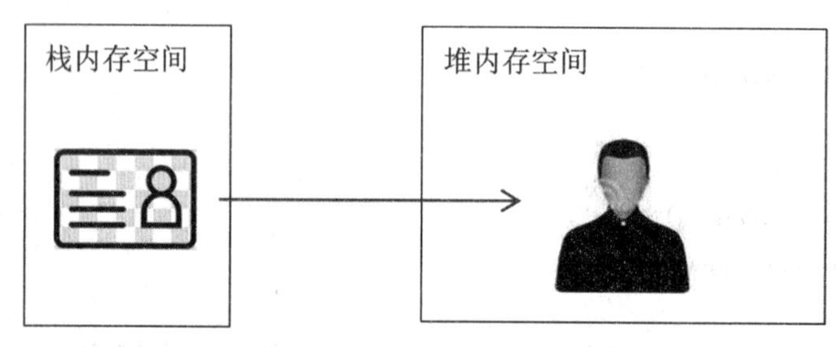

图4-7 对象引用与对象实例之间的关系类比

栈（Stack）空间：主要为函数体内的变量、对象变量引用分配的内存空间，该内存空间会随着函数调用的结束而被系统自动收回，其内存空间使用的形式为“先进后出”。

堆（Heap）空间：主要为对象的实例化分配的内存空间，该内存空间是随机分配的，需要依靠专门的垃圾回收程序进行回收，如果没有被及时回收，会造成内存泄漏。

七、对象初始化代码推导规则

对象在实例化之后，其首要任务是对属性的初始化，如果没有正确掌握属性初始化的代码编写规则，常常会给程序带来“未将对象引用设置到对象实例”的异常。为此，这里总结以下几种常见的属性初始化代码推导规则，以便于指导正确的对象初始化编码。

（一）通过构造函数初始化属性

代码推导4-24 【构造函数参数初始化属性】代码推导规则：设类C具有属性P，其类型为T，且定义了带参构造函数，其中包含类型为T的参数p，那么在构造函数中用赋值语句P = p完成对属性P的初始化赋值。

其一般代码形式为：

```
[访问修饰符] C(..., T p, ...)
{
    P = p;
}
```

1.这种初始化属性的形式就是通过构造函数的参数对属性进行初始化赋值。

2.初始化方式的前提条件是属性P定义了set访问器。

例题4-33 定义“Person”类，且定义属性Name，通过定义构造函数Person(string name)用于初始化属性Name，在Main函数中声明两个对象变量ming、hong，并对他们实例化。

```
1    using System;
2    namespace ClassObject.Person
3    {
4        class Person
5        {
6            public Person(string name) {
7                this.Name = name;
8            }
9            public string Name {
10               get; set;
11           }
12       }
13       class Program
14       {
15           static void Main(string[] args)
16           {
17               Person ming = new Person("小明");
18               Console.WriteLine("ming 的姓名:{0}", ming.Name);
19               Person hong = new Person("小红");
20               Console.WriteLine("hong 的姓名:{0}", hong.Name);
21           }
22       }
23   }
```

如果属性采用的是基于字段的定义形式，还可以通过在构造函数中利用参数对字段进行初始化的方式完成属性初始化赋值。

代码推导4-25 【构造函数参数初始化字段】代码推导规则：若P是类C的一个属性，其类型为T，如果采用代码推导4-3、代码推导4-4、代码推导4-5以字段方式定义，且类C定义了带参构造函数，其中包含类型为T的参数p，那么在构造函数中用赋值语句_p = p完成对属性P的初始化赋值。

其定义代码形式为：

```
[访问修饰符] T _p;
[访问修饰符] T P
{
    [访问修饰符] get {
        return _p;
    }
    [访问修饰符] set {
        _p = value;
    }
}
[访问修饰符] C(..., T p, ...)
{
    _p = p;
}
```

1.这种初始化属性的方式与构造函数参数初始化属性基本一致，其差别只是在于构造函数中的赋值对象一个是字段，而一个是属性本身。

2.如果没有采用字段形式定义属性，则不能采用这种初始化方式。

例题 4-34 定义"Person"类，且以字段形式定义属性 Name，通过定义构造函数 Person(string name)初始化属性 Name，然后在 Main 函数中声明两个对象变量 ming、hong，并对他们实例化。

```
1   using System;
2   namespace ClassObject.Person
3   {
4     class Person
5     {
6       public Person(string name) {
7         this._name = name;
8       }
9       string _name;
10      public string Name {
11        get { return _name; }
12        set { _name = value; }
13      }
14    }
15    class Program
16    {
17      static void Main(string[] args)
18      {
19        Person ming = new Person("小明");
20        Console.WriteLine("ming 的姓名:{0}", ming.Name);
21        Person hong = new Person("小红");
22        Console.WriteLine("hong 的姓名:{0}", hong.Name);
```

```
23            }
24        }
25    }
```

(二) 通过字段初始化属性

在C#中，为了简化以字段形式初始化属性的代码，还可以在定义字段变量的同时就进行赋值操作，进而初始化属性。

代码推导4-26 【字段初始化】代码推导规则：若P是类C的一个属性，其数据类型为T，如果采用代码推导4-3、代码推导4-4、代码推导4-5以字段方式定义，那么可以通过在定义字段时用赋值运算符进行初始化。

其定义代码形式为：

```
[访问修饰符] T _p = 初始化赋值表达式;
[访问修饰符] T P
{
    [访问修饰符] get {
        return _p;
    }
    [访问修饰符] set {
        _p = value;
    }
}
```

1.初始化赋值表达式需要符合C#规定的合法表达式。

2.如果没有采用字段形式定义属性，则不能采用这种初始化方式。

(三) 只读属性的初始化

虽然用字段形式定义并初始化属性比较烦琐，但在某些情况下也是有用的，甚至是必要的。例如，只读属性由于没有定义set访问器，其初始化就必须通过字段形式来完成。

例题4-35 定义“人”类，具有只读属性“出生日期”“姓名”，通过构造函数参数初始化字段方式初始化这两个属性，而“姓名”是可变只读属性，可以通过ChangeName方法进行修改。

```
1    public class Person
2    {
3        public Person(string name, DateTime birthDate) {
4            _name = name;
5            _birthDate = birthDate;
6        }
7        readonly DateTime _birthDate;
8        public DateTime BirthDate
9        {
10           get { return _birthDate; }
```

```
11          }
12          string _name;
13          public string Name {
14              get { return _name; }
15          }
16          public void ChangeName(string newName) {
17              if(_name != newName) {
18                  _name = newName;
19              }
20          }
21      }
```

(四) 通过属性初始器初始化属性

如果需要对多个属性进行初始化赋值，可以采用C#提供的一种简化的属性初始器来完成。

代码推导4-27 【属性初始器】代码推导规则：若类C定义了n个属性$P_1,P_2,...,P_n$，且这些属性访问修饰符为public，那么在C对象实例化c之后紧跟着由{}界定的属性赋值列表。

其定义代码形式为：

```
C c = new C() {
    P1 = 所赋值,
    P2 = 所赋值,
    …
    Pn = 所赋值[,]
};
```

1.此处的花括号界定的是属性赋值列表。

2.属性赋值列表中的最后一个属性赋值表达式的逗号可以省略（注意：中括号代表可选逗号，不是索引运算符）。

3.这里的属性赋值是在执行完构造函数之后才会执行的。

4.整个是一条完整的语句，所以{}后跟“;”分号作为语句结束标记。

5.通过属性初始器进行初始化的前提条件是属性的访问修饰符为public，且是可写的。

例题4-36 已经定义“Person”类的对象ming，对其属性“Name”初始化赋值为“小明”。

```
1   public void Main(void)
2   {
3       Person ming = new Person()
4       {
5           Name = "小明",
6       }
7   }
```

上述代码中，属性Name的初始化是在对象变量ming实例化的时候完成的。我们还可以在对象变量实例化之后，对其属性进行初始化。

(五）属性的惰性初始化

一种更加高级的属性初始化形式，是将其初始化过程推迟到必要的时候完成，这就需要了解属性惰性初始化。

代码推导4-28　【属性惰性初始化】代码推导规则：若P是类C的一个属性，其类型为T，若采用代码推导4-3、代码推导4-5以字段方式定义，即没有set访问器，那么在get访问器中当_p为类型T的默认值时进行初始化。

其定义代码形式为：

```
[访问修饰符] T _p;
[访问修饰符] T P
{
    [访问修饰符] get {
        if(_p 是否为类型T的默认值) {
            _p = 初始化赋值表达式;
        }
        return _p;
    }
}
```

1.在get访问器中用if条件语句检测_p是否为类型T的默认值。

2.用于_p检测的默认值可以根据实际需要调整为特定值，例如，字符串类型的空白符。

此处“惰性”一词的意思是只有代码首次访问到属性P的时候，才会执行初始化，如果没有代码访问的情况下，是不会初始化属性P的。

例题4-37　定义“Person”类，且具有“FirstName”“LastName”两个属性，需要定义“Name”属性表达出完整姓名，但只有在需要访问全名时才赋予该属性值。

```
1   using System;
2   namespace ClassObject.Person
3   {
4       class Person
5       {
6         public string FirstName {
7           get ; set;
8         }
9         public string LastName {
10          get ; set;
11        }
12        string _name;
13        public string Name {
14          get {
15            if(string.IsNullOrEmpty(_name)) { // 用string的静态方法IsNullOrEmpty判断_name是否为
              空或空字符
```

```
16                _name = FirstName + " " + LastName; // 初始化赋值
17              }
18              return _name;
19            }
20          }
21        }
22        class Program
23        {
24          static void Main(string[] args)
25          {
26            Person susan = new Person() {
27              FirstName = "Susan",
28              LastName = "Huak"
29            };
30            Console.WriteLine("susan 的姓名:{0}", susan.Name);
31          }
32        }
33    }
```

上述第15行代码用string静态函数IsNullOrEmpty检测_name是否为null或空字符。第30行代码首次对susan的Name属性访问，此时会执行对Name的初始化赋值。

但是，这种惰性初始化会带来一个问题，如果我们在Main主函数中执行如下的代码，则第二次输出susan的Name属性仍然是Susan Huak，而不是预期的Susan Andrew。这是由于第5行代码首次访问susan.Name属性，_name字段变量为null，从而引发对_name的初始化赋值。但当执行到第6行时，由于_name已经有具体的值，而跳过了对其赋值的代码，因此Name属性返回的还是上次_name字段变量的值。

```
1    Person susan = new Person() {
2      FirstName = "Susan",
3      LastName = "Huak"
4    };
5    Console.WriteLine("susan 的姓名:{0}", susan.Name);
6    susan.LastName = "Andrew";
7    Console.WriteLine("susan 的姓名:{0}", susan.Name);
```

为了避免这个问题，可以直接将Name属性定义为普通的导出属性，而不采用惰性初始化。

```
1    public string Name {
2      get {
3        return FirstName + " " + LastName;
4      }
5    }
```

虽然惰性初始化存在这种问题，但与导出属性比较，其有两点优势：①只在首次访问属性时才申请内存进行初始化赋值，从而减少了不必要情况下的内存开销；②一旦初始化之后就不会再进行计算赋值，从而提高了属性访问的效率。

（六）集合属性的初始化

当属性为集合类型的时候，惰性初始化的优势尤其突出，甚至是必须采用的初始化形式。

代码推导4-29　【集合属性惰性初始化】代码推导规则：若P是类C的一个集合属性，采用代码推导4-28进行惰性初始化。

例题4-38　定义“Person”类，且具有“联系地址”的集合属性，以记录多个地址信息。

```
1    using System;
2    using System.Collections.Generic;
3    namespace ClassObject.Person
4    {
5      class Person
6      {
7        List<string> _addresses;
8        public List<string> Addresses { // 采用惰性初始化
9          get {
10           if(_addresses == null) {
11             _addresses = new List<string>();
12           }
13           return _addresses;
14         }
15       }
16     }
17     class Program
18     {
19       static void Main(string[] args)
20       {
21         Person susan = new Person();
22         susan.Addresses.Add("北京 XXXX");
23         susan.Addresses.Add("深圳 XXXX");
24         Console.WriteLine("susan 的联系地址：{0} 个", susan.Addresses.Count);
25       }
26     }
27   }
```

联系地址属性由于存在多个值，因而采用了列表集合类型表达，同时设计为只读属性，为此需要采用惰性初始化方式。如果在保持联系地址为只读属性的前提下，不采用惰性初始化，则会出现问题。

```
1      public List<string> Addresses {
2        get {
```

```
3               return new List<string>(); // 每次访问该属性,都会重新创建一个空列表
4           }
5       }
```

这种设计会造成每次访问Addresses属性的时候都要实例化一个List<string>集合对象，并且集合中没有任何元素，那么在主函数中每次增加一个地址，就会重新创建一个地址列表，最终计算的Addresses.Count永远为1。

集合属性还可以采用字段初始化方式，或者构造函数初始化方式。

代码推导4-30 【集合属性字段初始化】代码推导规则：若P是类C的一个集合属性，采用代码推导4-26进行字段初始化。

例如，例题4-38中的联系地址属性，通过对应的字段初始化方式，构造出存储联系地址集合对象实例。

```
1       class Person
2       {
3         List<string> _addresses  = new List<string>();
4         public List<string> Addresses {
5             get {
6                 return _addresses;
7             }
8         }
9       }
```

代码推导4-31 【集合属性构造函数初始化】代码推导规则：若P是类C的一个集合属性，通过代码推导4-9将其定义为只读属性，并在构造函数中对P进行实例化赋值。

其定义代码形式为：

```
[访问修饰符] 集合类型<T> _p;
[访问修饰符] 集合类型<T> P
{
    [访问修饰符] get {
        return _p;
    }
}
[访问修饰符] 类名(...)
{
    _p = new 集合类型<T>();
}
```

再如，例题4-38中的联系地址属性，可以在构造函数中实例化存储联系地址字段集合对象。

```
1       class Person
2       {
3         List<string> _addresses;
4         public List<string> Addresses {
5             get {
```

```
6              return _addresses;
7           }
8        }
9        public Person() {
10          _addresses = new List<string>();
11       }
12    }
```

这三种集合属性初始化方式，效果基本上是等价的，可以任意选择某种初始化方式来编写代码。但是相对来说，采用惰性初始化方式可以避免没有必要的访问，以节约程序申请内存的时间和空间消耗，相对性能会更好。

但是，这个初始化过程只是将存储多个属性值的集合对象实例化出来，而集合中还没有任何元素，具体的元素需要通过集合对象的相关方法添加到集合中去。例如，例题4-38中“susan.Addresses.Add("北京XXXX");”语句就是完成元素的添加操作。

代码推导4-32　【只读集合属性初始化】代码推导规则：若P是类C的一个只读集合属性，采用代码推导4-26进行字段初始化，或者在构造函数中对P进行实例化赋值。

其定义代码形式为：

```
[readonly] List<T> _ps = new List<T>();
[访问修饰符] ReadOnlyCollection<T> Ps
{
    get{
        return _ps.AsReadOnly();
    }
}
或者
[readonly] List<T> _ps;
[访问修饰符] ReadOnlyCollection<T> Ps
{
    get{
        return _ps.AsReadOnly();
    }
}
[访问修饰符] 类名(...)
{
    _ps = new 集合类型<T>();
}
```

将例题4-38中的联系地址属性定义为只读集合属性，并对其进行初始化。

```
1     class Person
2     {
3       readonly List<string> _addresses = new List<string>();
4       public ReadOnlyCollection<string> Addresses {
5          get {
```

```
6              return _addresses.AsReadOnly();
7          }
8      }
9  }
```

或者在构造函数中初始化Addresses属性。

```
1   class Person
2   {
3     readonly List<string> _addresses;
4     public ReadOnlyCollection<string> Addresses {
5        get {
6          return _addresses.AsReadOnly();
7        }
8     }
9     public Person() {
10       _addresses = new List<string>();
11    }
12  }
```

八、this对象代码推导规则

很多面向对象编程语言都提供了“this”这种关键字来代表“当前对象”的概念。由于类只是提供程序运行的代码，并不是正在运行的程序本身，但有的时候，类中的代码需要感知程序运行的时候究竟代表了哪个对象。这就好比类是一个房间，这个房间需要感知当前谁在房间里一样。

代码推导4-33 【当前对象成员访问】代码推导规则：若已定义类C，在该类的代码块中可通过“this.”访问任何C的属性与行为，这里的点号运算符称为成员访问运算符。

例题4-39 “人”类代码，在Run方法中访问属性Name。

```
1   class Person
2   {
3     public string Name {
4        get; set;
5     }
6     // 注意观察Run方法中的this.Name就是对属性Name的访问
7     public void Run() {
8        Console.WriteLine($"{this.Name} is running...");
9     }
10  }
11  class Program
12  {
13    Person xiaoming = new Person() {
14       Name = "小明"
```

```
15        };
16        xiaoming.Run();
17        Person xiaohong = new Person() {
18            Name = "小红"
19        };
20        xiaohong.Run();
21    }
```

上述代码中的第16行、第20行均执行了Run方法，但是第16行的输出结果是“小明 is running...”，第20行的输出结果是“小红 is running...”。这是由于Run方法中的“this”第一次指代的是“xiaoming”这个对象，第二次指代的是“xiaohong”这个对象。因此，“this”在程序运行的时候，根据不同的对象而具有不同的指代。

一般情况下，“this”关键字是可以省略的，但有时则是必需的。

例题4-40　“人”类采用字段方式定义只读属性“姓名”，并通过构造函数参数对其进行初始化。

```
1    class Person
2    {
3        string name; // 该字段的变量名未加上下划线前缀,这种命名方式不推荐
4        public string Name {
5            get{ return name; }
6        }
7        public Person(string name) {
8            // 由于参数名和字段名重名,因此左侧的 name 一定要加上 this.限定
9            this.name = name;
10       }
11   }
```

可以看出，当字段名与方法参数名重名的时候，需要借助“this”加以区分。这也是之前的代码推导规则中始终将字段变量名加上前缀“_”下划线的原因。由此可以避免这种重名情况的发生，这也是不推荐这种字段变量命名的原因。

九、代码实例

例题4-41　若“人”类具有姓名、性别、出生日期、联系地址属性，以及奔跑、行走、睡眠行为，请据此写出“人”类的定义代码，以及在主函数中访问代码。

根据之前的代码推导规则，可以写出以下代码：

```
1    using System;
2    using System.Collections.Generic;
3    namespace ClassObject.Person
4    {
5        enum Gender {
6            Male,
7            Female
```

例题代码

```
8        }
9        class Person // 定义类代码块
10       {
11          public string Name { // 定义属性
12             get; set;
13          }
14          public Gender Gender { // 定义属性
15             get; set;
16          }
17          public string GenderPronoun { // 导出属性定义
18             get {
19                return this.Gender == Gender.Male ? "男" : "女";
20             }
21          }
22          public DateTime BirthDate { // 定义属性
23             get; set;
24          }
25          public int Age { // 导出属性定义
26             get {
27                return DateTime.Now.Year - this.BirthDate.Year;
28             }
29          }
30          List<string> _addresses;
31          public List<string> Addresses {
32             get { // 惰性初始化
33                if(_addresses == null) {
34                   _addresses = new List<string>();
35                }
36                return _addresses;
37             }
38          }
39          public void Run() { // 定义方法
40             Console.WriteLine($"{Name} is running...");
41          }
42          public void Walk() { // 定义方法
43             Console.WriteLine($"{Name} is walking...");
44          }
45          public void Sleep() { // 定义方法
46             Console.WriteLine($"{Name} is sleeping...");
47          }
48       }
49       class Program
50       {
```

```
51          static void Main(string[] args)
52          {
53              // 代码推导 4-23、代码推导 4-27
54              // 声明对象变量、实例化对象、属性初始器初始化对象
55              Person ming = new Person() {
56                  Name = "刘明",
57                  Gender = Gender.Male,
58                  BirthDate = new DateTime(1992, 8, 15)
59              };
60              // 读取 Addresses 属性,并通过列表 Add 方法添加联系地址
61              ming.Addresses.Add("北京 XXXX");
62              ming.Addresses.Add("深圳 XXXX");
63              // 读取 Name、GenderPronoun、Age、Addresses 属性
64              Console.WriteLine($"{ming.Name}({ming.GenderPronoun}, {ming.Age}岁)有{ming.Addresses.
    Count}个联系地址。");
65              // 执行方法
66              ming.Run();
67              ming.Walk();
68              ming.Sleep();
69          }
70      }
71  }
```

上述代码中另外定义了 GenderPronoun、Age 两个导出属性，并对 Addresses 属性采用了惰性初始化。

第三节　抽象性的定义

本章的前面部分陈述了类、对象、属性、行为等概念以及相应的代码推导规则，但是，如何将现实遇到的问题转换成为类、对象、属性、行为的代码，是值得我们进一步探讨的话题。这就需要提及面向对象程序设计的抽象性概念。

【思政专栏】
抽象性

抽象性是人类认识事物本质的关键能力，属于高层智慧的表现。面向对象编程语言正是期望利用人类的这种能力进行程序设计，描述来自问题域中的概念，并利用程序设计语言具体解决问题。

定义 4-13　抽象（abstraction）：将问题域中要解决的问题映射为某种模型，透过模型认识问题本质的过程。

例如，如何揭示天体相互运动的规律，人们通过“任意两个质点有通过连心线方向上的力相互吸引，该引力大小与它们质量的乘积成正比，与它们距离的平方成反比”这一万有引力定律来描述，并由此给出万有引力的数学公式。这一公式就是对天体运动问题的数学抽象。

除了利用数学工具进行抽象外，常见的还有用图形方式来描述事物，这也是一种抽象。例如，建筑工程图纸、思维导图等。这些事物的抽象工具为人们认识事物的本质起着非常重要的作用。随着计算机的诞生，晦涩的机器编码以及由此形成面向机器的思维模式一直困扰着人们，也限制了人们利用计算机的水平，因为人的大脑不擅长机器指令的思维。然而，挪威科学家Ole-Johan Dahl和Kristen Nygaard在1967年发布了第一个面向对象程序设计语言Simula 67，采用了更接近人脑认知的抽象方式，通过对象、类、继承等人们熟知的事物认知方式，使得编码更加自然，更加贴近人脑认知思维，直接通过代码模拟出问题域的场景，进而可以解决更加复杂的编码问题。这种采用对象化的编码方式，也是一种抽象工具。

定义4-14　对象化抽象（abstracting based on objects）：将问题域中要解决的问题映射为代码域中的对象、对象的属性与行为，以及对象与对象之间关系的过程。

对象化的抽象过程包括：①对象识别；②确认关系；③定义类（如图4-8所示）。

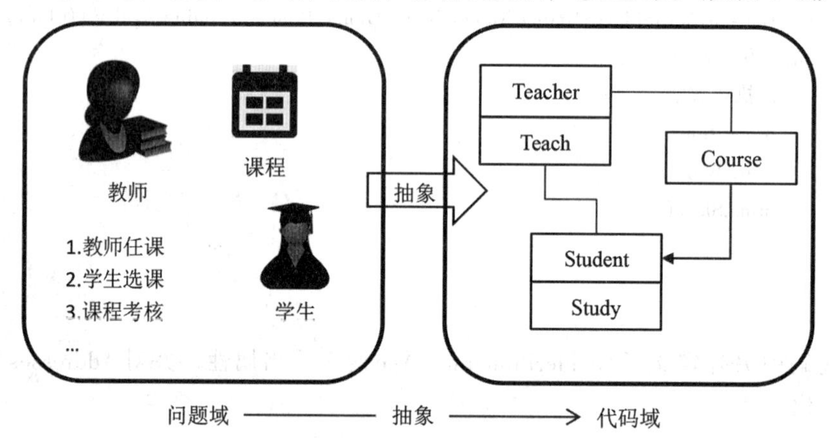

图4-8　对象化的抽象过程

图4-8中的问题域是希望在教师、学生、课程之间完成教师任课安排、学生选课、课程考核等问题。为此，我们首先要将这个问题域中的概念抽象为代码域中的对应概念，然后用面向对象程序设计语言来解决这些问题。例如，代码域中的Teacher和问题域中的教师对应，Course和课程对应，Student和学生对应。同时，Teacher具有Teach行为，用于记录教师任课安排的问题，而Student具有Study行为，则用于解决学生选课的问题，以及课程考核的问题。还有，包括教师、学生、课程之间存在的相互关系，彼此的互动，由此形成一个完整问题域的代码映射。

可以看出，采用面向对象程序设计语言，使得问题域到代码域的抽象过程比较“顺理成章”，即代码域抽象出来的概念与真实世界中的概念相差无几。这正是面向对象程序设计语言被人们发明出来的目的：

“用模拟真实世界的思维方式来编写代码，或者说用代码本身来仿真真实世界。”

这也是第一个面向对象程序设计语言称为Simula的寓意所在，即“仿真（Simulation）”。

一、对象识别

定义4-15　对象识别（object recognition）：从众多业务概念（Concept）中寻找构成系统的对象（Object），并定义为类（Class）。其具体包括对象提取、属性提取、行为提取、定义类。

（一）对象提取

从业务词汇集合中寻找非原子性名词，也称**业务概念提取**。

1.业务词汇：围绕某一问题领域的业务术语，例如，教育领域的学生、医疗领域的病例等。

2.名词：概念一定由名词构成，例如，学生、病例都是名词。

3.非原子的：可由其他名词以从属关系描述，例如，学生的姓名、性别、年龄，那么学生这个名词就是非原子的。

（二）属性提取

以从属关系寻找描述业务概念的原子性名词。

1.与业务概念有从属关系：例如，姓名、性别、年龄均与学生有从属关系，是描述学生这个业务概念的名词。

2.名词：与业务概念同样的，属性是由名词构成的，且用来描述业务概念的从属名词即为业务对象的属性。

3.原子的：无法或者没有必要用其他名词以从属关系描述。

（三）行为提取

以从属关系寻找业务概念引述的动词。

1.与业务概念有关系的：例如，学生入学注册、选修课程，其中入学注册、选修课程均与学生这一业务概念相关，而且是由学生执行的动作。

2.动词：可以是动词短语，例如，选修课程。

3.业务的：不应该与问题域的业务无关的，例如，“拍摄短视频”就是和教务管理领域无关的动词，是不能作为教务管理领域的对象行为提取的。

二、确认关系

现实世界中对象与对象之间不是孤立存在的，而是彼此有着各种各样的关系。例如，教师与学生之间具有授课关系，图书与作者之间具有著述关系，树和树叶之间具有从属关系等。既然面向对象程序设计语言发明的初衷是“模拟真实世界”，那么这种对象之间的各种关系自然要通过程序语言体现出来。因此，从抽象性的角度来看，除了要识别出对象，还需要抽象出对象之间的纷繁复杂的关系。为此，一般面向对象程序设计语言，将世界中的一切关系都抽象成为以下的三种关系：

1.关联关系

2.依赖关系

3.继承关系

关联关系描述的是对象之间的一切从属关系，依赖关系则是描述对象之间“你需要我，我需要你”的一种互相依赖的关系，而继承关系描述了对象之间在概念上的层次性关系。

除了这三种最基本的关系外，还有一种关系即“实现”关系，是由继承关系导出的一种关系，但我们可以将其归入继承关系进行讨论。

关于具体的各种关系定义、代码抽象等问题，将在后续章节进行介绍。

三、定义类

虽然抽象性是针对对象识别、关系确认的高层认知，但是真正体现抽象性的代码是“类”。因为，能够体现对象一般化表达的是“类”，而不是一个个具体的对象个体。

在对象识别中要提取出对象概念实际上就是要抽象出所有对象的概念性描述。例如，我们可以说小明、小张为一个个具体的对象，但是他们都是“人”这个概念的个体，因而我们最终将“人”作为类来表达对象的抽象性。

定义4-16　名词的概念性（conception of noun）：给定一个语境下的名词集合S，且名词n ∈ S，如果n指代的是某个事物的概念，而不是该事物的个体，则称该名词n具有概念性，也称为抽象性名词。

在一定的语境下，如何判定一个名词是否可以定义为一个类，可以通过以下判定法则来完成：

判定法则4-1　在给定的语境下，若名词n满足概念性、但不满足原子性，那么该名词n可以提取为类。

这里提到的原子性参考本章第四节中的定义。

同时提取属性和行为则是对“类”这个抽象概念的具体化描述。例如，“人”类都具有“姓名”“性别”“身高”“体重”这些描述特征的属性，也具有“奔跑”“吃饭”“跳舞”等这些行为。因为“人”类作为一个上位概念，需要由这些更加具体的属性与行为下位概念来描述，才能更加精准地形成对概念的认知。

因此，从“定义类”的角度来说，抽象性分为两个层次：（1）类层次；（2）属性与行为层次。我们把类层次称为“上层抽象”，而属性与行为层次称为“下层抽象”。这也呼应了定义4-5中给出的类定义，即“具有相同属性与行为的对象构成的集合”。

这里需要特别注意“具有相同属性”，其并不是指属性值要相同。例如，小明{姓名:小明,性别:男,身高:187cm}，小红{姓名:小张,性别:女,身高:168cm}，由于小明和小红都具有{姓名,性别,身高}这三个同样的属性，因此可以提取为“人”这个类。但是，我们会看到这三个属性的取值均不一样。

第四节 属性、行为与抽象性

一、属性提取

在给定了一个类之后，究竟要定义多少个属性？如何找到属性？

首先，我们来看这样一段陈述：

> 我们需要为**公司**的**职员**记录相关**信息**，包括**姓名**、**性别**、**出生日期**、**入职日期**、**职务**，这样便于对**职员**进行管理，尤其是根据这些**信息**快速地将**男性**安排在**一线岗位**工作。

根据定义，属性应该是名词，这段话中找到的名词有：公司、职员、信息、姓名、性别、出生日期、入职日期、职务、男性、一线岗位。其中，“姓名、性别、出生日期、入职日期、职务、信息”这些名词都是从属于职员的，因为可以用从属介词“的”在语义上表达“职员的姓名”“职员的性别”等，而同时这些名词在这段话的语境下，不能再用其他的名词进行描述，即无法再用从属介词“的”进行表达。因此，我们说在一个语境中具有原子性的从属名词可以作为属性来对待。

定义4-17　名词的原子性（atomicity of noun）：给定一个语境下的名词集合S，且名词$n \in S$，如果$\nexists x \in S \land x \neq n$，使得“x of n”语义成立，那么名词n在该语境下具有原子性，该名词称为原子性名词，反之则称为“非原子性名词”。

名词的原子性即在当前语境下，没有其他名词对其进行描述，或者没有必要描述。

例如，上面的那段话中，S={公司,职员,信息,姓名,性别,出生日期,入职日期,职务,男性,一线岗位}，“公司、职员”不具有原子性，其他的名词都具有原子性。

但是否具有原子性的名词都可以作为属性呢？这里注意“信息”这种名词，其太过宽泛，我们无法对其进行具体表达，因此“信息”不能作为属性。另外，原子性名词还要具有从属性，即可以用从属介词“的”对其他名词进行描述，“男性”这个名词就无法对其他名词进行从属描述，我们不能说“性别的男性”，只能说“男性”是“性别”的一个取值，这是属性和属性值的关系。

例题4-42　设存在名词集合S={学生,姓名,性别,年龄}，请判断名词“学生”“姓名”的原子性。

我们可以描述“学生的姓名、性别、年龄”，因此，$S'_{学生}$={姓名,性别,年龄}，$|S'_{学生}|=3>1$，因此“学生”为非原子性名词；但“姓名”在集合S中无法用其他名词来描述，因此$S'_{姓名}$为空集，则“姓名”为原子性名词。同理，“性别”“年龄”也可以判断为原子性名词。

定义4-18　名词的从属性（property of noun）：给定一个语境下的名词集合S，且名词$n \in S$，如果$\exists x \in S \land x \neq n$，使得“n of x”语义成立，那么名词n在该语境下具有从属性，且从属于名词x。

定义4-19　名词的确定性（certainty of noun）：给定一个语境下的名词集合S，且名词n ∈ S，如果可以确切知道n指代的事物，且可以定义为某个数据类型的变量，那么名词n是具体的，具有确定性。

例如，上述“信息”名词，我们无法知道其究竟指代职员的姓名还是性别等其他特征，且我们无法为其指定某种确定的数据类型，使其可以定义为一个内存变量，因此“信息”不具有确定性。

判定法则4-2 在给定的语境下，若名词n同时满足从属性、原子性、确定性，那么该名词n可以提取为属性。

判定法则4-2回答了我们之前的问题：“如何区分一个名词是作为类来定义，还是作为属性来定义？”，而问题：“在给定了一个类之后，究竟要定义多少个属性？”则无法用该判定法则来回答，这需要按照语境去决定定义多少个属性，这个属于系统需求问题。

上述判定法则提取的是简单属性，即从数据类型上来说，均为基础数据类型。有时，一些名词满足从属性，但并不满足原子性，而且在考察确定性的时候，不能用基础数据类型表示，这种名词为复杂属性。本书的后续章节中谈及的关联关系是构建这种复杂属性的实现技术。但目前对复杂属性的表达可以采用第三章中学习到的集合数据类型。

判定法则4-3 在给定的语境下，若名词n满足从属性、确定性，但不满足原子性，那么该名词n可以提取为复杂属性，用集合类型数据对该属性进行表达。

例题4-43 设存在名词集合S={学生,姓名,性别,出生日期,班级,班级编号,班级名称}，请提取类与属性。

由于“姓名、性别、出生日期”相对“学生”满足从属性、原子性、确定性，因此为“学生”的属性。由于“班级”可以用“班级编号、班级名称”进行描述，不满足原了性，但从属于“学生”，因此为复杂属性，且用Tuple元组表达，第一个分量为班级编号，第二个分量为班级名称。

```
1    class Student
2    {
3        public string Name {
4            get; set;
5        }
6        public Gender Gender {
7            get; set;
8        }
9        public DateTime BirthDate {
10           get; set;
11       }
12       public Tuple<string, string> Class {
13           get; set;
14       }
15   }
```

此处只是说明复杂属性的代码表达，没有深究这些属性的只读、导出、初始化问题。另外，可以将复杂属性定义成为一个新的类，从而形成两个类之间的关联关系，具体可以参考第五章的内容。

二、行为提取

行为代表了对象的一种能力，从计算机的角度看，则代表了一种功能。一般情况下，在自然语言中，用动词或者动词短语来表述事物的行为。因此，在提取对象行为的时候需要关注我们语言表达中的谓语动词。请看下面这段话：

> 公司后勤可以为员工**提供宿舍**，但是要求员工**提出申请**，在获得公司后勤**批准**后，员工方可到公司后勤**办理宿舍入住手续**。此后，员工需要每个月向后勤**缴纳住宿费**。

首先，假定我们已经提取了公司后勤、员工、宿舍三个名词作为类。然后，我们将目光聚焦在这段话的动词（带宾语和状语的动词短语）上，特别关注这些动词的责任性、可分解性、原子性。

定义4-20　动词的责任性（responsibility of verb）：给定一个语境下的类集合C，动词集合A，若$a \in A$，$\exists C_x \in C$使得a是C_x的一项职责，或者说C_x作为主语，a作为谓语的陈述句语义成立，那么类C_x具有责任a，或者说a从属于C_x。

上述那段话中，我们将三个类定义为类集合C={c1, c2, c3}，其中，c1代表公司后勤，c2代表员工，c3代表宿舍。把所有动词定义为动词集合A={a1, a2, a3, a4, a5}，分别代表“提供宿舍”“提出宿舍申请”“批准宿舍申请”“办理宿舍入住手续”“缴纳住宿费”。公司后勤具有“提供宿舍”(a1)、“批准宿舍申请”(a3)、“办理宿舍入住手续”(a4)三个责任；员工具有“提出宿舍申请”(a2)、“办理宿舍入住手续”(a4)、“缴纳住宿费”(a5)三个责任；宿舍则没有任何责任。这里需要注意的是，“办理宿舍入住手续”，虽然在这段话中，其主语是员工，但公司后勤也是这件事情的参与者，而且这句话也可以表述为“公司后勤为员工办理宿舍入住手续”，因此“办理宿舍入住手续”也是公司后勤的责任。

注意：“责任”代表了一种义务，是必须要做的事情，用“职责”更能说明这一点。

定义4-21　动词的可分解性（decomposability of verb）：给定一个语境下的动词集合A，若$a_x \in A$，$\exists a_i \in A$（$a_i \neq a_x$），使得a_x的责任可以分解为若干其他动词a_i来完成，则称动词a_x具有可分解性。

我们注意“提供宿舍”这一动词，其所代表的职责并不单纯。因为从后续描述来看，这一责任需要通过员工申请、批准、办理入住手续等其他动词所代表的责任来完成。因此，“提供宿舍”这个动词具有可分解性。

定义4-22　动词的原子性（atomicity of verb）：给定一个语境下的动词集合A，若$a_x \in A$，是不可分解的动词，那么a_x具有原子性。

例如，“批准宿舍申请”在这段话所代表的语境中，其责任无需再由其他动词来辅助完成，因此具有原子性。除了“提供宿舍”这一动词外，其他动词都可以说在这一语境中具有原子性。

判定法则4-4　在给定的语境下，若动词a同时满足责任性、原子性，那么该动词a可以提取为行为。

该判定法则说明了怎样的动词可以被提取为行为，但是根据代码推导4-14（行为定义方法）可知，行为需要采用类方法表达，而方法本质是函数，需要遵循函数四要素定义规则。但在提取行为的时候，从“抽象性”角度考虑，只需要关注“函数三要素”，即方法名、参数、返回值。

行为的方法名比较好确定，可以直接采用动词来表示，同时可以加上宾语、状语、补语这些成分的单词。但行为方法的参数、返回值则需要遵循相关的判定法则加以确定。

判定法则4-5 在给定的语境下，若动词a可以提取成行为，并存在宾语、状语、补语进行修饰，那么将该动词a和这些修饰成分中的实词组合成动词短语作为方法名，在不发生歧义和标识符冲突的情况下，可以仅将动词a或者“a+宾语”作为方法名。

判定法则4-6 在给定的语境下，若动词a可以提取成行为，并存在宾语、状语、补语进行修饰，那么这些修饰成分中的实词作为该动词a的行为方法的参数。

判定法则4-7 在给定的语境下，若动词a可以提取成行为，并采用“do something that results in sth.”句式使得语义成立，那么sth.作为动词a的行为方法的返回值。

这些判定法则非常强调语言表达及其语法成分，而代码又是用英文撰写的，因此在中文语境下，需要首先将表达行为的语句翻译成标准的英文，再根据判定法则确定方法名、参数、返回值三要素。

例题4-44 设存在动词集合V={提出宿舍申请,批准宿舍申请,办理宿舍入住手续,缴纳住宿费}，且均可提取为行为，请提取这些行为的方法三要素。

提出宿舍申请 → Apply for dorm that results in a dorm application → DormApplication ApplyDorm(Dorm dorm) 或 DormApplication Apply(Dorm dorm)

批准宿舍申请 → Pass a dorm application → void PassDormApplication(DormApplication applying) 或 void Pass(DormApplication applying)

办理宿舍入住手续 → Check in the dorm → void CheckInDorm(Dorm dorm) 或 void CheckIn(Dorm dorm)

缴纳住宿费 → Pay for the dorm fee → void PayDormFee(double fee) 或 PayDorm(double fee)

上述方法三要素的推导结果，会导出一些新的类型，并且作为方法参数或返回值，这实际上涉及了类之间的依赖关系，具体可以参见第五章的内容。

在判定法则4-7中，由于sth.是以名词形式存在的，因而可能会被提取为行为所属对象的属性，此时就重复表达了该属性。若该属性定义了set访问器，还可能存在通过代码推导4-19直接写入该属性值，从而造成与通过行为方法计算得到的属性值不一致的后果。为避免这种情况的发生，可以将该属性定义去除，只保留行为返回值的做法。

定理4-1 属性消除定理：若类C存在行为方法M和属性P，且M的返回值为P的某个属性值，那么将P从类C中删除。

例题4-45 设“Person”类存在行为“计算年龄”，如果“年龄”本身作为Person的属性，那么，由于行为“计算年龄”的返回值即为年龄，因而根据属性消除定理，可以将“年龄”属性从Person类中删除。

```
1    class Person
2    {
```

```
3       readonly DateTime _birthDate;
4       public DateTime BirthDate
5       {
6           get { return _birthDate; }
7       }
8       public int Age // 可以删除该属性
9       {
10          get {
11              return DateTime.Now.Year - BirthDate.Year;
12          }
13      }
14      public int GetAge() {
15          return DateTime.Now.Year - BirthDate.Year;
16      }
17  }
```

如果上述代码中的Age属性采用属性简化定义形式，则会存在set访问器，这会导致数据不一致的后果。

```
1   class Person
2   {
3       public Person(DateTime birthDate) {
4           _birthDate = birthDate;
5       }
6       readonly DateTime _birthDate;
7       public DateTime BirthDate
8       {
9           get { return _birthDate; }
10      }
11      public int Age
12      {
13          get; set;
14      }
15      public int GetAge() {
16          return DateTime.Now.Year - BirthDate.Year;
17      }
18  }
19  class Program
20  {
21      Person person = new Person(DateTime.Parse("2001-3-4"));
22      Console.WriteLine(person.GetAge()); // 按2020年算，输出19
23      person.Age = 30; // 年龄被更改为30
24      Console.WriteLine(person.GetAge()); // 输出的仍然是19
25  }
```

如果在保留GetAge()这个行为方法的前提下，可以将Age属性删除，即使将Age定义为只读的导出属性，按照属性消除定理仍然应该将其删除。否则，使用者会产生这样的困惑："person.Age和person.GetAge()究竟有何不同呢？"

第五节 应用案例

一、矩阵计算

矩阵计算是很多数据分析的基础工作，目前有Matlab、Python等众多软件包都提供了矩阵计算的功能。通过了解矩阵计算的对象化编程，可以更好地理解其实现原理，提升大家对数据分析工具软件的操作认识水平。

（一）资料

矩阵运算是很多数据分析软件的计算基础，一个矩阵是由若干行、列数值构成的计算单元。基于矩阵的最常见的计算包括：矩阵相加、矩阵相减、矩阵相乘，此外，矩阵的转置也是常用的一种运算。在进行上述运算的过程中，往往需要获知矩阵中某个元素的值，或者改变某些元素的值。

（二）题解

1.通过资料构建词汇集

N = {矩阵, 行数, 列数, 元素}。"数据分析""软件""计算基础""计算单元"这些名词不具有确定性，不能作为词汇集。"行""列"并不明确，虽然"行数""列数"在资料中没有直接指明，但可以通过"行""列"推出属于核心概念的词汇。另外，"数值"与"元素"指代同一事物，"元素"相比之下更具有指代性，因而选取"元素"作为核心词汇。

V = {矩阵相加, 矩阵相减, 矩阵相乘, 转置, 获得元素, 赋值元素}。此外，"计算"这种动词不具有确定性，也不能作为词汇集。

2.识别对象

从名词集合中寻找非原子性名词。由于"矩阵的行""矩阵的列""矩阵的数值"语义均成立，因此可以判断"矩阵"是核心对象。

3.提取属性

根据判定法则4-2，需要满足从属性、原子性和确定性的名词才能作为属性。通过分析名词词汇集N可知，"行数""列数""元素"均满足，因此均是属性。

4.提取行为

根据动词责任性与原子性，在词汇集V中的所有词汇都是矩阵的行为。

5.定义类

根据代码推导4-1（类定义），给出Matrix（矩阵）的类定义代码。

```
1    class Matrix
2    {
3    }
```

6.定义属性

上述基于字段和基于函数的属性定义代码相对烦琐，此例采用简化属性定义形式。

根据代码推导4-8（简化属性定义），给出行数、列数、元素的定义代码。

```
1        public int RowCount {
2            get; set;
3        }
4        public int ColCount {
5            get; set;
6        }
7        public double[,] Elements { // 采用了多维数组
8            get; set;
9        }
```

多维数组参考

7.创建定义行为

根据代码推导4-15（创建行为），给出构造函数定义。

```
1            public Matrix(double[,] elements) {
2                this.RowCount = elements.GetLength(0);
3                this.ColCount = elements.GetLength(1);
4                this.Elements = elements;
5            }
```

8.定义普通行为

根据代码推导4-14（行为定义方法），给出“矩阵相加,矩阵相减,矩阵相乘,转置,获得元素,赋值元素”的代码。

```
1            // 获得元素
2            public double GetValue(int i, int j) {
3                return this.Elements[i, j];
4            }
5            // 赋值元素
6            public void SetValue(int i, int j, double value) {
7                this.Elements[i, j] = value;
8            }
9            // 矩阵相加
10           public Matrix Add(Matrix other) {
11               Matrix m = new Matrix(this.Elements);
12               for(int i = 0; i < this.RowCount; i++) {
13                   for(int j = 0; j < this.ColCount; j++) {
14                       m.SetValue(i, j,
15                           m.GetValue(i, j) + other.GetValue(i, j));
```

```
16                 }
17             }
18             return m;
19         }
20         // 矩阵相减
21         public Matrix Subtract(Matrix other) {
22             Matrix m = new Matrix(this.Elements);
23             for(int i = 0; i < this.RowCount; i++) {
24                 for(int j = 0; j < this.ColCount; j++) {
25                     m.SetValue(i, j,
26                         m.GetValue(i, j) - other.GetValue(i, j));
27                 }
28             }
29             return m;
30         }
31         // 矩阵相乘
32         public Matrix Multiple(Matrix other) {
33             double[,] m = new double[this.RowCount, other.ColCount];
34             for (int i = 0; i < this.RowCount; i++) {
35                 for (int j = 0; j < other.ColCount; j++) {
36                     m[i, j] = 0;
37                     for (int k = 0; k < this.ColCount; k++) {
38                         m[i, j] += this.GetValue(i, k) * other.GetValue(k, j);
39                     }
40                 }
41             }
42             return new Matrix(m);
43         }
44         // 矩阵转置
45         public Matrix Transpose() {
46             double[,] m = new double[this.ColCount, this.RowCount];
47             for(int i = 0; i < this.ColCount; i++) {
48                 for(int j = 0; j < this.RowCount; j++) {
49                     m[i, j] = this.GetValue(j, i);
50                 }
51             }
52             return new Matrix(m);
53         }
```

另外，需要重写来自全局根类Object的ToString方法，以便对Matrix对象直接进行打印输出。

Object.ToString()
方法参考

```
1       public override string ToString()
2       {
3           string s = "";
4           for(int i = 0; i < this.RowCount; i++) {
5               for(int j = 0; j < this.ColCount; j++) {
6                   s += $"{this.GetValue(i, j)} ";
7               }
8               s += "\n";
9           }
10          return s;
11      }
```

9.编写主函数Main的客户端代码

按照行为覆盖测试原则，编写客户端代码，以执行矩阵创建、相加、相减、相乘、转置操作。

```
26      static void Main(string[] args)
27      {
28          double[,] x = new double[,] {
29              {1,2,3},
30              {4,5,6}
31          };
32          Matrix m1 = new Matrix(x); // 矩阵创建
33          Console.WriteLine(m1);
34          Console.WriteLine(m1.Transpose()); // 矩阵转置
35          double[,] y = new double[,] {
36              {1,4},
37              {2,5},
38              {3,6}
39          };
40          Matrix m2 = new Matrix(y); // 矩阵创建
41          Console.WriteLine(m1.Multiple(m2)); // 矩阵相乘
42          Matrix m3 = new Matrix(new double[,]{ // 矩阵创建
43              {7,8,9},
44              {10,11,12}
45          });
46          Console.WriteLine(m1.Add(m3)); // 矩阵相加
47          Console.WriteLine(m1.Subtract(m3)); // 矩阵相减
48      }
```

查看完整源代码

二、订单管理

（一）资料

订单是商务系统中的核心对象，通过订单可以明确买卖双方的权利与义务。一个订单对象具有唯一的订单编号、订购日期、要求到货日期、负责员工姓名、客户名称、联系电话、送货地址。订单需要负责对要求到货日期进行确认。

（二）题解

1.通过资料构建词汇集

N = {订单, 订单编号, 订购日期, 要求到货日期, 员工姓名, 客户名称, 联系电话, 送货地址}。

V= {确认要求到货日期}。

2.识别对象

从名词集中寻找非原子性名词，分析可知“订单”是类。

3.提取属性

根据判定法则4-2，需要满足从属性、原子性和确定性的名词才能作为属性。通过分析名词词汇集N可知，“订单编号, 订购日期, 要求到货日期, 员工姓名, 客户名称, 联系电话, 送货地址”均满足，因此均是属性。其中，订单编号、订购日期、要求到货日期均是只读属性，且要求到货日期是可变只读属性。

4.提取行为

根据判定法则4-4，需要满足责任性、原子性的动词才能提取为行为。通过分析“订单需要负责对要求到货日期进行确认”这句话，表明订单具有行为“确认要求到货日期”。

5.定义类及属性代码

根据上述识别的对象、提取的属性，通过代码推导规则和词汇翻译可以定义出订单类及其属性代码。

```
1    class Order // 定义类及其代码块
2    {
3        static int _orderCount;
4        public Order(DateTime orderDate) { // 定义构造函数
5            _orderId = ++_orderCount;
6            _orderDate = orderDate;
7        }
8        // 定义只读属性“订单编号”
9        readonly int _orderId;
10       public int OrderID {
11           get {
12               return _orderId;
13           }
```

```
14          }
15          //定义只读属性“订购日期”
16          readonly DateTime _orderDate;
17          public DateTime OrderDate {
18             get {
19                return _orderDate;
20             }
21          }
22          //定义可变只读属性“要求到货日期”
23          DateTime _requiredDate;
24          public DateTime RequiredDate {
25             get {
26                return _requiredDate;
27             }
28          }
29          //定义简化定义属性“员工姓名”“客户名称”“联系电话”“送货地址”
30          public string EmployeeName {
31             get; set;
32          }
33          public string CustomerName {
34             get; set;
35          }
36          public string ContractPhone {
37             get; set;
38          }
39          public string ShipAddress {
40             get; set;
41          }
42       }
```

6.定义类的行为代码

根据提取的行为，通过相应的代码推导规则以及词汇翻译，可以为Order类增加相应的行为方法代码。

```
1       class Order
2       {
3          …
4          //定义行为方法“确认要求到货日期”
5          public void ConfirmRequiredDate(DateTime requiredDate) {
6             if(requiredDate.Subtract(this.OrderDate).Days > 30) {
7                throw new Exception("要求到货日期超出了 30 天");
8             }
9             _requiredDate = requiredDate;
10         }
11      }
```

7.编写主函数Main的客户端代码

按照行为覆盖测试原则，编写客户端代码，以执行订单创建、属性初始化、确认到货日期操作，并给出订单信息的输出。

```
1        //专门定义一个函数用于输出任意订单对象的信息
2        static void OutputOrderInfo(Order order) {
3            Console.WriteLine("订单信息:{0}", order.OrderID);
4            Console.WriteLine("------------------------");
5            Console.WriteLine("日期:{0:yyyy-MM-dd},到货:{1:yyyy-MM-dd}", order.OrderID, order.
     OrderDate);
6            Console.WriteLine("客户:{0},联系电话:{1}", order.CustomerName, order.ContractPhone);
7            Console.WriteLine("送货地址:{0}", order.ShipAddress);
8            Console.WriteLine("负责人:{0}", order.EmployeeName);
9        }
10       static void Main(string[] args)
11       {
12           //代码推导4-23、代码推导4-27
13           //声明Order对象、实例化该对象、通过属性初始器初始化
14           //EmployeeName、CustomerName、ContractPhone、ShipAddress属性
15           Order order = new Order(new DateTime(2020, 12, 3)) {
16               EmployeeName = "张颖",
17               CustomerName = "三杰股份",
18               ContractPhone = "(010)-87034022",
19               ShipAddress = "北京XXXXX"
20           };
21           //执行行为"确认要求到货日期"
22           //访问OrderDate属性并加上15天作为函数实参传递
23           //表明要求到货日期是在订购日期之后的第15天
24           order.ConfirmRequiredDate(order.OrderDate.AddDays(15));
25           //调用输出订单信息的函数,传递该订单对象
26           OutputOrderInfo(order);
27       }
```

查看完整源代码

三、会计科目

(一) 资料

会计科目是会计分类核算业务中最基本的实体，一个会计科目由编号、名称、借贷方向、科目类别、期初余额构成，并记录了每笔业务的日期、摘要、借贷方向、金额。通过会计科目，可以根据借贷方向核算出累计发生额，以及计算出期末余额。

例如，库存现金（1001）会计科目，期初余额￥1 805.34。相关业务清单见表4-1。

表4-1　**业务清单**

日 期	摘 要	方 向	金 额
2020-12-2	购买办公用品	贷	500.00
2020-12-16	支付卫生费	贷	203.00
2020-12-25	提取备用金	借	1 000.00

请用C#代码表达出会计科目实体，以及对上述库存现金科目的信息进行登记，并计算借方、贷方累计发生额以及期末余额。

（二）题解

1.通过资料构建词汇集

N = {会计科目,编号,名称,借贷方向,科目类别,期初余额,业务,日期,摘要,金额,累计发生额,期末余额}。

V = {记录每笔业务,根据借贷方向核算累计发生额,计算期末余额}。

2.识别对象

从名词集中寻找非原子名词，分析可知“会计科目”“业务”是类。

3.提取属性

根据判定法则4-2，需要满足从属性、原子性和确定性的名词才能作为属性。通过分析名词词汇集N可知，“编号,名称,借贷方向,科目类别,期初余额”这些名词是“会计科目”的属性，“日期,摘要,借贷方向,金额”是“业务”的属性。同时，根据判定法则4-3，“业务”具有从属于“会计科目”的性质，但并不满足原子性，因而为复杂属性。另外，“累计发生额,期末余额”，因为跟随动词短语作为了返回值，根据定理4-1可以不用提取为属性。

4.提取行为

根据判定法则4-4，需要满足责任性、原子性的动词才能提取为行为。通过分析可知，“根据借贷方向核算累计发生额”和“计算期末余额”是行为，且根据判定法则4-5、判定法则4-6、判定法则4-7确定行为方法的三要素。

根据借贷方向核算累计发生额 → Get the accumulated amount by the direct that results in an accumulated amount → double GetAccumulatedAmount(Direct direct)

计算期末余额 → Get the end balance that results in a new end balance → double GetEndBalance()

5.定义类及属性代码

根据上述识别的对象、提取的属性，通过代码推导规则和词汇翻译可以定义出会计科目类及其属性代码。

```
1        enum Direct { // 定义借贷方向枚举
2            Debit, // 借方
3            Credit, // 贷方
4        }
5        enum Category { // 定义科目类别
6            Asset, // 资产
```

```
7           Liability, // 负债
8           ProfitLoss, // 损益
9       }
10      class Account // 定义类及其代码块
11      {
12          // 定义只读属性"科目编号"
13          readonly string _accountNo;
14          public string AccountNo {
15              get { return _accountNo; }
16          }
17          // 定义只读属性"科目名称"
18          readonly string _name;
19          public string Name {
20              get { return _name; }
21          }
22          // 定义只读属性"借贷方向"
23          readonly Direct _direct;
24          public Direct Direct {
25              get { return _direct; }
26          }
27          // 定义只读属性"科目类别"
28          Category _catcgory;
29          public Category Category {
30              get { return _category; }
31          }
32          // 定义属性"期初余额"
33          public double BeginningBalance {
34              get; set;
35          }
36          // 代码推导 4-28 定义并惰性初始化只读属性"业务条目"
37          List<Tuple<DateTime, string, Direct, double>> _entries;
38          public List<Tuple<DateTime, string, Direct, double>> Entries {
39              get {
40                  if(_entries == null) {
41                      _entries = new List<Tuple<DateTime, string, Direct, double>>();
42                  }
43                  return _entries;
44              }
45          }
46          // 定义构造函数创建行为
47          // 通过构造函数参数初始化字段变量,进而初始化对应属性
48          public Account(string accountNo, string name, Direct direct, Category category) {
49              _accountNo = accountNo;
```

```
50            _name = name;
51            _direct = direct;
52            _category = category;
53         }
54      }
```

6.定义类的行为代码

根据提取的行为，通过相应的代码推导规则以及词汇翻译，可以为Account类增加相应的行为方法代码。

```
1       class Account
2       {
3          …
4          // 判定法则4-5、判定法则4-6、判定法则4-7
5          // 定义行为方法“根据借贷方向核算累计发生额”
6          public double GetAccumulatedAmount(Direct direct) {
7             double s = 0.0;
8             foreach(var entry in this.Entries) {
9                if(entry.Item3 == direct) {
10                  s += entry.Item4;
11               }
12            }
13            return s;
14         }
15         // 判定法则4-5、判定法则4-6、判定法则4-7
16         // 定义行为方法“计算期末余额”
17         public double GetEndBalance() {
18            return this.BeginningBalance +
19               this.GetAccumulatedAmount(this.Direct) -
20               this.GetAccumulatedAmount(
21                  this.Direct == Direct.Debit ? Direct.Credit : Direct.Debit
22               );
23         }
24      }
```

7.编写主函数Main的客户端代码

按照题目要求，编写客户端代码，以执行库存现金的会计科目创建、属性初始化、计算借方与贷方累计发生额以及期末余额，并给出会计科目基本信息的输出。

```
1       static void Main(string[] args)
2       {
3          // 代码推导4-23、代码推导4-27
4          // 声明库存现金科目对象、实例化该对象、通过属性初始器初始化期初余额属性
5          Account cash = new Account("1001", "库存现金", Direct.Debit, Category.Asset) {
6             BeginningBalance = 1805.34
7          };
```

```
8               // 读取Entries属性，并调用Add方法添加一笔业务
9               cash.Entries.Add(
10                  Tuple.Create(new DateTime(2020, 12, 2), "购买办公用品", Direct.Credit, 500.0)
11              );
12              // 读取Entries属性，并调用Add方法添加一笔业务
13              cash.Entries.Add(
14                  Tuple.Create(new DateTime(2020, 12, 16), "支付卫生费", Direct.Credit, 203.0)
15              );
16              // 读取Entries属性，并调用Add方法添加一笔业务
17              cash.Entries.Add(
18                  Tuple.Create(new DateTime(2020, 12, 25), "提取备用金", Direct.Debit, 1000.0)
19              );
20              // 读取科目名称、编号、期初余额属性
21              Console.WriteLine("{0}({1})\n期初余额:{2:C},借方累计:{3:C},贷方累计:{4:C},期末余额:{5:C}",
22                  cash.Name, cash.AccountNo, cash.BeginningBalance,
23                  cash.GetAccumulatedAmount(Direct.Debit), // 计算借方累计发生额
24                  cash.GetAccumulatedAmount(Direct.Credit), // 计算贷方累计发生额
25                  cash.GetEndBalance()); // 计算期末余额
26          }
```

查看完整源代码

由于“业务”这个复杂属性采用了Tuple元组表示，因而在用List的Add方法添加业务的时候，用到了第三章介绍的Tuple静态方法Create创建元组。

本章练习

一、单项选择题

1.请指出下面哪组词汇全部是对象：(　　)

A.一片树叶、一个人、飘落、行走　　B.一片水域、碧波荡漾、一片涟漪

C.一串字符、一个信号、一台设备　　D.一缕阳光、夕阳斜照、日落东升

2.下列关于类与对象说法错误的是：(　　)

A.类是集合，对象是这个集合中的元素

B.类是对象的模板

C.类是自定义数据类型，对象则是这个数据类型的变量

D.类和对象都有生命周期的概念

3.阅读以下代码，请指出对象“student”生命周期结束的代码行：(　　)

```
1       static void Main() {
2           Student student = new Student();
3           student.Name = "张颖";
4           student.StudentNo = "20200410070101";
5           Console.WriteLine($"{student.Name} 的学号：{student.StudentNo}");
6       }
```

A.第2行　　B.第5行　　C.第6行　　D.第1行

4.请分别指出下列哪段代码定义的是只读属性和可变只读属性：(　　)

A.①②　　B.②③　　C.③④　　D.④①

①

```
string _name;
public string Name {
   get { return _name; }
   set { _name = value; }
}
```

②

```
public string Name {
   get; set;
}
```

③

```
readonly string _name;
public string Name {
   get { return _name; }
}
```

④

```
string _name;
public string Name {
   get { return _name; }
}
```

5.请指出下列哪段代码会自动生成一个不带参数的构造函数：(　　)

A.

```
class Person {
  public Person() {
  }
}
```

B.

```
class Person {

}
```

C.

```
public Person() {
   public Person(string name) {
   }
}
```

D.

```
public Person() {
   public Person() { }
   public Person(string name) {
   }
}
```

6.下面哪些代码行存在属性Name的写入操作：(　　)

```
1        static void Main() {
2           Person person = new Person() {
3              Name = "张颖";
4           };
5           person.Name = "刘明";
6           Console.WriteLine($"{person.Name}");
7        }
```

A.第2、3行　　B.第3、5行　　C.第5、6行　　D.第3、6行

7.下面代码中哪些变量会在堆空间上分配内存：(　　)

```
1        static void Main() {
2           double radius = 5.0;
3           Circle circle = new Circle(radius);
4           string name = "刘明";
5           Person person = new Person(name);
6        }
```

A.radius、circle、name　　B.circle、name、person
C.name、person、radius　　D.circle、person、radius

8.请判断下述哪行代码会引起“Name”属性的初始化：(　　)

```
1    class Person {
2      public Person(string name) {
3        _name = name;
4      }
5      string _name = "未知";
6      public string Name {
7        get { return _name; }
8        set { _name = value; }
9      }
10   }
11   class Program {
12     static void Main() {
13       string name = "刘明";
14       Person person = new Person(name) {
15         Name = "张颖"
16       };
17       person.Name = "王强";
18       Console.WriteLine(person.Name);
19     }
20   }
```

A.第13行　　B.第14行　　C.第15行　　D.第17行

9.请判断以下代码中哪个this关键字是可以省略的：(　　)

```
1    class Car {
2      string _color;
3      public string Color {
4        get{ return this._color; }
5      }
6      public Car(string color) {
7        this._color = color;
8      }
9      public void Run() {
10       Console.WriteLine($"A {this.Color} car is running...");
11     }
12   }
```

A.第4行　　B.第7行　　C.第10行　　D.均可省略

10.对象化的抽象过程包括哪些内容：(　　)

A.对象识别、确认关系、仿真　　B.定义类、确认关系、确定属性与行为
C.对象识别、确认关系、定义类　　D.确认关系、定义类、仿真

二、设计题

资料：问卷是一种重要的统计调查工具，一份调查问卷包括标题、问候语以及若干调查问题，每个调查问题由编号、题型和问题内容构成，并且通过问卷可以统计出不同题型的调查问题数量。例如，一份客户服务满意度的调查问卷，如图4-9所示。

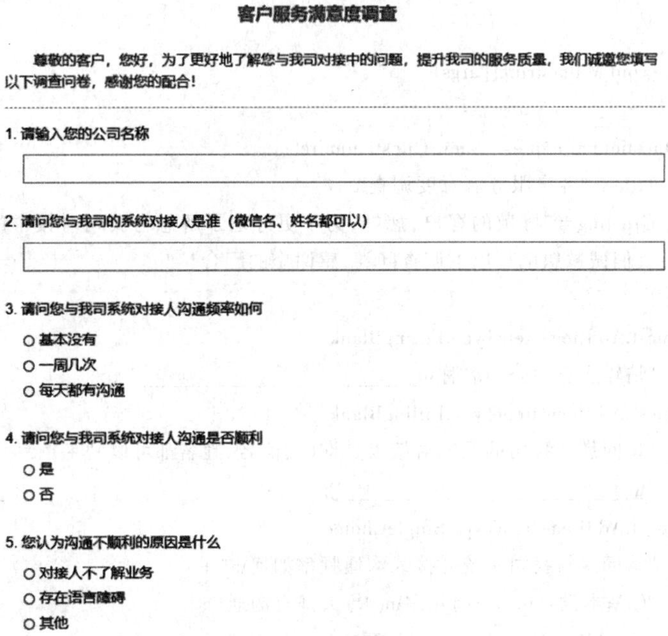

客户服务满意度调查

尊敬的客户，您好，为了更好地了解您与我司对接中的问题，提升我司的服务质量，我们诚邀您填写以下调查问卷，感谢您的配合！

1. 请输入您的公司名称

[ ]

2. 请问您与我司的系统对接人是谁（微信名、姓名都可以）

[ ]

3. 请问您与我司系统对接人沟通频率如何

○基本没有
○一周几次
○每天都有沟通

4. 请问您与我司系统对接人沟通是否顺利

○是
○否

5. 您认为沟通不顺利的原因是什么

○对接人不了解业务
○存在语言障碍
○其他

图4-9 调查问卷样例

若给出主程序代码如下：

```
1    using System;
2    using System.Linq;
3    using System.Collections.Generic;
4    namespace PRACTICE01.Questionnaire
5    {
6      enum ItemType {
7        FillingBlank,
8        SingleChoice,
9        MultipleChoice,
10     }
11     class Program
12     {
13       static void OutputQuestionnaire(Questionnaire quest) {
14         Console.WriteLine("【{0}】", quest.Title);
15         Console.WriteLine();
16         Console.WriteLine(quest.Greeting);
17         Console.WriteLine();
18         foreach(var item in quest.Items) {
19           Console.WriteLine("{0}.{1}\n", item.Item1, item.Item3);
```

```
20              }
21              var dict = quest.GetItemTypeCount();
22              foreach(var key in dict.Keys) {
23                  Console.WriteLine("{0}:{1} 题", key, dict[key]);
24              }
25          }
26          static void Main(string[] args)
27          {
28              Questionnaire quest = new Questionnaire() {
29                  Title = "客户服务满意度调查",
30                  Greeting = "尊敬的客户,您好,为了更好地了解您与我司对接中的问题,提升我司的
        服务质量,我们诚邀您填写以下调查问卷,感谢您的配合! "
31              };
32              quest.AddItem(ItemType.FillingBlank,
33                  "请输入您的公司名称\n__________________________");
34              quest.AddItem(ItemType.FillingBlank,
35                  "请问您与我司的系统对接人是谁(微信名、姓名都可以)" +
36                  "\n__________________________");
37              quest.AddItem(ItemType.SingleChoice,
38                  "请问您与我司系统对接人沟通频率如何\n" +
39                  "( )基本没有\n( )一周几次\n( )每天都有沟通");
40              quest.AddItem(ItemType.SingleChoice,
41                  "请问您与我司系统对接人沟通是否顺利\n( )是\n( )否");
42              OutputQuestionnaire(quest);
43          }
44      }
45  }
```

程序运行结果，如图4-10所示。

```
【客户服务满意度调查】
尊敬的客户，您好，为了更好地了解您与我司对接中的问题，提升我司的服务质量，我们诚邀您填写
以下调查问卷，感谢您的配合！

1.请输入您的公司名称
______________

2.请问您与我司的系统对接人是谁（微信名、姓名都可以）
______________

3.请问您与我司系统对接人沟通频率如何
( )基本没有
( )一周几次
( )每天都有沟通

4.请问您与我司系统对接人沟通是否顺利
( )是
( )否

FillingBlank:2 题
SingleChoice:2 题
```

图4-10 程序运行结果

要求：

①构建名词集N与动词集V。

②提取类及其属性与行为。

③定义类代码，使得该程序能够正确运行，得到上述输出结果。

第五章　关联关系与依赖关系

【学习要点】

- 关联关系的概念
- 关联关系的三个特性
- 关联关系的代码推导规则
- 依赖关系的概念
- 依赖关系的代码推导规则

【学习目标】

能够利用代码推导规则，将关联和依赖关系的概念转换成对应的面向对象程序设计语言代码，通过案例强化这种代码推导规则的模式化应用。

【应用案例】

“订单”与“客户”：学习在订单与客户之间建立起关联及依赖关系，并用代码表达。

“会计科目”与“记账凭证”：学习为会计科目与记账凭证建立起关联及依赖关系，形成更加完整的会计凭证数据模型。

第一节 关联关系的概念

一、关联关系

【思政专栏】
关联关系定义

定义 5-1 关联关系（association）：两个对象（类）之间的从属关系。设 A、B 为两个类，如果在语义上可表达为“A 的 B”，或者“B 的 A”，英文表达为“B of A”或“A of B”，则 A、B 之间为关联关系。

例题 5-1 判断类“学生”与“班级”之间是否为关联关系？

题解：由于可以表达出“学生所在的班级”，或某“班级的学生”，因此，“学生”与“班级”之间为关联关系。

例题 5-2 判断类“书籍”与“作者”之间是否为关联关系？

题解：由于可以表达出“书籍的作者”，或某“作者著述的书籍”，因此，“书籍”与“作者”之间为关联关系。

注意：不要认为可以表达出“A 的 B”，或者“B 的 A”语义的任意 A、B 两个名词，便可认定为关联关系，其前提是 A、B 均为类。

例题 5-3 判断“学生”与“姓名”之间是否为关联关系？

题解：虽然可以表达出“学生的姓名”语义，但“姓名”不是类（为什么不是类，请参见第四章的对象识别），不满足关联关系的前提条件，即两者均为“类”（对象）。因此，“学生”与“姓名”不是关联关系。

注意：自然语言表述是多变的，从属关系不一定会直接用“的”表达，但是语义上“A 的 B”，或者“B 的 A”仍然成立，即存在关联关系的可能。

例题 5-4 “供应商 P 提供了 A、B 两种产品”，请判断“供应商”与“产品”是否为关联关系？

题解：虽然这句话中并未出现“供应商的产品”，但语义“供应商（供应）的产品”确实成立，且“供应商”“产品”均为类。因此，“供应商”与“产品”为关联关系。

注意：在判定关联关系的时候，采用“两两配对”方式考虑，不要将三个及以上的类放在一起同时考虑。

例题 5-5 “我们公司的客户 C 订购了由供应商 P 提供的 A、B 两种产品”，“客户”“供应商”“产品”均为类，请判断三者之间是否存在关联关系？

题解：

1.这里将三个类“两两配对”，即“客户-供应商”“客户-产品”“供应商-产品”。

2.“客户的供应商”或“供应商的客户”在这句话的语境中，其语义均不成立。因为这里的“客户”是“我们公司”的客户，不是供应商的客户，而供应商的客户是“我们公司”。因此，“客户”与“供应商”没有关联关系。

3.“客户（订购）的产品”语义成立，因此，“客户”与“产品”之间存在关联关系。

4.“供应商（供应）的产品”语义成立，因此，“供应商”与“产品”之间也存在关联关系。

5.最后，确定“客户-产品”“供应商-产品”为关联关系。

另外，我们在考察关联关系的时候，还需要注意从属语义的方向：“B of A”还是“A of B”。因为方向不同，对我们撰写代码的先后顺序有着重要的影响。

定义 5-2　关联的上位单元（upper unit of association）：设A、B两个类之间存在满足“B of A”语义的关联关系，那么B是A的**上位单元**，而A则是B的**下位单元**。

根据关联的上位、下位单元概念，我们在撰写代码的时候必须满足以下的判定法则：

判定法则 5-1　优先定义：必须先定义上位单元，才能完整定义下位单元。

例如，“人”与“手”的从属语义是“Hand of Person”，那么Hand为上位单元，Person为下位单元，在定义class的时候，必须先定义class Hand，才能完整定义class Person。

二、组合与聚合

虽然很多事物之间都会存在从属性的关联关系，但我们还需要仔细考虑两种不同情形的关联关系：组合、聚合。

定义 5-3　组合关联（composition）：设A、B两个类之间存在满足“B is part of A”语义的关联关系，且A的一个对象生命周期结束，与之关联的B的对象也就结束，那么称A、B之间的关联关系为组合关联，也称强关联，记作“A◆—B”。

例如，“人”与“手”的关联，由于“人”不存在了，那么组成人的一部分的“手”也不存在了，因此他们之间为组合关联。

定义 5-4　聚合关联（aggregation）：设A、B两个类之间存在满足“B is part of A”语义的关联关系，且A的一个对象生命周期结束，与之关联的B的对象还能独立存在，那么称A、B之间的关联关系为聚合关联，也称弱关联，记作“A◇—B”。

例如，“汽车”与“引擎”的关联，虽然一辆汽车被销毁了，但在销毁之前可以把它的引擎取出来，安装在同型号其他的汽车上，因此它们之间为聚合关联。

在用UML类图描述组合关联、聚合关联的时候，可以用以下形式表达（如图5-1所示）：

图 5-1　组合关联与聚合关联的UML图解

组合关联与聚合关联强调的是“部分与整体”的抽象。组合关联在代表整体一端用实心菱形标注，而聚合关联则用空心菱形标注。例如，Person◆—Hand，Person是整体，Hand是构成整体的一部分；Car◇—Engine，Car是整体，Engine是Car的一部分（如图5-2所示）。

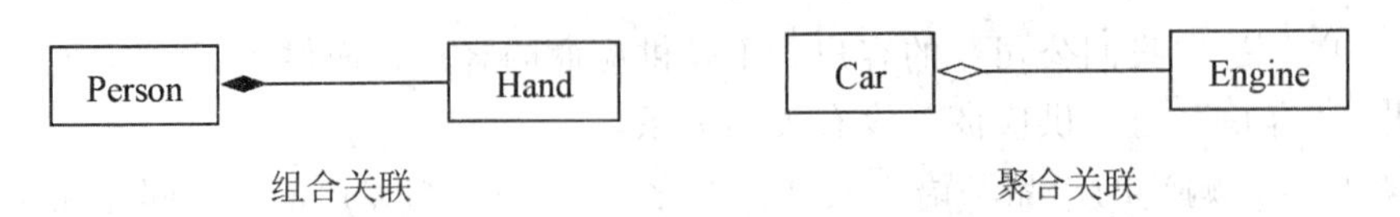

图5-2 组合关联与聚合关联实例的UML图解

第二节 关联关系的特性

在考虑关联关系的时候，不可忽略其三个特性：导航性（Navigability）、多重性（Multiplicity）、角色性（Role）。通过这三个特性，可以确定出具体的代码。

一、导航性

定义5-5 导航性（navigability）：设“A”和“B”两个类存在关联关系，即语义上“A的B”，或“B的A”成立，但它们表示为两个不同方向的关联关系，这种关联关系的方向性，称为导航性。“A的B”记为“A→B”，读作“A导航到B”；反之，“B→A”为“B导航到A”。如果“A”和“B”只存在其中一个方向的导航，称为**单向导航**；若同时存在两个方向的导航，称为**双向导航**，可以记为“A←→B”，也可以简记作“A—B”。

关联关系导航性的UML图解，如图5-3所示。

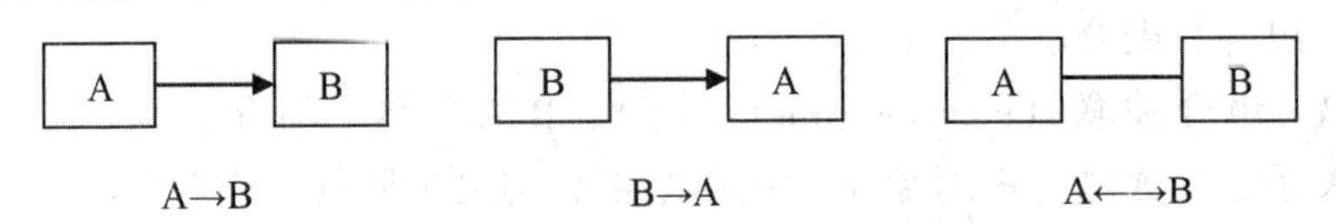

图5-3 关联关系导航性的UML图解

例题5-6 请确定“学生”与“班级”之间关联关系的导航性。

题解：

1.因为“学生（所在）的班级”语义成立，所以“学生→班级”；

2.又因为“班级（中）的学生”语义成立，所以“班级→学生”；

3.最后，确定两者为双向导航，即“学生—班级”。

注意：导航方向有时为主观确定的，即我们根据需要可以认定“学生→班级”方向的导航，而不认定“班级→学生”方向的导航。这种主观性出于多方面因素的考虑，例如，程序性能、是否有必要、组件隔离等因素。

例题5-7 请确定“学校”与“学生”之间关联关系的导航性。

题解：

1.因为“学生（所在）的学校”语义成立，所以“学生→学校”；

2.又因为“学校（中）的学生”语义成立，所以“学校→学生”；

3.考虑到一个学校的学生人数可能在几万人以上，如果从学校直接访问所有的学生，其性能是用户无法接受的（在界面上展示出一个学校的几万名学生的所有信息，对于用户来说也没有必要)。因此，最后确定两者为单向导航，即“学生→学校”。

二、多重性

定义5-6 多重性(multiplicity)：设“A”和“B”两个类存在关联关系，两者对应的数量关系，称为关联关系的多重性。一般情况下，可以将多重性划分为三种，即“一对一”“一对多”“多对多”，可以记作A(1)—(1)B、A(1)—(*)B、A(*)—(*)B。

判定法则5-2 判定两个类之间关联关系的多重性，采用“**宾语量词判定法**”。

1.首先，以A作为主语、B作为宾语表达：“1 A has _?_ B(s).”；

2.其次，以B作为主语、A作为宾语表达：“1 B has _?_ A(s).”；

3.最后，判定两句话宾语的量词，即可确定出A、B两者的多重性。

注意：主语的量词永远为单数。因为关联关系表达的是两者的从属关系，所以动词一般采用“拥有”或“属于”的词汇进行表达。

例题5-8 设“学生”和“班级”为关联关系，请确定两者的多重性。

题解：

1.“1名学生只能属于1个班级”(A student is belong to 1 class.)；

2.“1个班级可以拥有n名学生”(A class has n students.)；

3.所以，“学生”与“班级”之间为“一对多”的关联关系，即“班级(1)—(*)学生”。

例题5-9 设“课程”和“学生”为关联关系，请确定两者的多重性。

题解：

1.“1名学生可以选修n门课程”(A student takes n courses.)；

2.“1门课程可以由n名学生选修”(A course is taken by n students.)；

3.所以，“学生”与“课程”之间为“多对多”的关联关系，即“学生(*)—(*)课程”。

例题5-10 设“学院”和“学生会”为关联关系，请确定两者的多重性。

题解：

1.“1个学院拥有1个学生会”(A school has 1 student union.)；

2.“1个学生会隶属于1个学院”(A student union is belong to 1 school.)；

3.所以，“学院”与“学生会”之间为“一对一”的关联关系，即“学院(1)—(1)学生会”。

注意：关联关系的多重性实际上是与导航性一并考虑的，因为在分析多重性的时候，需要考虑从“A”到“B”的方向，也需要考虑从“B”到“A”的方向。

注意：有时，量词单位在确定多重性的时候非常重要，选用不同的量词单位可能会导致不同的多重性。

例题5-11 设“订单”和“产品”为关联关系，请确定两者的多重性。

题解：

1. “1笔订单可以订购n个产品”；

2. “1个产品可被1笔订单订购”；

3. 这种说法中产品的量词单位是“个”，因为1个产品不可能同时由多笔订单订购，因此，1个产品对应1笔订单。

或者：

1. “1笔订单可以订购n种产品”；

2. “1种产品可被n笔订单订购”；

3. 这种说法中产品的量词单位是“种”，显然1种产品可以同时由多笔订单订购，因此，1种产品对应n笔订单。

三、角色性

定义5-7　角色性（role）：设“A”和“B”两个类存在关联关系，其中“A”关联“B”，以及“B”关联“A”的时候所采用的身份，即为关联的角色性。角色性可以标记为“A(A的角色)→B”“B(B的角色)→A”“A(A的角色)→B(B的角色)”。

例题5-12　设“学院”和“学生”为关联关系，“学生”以“学生会主席”身份与“学院”关联，请表述出该关联关系。

题解：按照角色性的标记法，可以将“学生”的“学生会主席”身份标注为学生到学院关联的角色，即“学生(学生会主席)→学院”。

我们也可以在UML类图中表达出角色性，如图5-4所示。

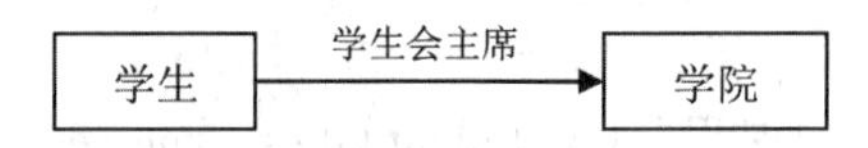

图5-4　关联关系角色性的UML图解

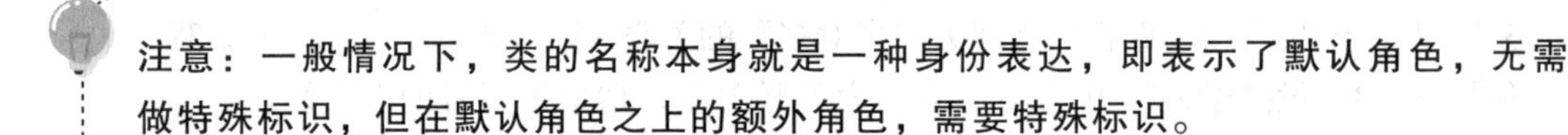

注意：一般情况下，类的名称本身就是一种身份表达，即表示了默认角色，无需做特殊标识，但在默认角色之上的额外角色，需要特殊标识。

例如，这种“学生”与“学院”之间的身份关系，用类名表达即可，但其中某名学生担任了该学院的学生会主席，这种加在学生之上的身份所表达的关联关系，则需要做出额外标注。

四、特性的整体性

在考虑关联关系的时候，首先要通过语义确定两个类之间是否存在关联关系，然后要考虑其导航性、多重性、角色性，但是在考虑这三个特性的时候，并非孤立地对待，而是将三者结合起来整体考虑，并最终确定出两个类之间完整的关联关系描述。

例题5-13　设“学院”和“学生”为关联关系，其中“学生”具有两种身份与“学院”产生关联关系，即“学院的学生”和“学院的学生会主席”。请考虑两者的导航性、多重性、角色性，并完整地描述两者的关联关系。

题解：

1.考虑角色性，“学生”与“学院”之间存在两个身份，即“学生”默认身份，以及“学生会主席”这一额外身份。

2.考虑导航性，即“学院的学生”“学院的学生会主席”，以及“学生隶属的学院”“学生会主席所在的学院”语义均成立，即双向导航。

3.考虑多重性，“1个学院包含n名学生”“1名学生隶属于1个学院”“1个学院有1名学生会主席”“1名学生会主席隶属于1个学院”，即“学生—学院”为“多对一”关联，“学生(学生会主席)—学院”为“一对一”关联。

4.将“学生”与“学院”之间的两个关联关系完整地表达成如下的UML类图（如图5-5所示）：

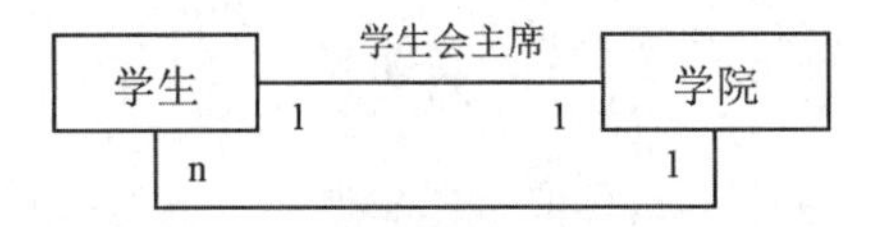

图5-5　关联关系特性综合考虑的UML图解

第三节　关联关系的代码推导规则

关联关系是面向对象编程的一个重要概念，这一概念可以直接导出面向对象编程的代码框架，具体来看包括三个代码推导规则，即基于关联关系三个特性的代码推导规则。

【思政专栏】
代码推导规则

一、基于导航性的代码推导规则

代码推导5-1　【关联关系导航性】代码推导规则：若“A”和“B”两个类存在关联关系，“A”可以导航到“B”，则在“A”类中以“B”类对象作为“A”类的一个属性，反之亦然。

其一般代码形式为：

```
① A→B：
class A
{
    [访问修饰符] B  B
    {
        属性定义代码块
    }
}
class B
{
}
② B→A：
class A
```

```
{
}
class B
{
    [访问修饰符] A A
    {
        属性定义代码块
    }
}
③ A—B：
class A
{
    [访问修饰符] B B
    {
        属性定义代码块
    }
}
class B
{
    [访问修饰符] A A
    {
        属性定义代码块
    }
}
```

1.一般情况下，当A作为B的属性时，其属性名与类型名是相同的，正如上面的一般代码形式中所表述的一样，反之也一样。

2.具体的属性定义形式参照第四章所给出的代码推导规则。

例题5-14 设“学院”和“学生”为“一对多”的关联关系，其中“学生”可以导航到“学院”，请写出“学院”和“学生”的代码框架。

题解：根据代码推导5-1规则，“学院”对象要成为“学生”的一个属性，其代码如下：

例题5-15 “学生”导航到“学院”关联关系的代码。

```
1   namespace Console.Chapter04.Code04
2   {
3       public class School
4       {
5       }
6       public class Student
7       {
8           public School School // School成为Student的属性
9           {
```

```
10              get;
11              set;
12          }
13      }
14  }
```

二、基于多重性的代码推导规则

关于多重性的代码推导规则，按照“多对一”“多对多”“一对一”三种多重性表达的数量，分为“单数”推导规则、“复数”推导规则。

代码推导5-2　【关联关系单数多重性】代码推导规则：设A、B两个类存在关联关系“A(*)→(1)B”或“A(1)→(1)B”，则“B”的单数对象作为“A”的一个属性。

其一般代码形式为：

```
class A
{
}
class B
{
    [访问修饰符] A  A
    {
        属性定义代码块
    }
}
```

1.该代码推导规则是建立在【关联关系导航性】代码推导规则之上的，因此先要确定导航性。

2.如果是“A(*)→(1)B”，由于是单向导航，即A中将B类对象定义为属性，因此只需要考虑“一个A对应一个B”的情况。

代码推导5-3　【关联关系复数多重性】代码推导规则：设A、B两个类存在关联关系“A(1)→(*)B”或“A(*)→(*)B”，则“B”的集合对象作为“A”的一个集合属性。

其一般代码形式为：

```
class A
{
    [访问修饰符] 集合类型<B> Bs
    {
        属性定义代码块
    }
}
class B
{
}
```

1.该代码推导规则也是建立在【关联关系导航性】代码推导规则之上的，因此先要确定导航性。

2.对于集合对象一定要采用复数形式撰写，例如，上述的“Bs”，这样在代码的阅读上便于读者区分。

3.集合属性的定义形式具体参见第四章的代码推导规则。

例题5-16 设“学院”和“学生”为“一对多”的关联关系，其中“学院”可以导航到“学生”，请写出“学院”和“学生”的代码框架。

题解：根据代码推导5-3规则，“学生”的集合对象要成为“学院”的一个集合属性，再依据代码推导4-12与代码推导4-29定义并惰性初始化集合属性，其最终代码如下：

例题5-17 “学院”导航到“学生”关联关系的代码。

```
1   using System;
2   using System.Collections.Generic;
3   using System.Collections.ObjectModel;
4   namespace Association
5   {
6       public class Student
7       {
8       }
9       public class School
10      {
11          List<Student> _students;
12          // Student集合对象作为School的属性
13          public ReadOnlyCollection<Student> Students
14          {
15              get
16              {
17                  return _students.AsReadOnly();
18              }
19          }
20          public School() {
21              _students = new List<Student>();
22          }
23      }
24  }
```

三、基于角色性的代码推导规则

按照默认角色与非默认角色，可以区分出两种基于角色性的代码推导规则。

代码推导5-4 【关联关系默认角色】代码推导规则：设“A”和“B”两个类存在“A→B”的关联关系，且“B”的名称就代表了其角色，即默认角色，那么遵照代码推导5-1、代码推导5-2、代码推导5-3三个规则定义其属性。

代码推导5-5 【关联关系非默认角色】代码推导规则：设“A”和“B”两个类存在“A→B”的关联关系，且“B”扮演了另一角色R，即非默认角色，那么遵照代码推导5-1、代码推导5-2、代码推导5-3三个规则定义属性R。

其一般代码形式为：

```
class A
{
    [访问修饰符] B B //默认角色B
    {
        属性定义代码块
    }
    [访问修饰符] B R //非默认角色R
    {
        属性定义代码块
    }
}
class B
{
}
```

1.该代码推导规则也是建立在【关联关系导航性】代码推导规则之上的，因此先要确定导航性。

2.角色性应该反映在属性名上，而不是类型上，正如上述一般代码形式中的两个属性B和R，其类型都是B。

3.默认角色的属性名与类型名保持一致，如果是集合属性，则用复数形式定义属性名。

例题5-18 设“学院”和“学生”存在关联关系，其中“学院”可以导航到“学生”表示“学院的学生”，同时还存在“学院的学生会主席(Present)”的关联关系，其整体关联关系可以用图5-6表示，请写出“学院”和“学生”两个类的代码框架。

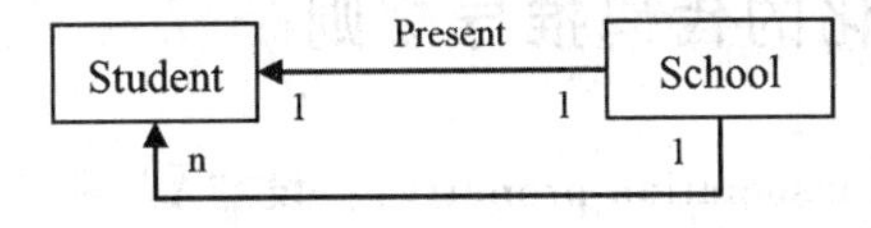

图5-6 “学院”和“学生”关联关系的UML图解

题解：根据代码推导5-1、代码推导5-2、代码推导5-3、代码推导5-4、代码推导5-5规则，其代码如下：

例题5-19 “学院”和“学生”关联关系的代码。

```
1   namespace Console.Chapter04.Code09
2   {
3       public class Student
4       {
5       }
6       public class School
```

```
7       {
8           List<Student> _students;
9           // Student为默认角色
10          public List<Student> Students
11          {
12              get
13              {
14                  if (_students == null)
15                  {
16                      _students = new List<Student>();
17                  }
18                  return _students;
19              }
20          }
21          // Student的非默认角色,注意Present这个属性名反映了其角色,但类型仍是Student
22          public Student Present
23          {
24              get;
25              set;
26          }
27      }
28  }
```

对于初学者来说，在应用【关联关系非默认角色】代码推导规则的时候，有时会下意识地将类的名字也写成角色的名字。例如，把上述第22行代码“public Student Present”写成了“public Present Present”，这样当然会导致语法错误，编译是通不过的。属性“Present”仍然是“Student”的一个对象，即从语义上说，学生会主席首先应是一名学生。

四、关联属性初始化的代码推导规则

定义5-8　关联属性（association property）：设“A”和“B”两个类存在关联关系，那么A中定义类型为B的属性，或者B中定义类型为A的属性，则称这样的属性为关联属性，也称为导航属性（navigable property）。

关联属性的初始化赋值按照关联关系的导航性、多重性给出代码推导规则。

代码推导5-6　【单数关联属性初始化】代码推导规则：设“A(1)←(n)B”或“A(1)←(1)B”，那么可以通过代码推导4-24、代码推导4-25、代码推导4-26、代码推导4-27四种方式初始化B中的关联属性A。

其一般代码形式为：

① 构造函数参数初始化属性：
[访问修饰符] B(..., A a, ...)
{
    A = a;
}

② 构造函数参数初始化字段变量：
[访问修饰符] B(..., A a, ...)
{
    _a = a;
}

③ 字段变量初始化赋值： [访问修饰符] A _a = 初始化赋值表达式;

④ 对象属性初始器初始化属性：
B b = new B() {
    A = 所赋值,
    ...
};

例题5-20 如果“学院(1)←(n)学生”，请给出“学院”“学生”两个类及其关联关系的定义与初始化代码。

1.代码推导4-24初始化，即构造函数参数初始化属性。

```
1    using System;
2    namespace Association
3    {
4        class School
5        {
6        }
7        class Student
8        {
9            public Student(School school) {
10               this.School = school;
11           }
12           public School School {
13               get; set;
14           }
15       }
16   }
```

2.代码推导4-25初始化，即构造函数参数初始化字段变量。

```
1    using System;
2    namespace Association
3    {
```

```
4          class School
5          {
6          }
7          class Student
8          {
9              public Student(School school) {
10                 _school = school;
11             }
12             School _school;
13             public School School { // 定义为只读属性
14                 get{ return _school; }
15             }
16         }
17     }
```

3.代码推导4-26初始化，即字段变量初始化赋值。

```
1      using System;
2      namespace Association
3      {
4          class School
5          {
6          }
7          class Student
8          {
9              public Student() {
10             }
11             School _school = new School();
12             public School School { // 定义为只读属性
13                 get{ return _school; }
14             }
15         }
16     }
```

4.代码推导4-27初始化，即采用属性初始器方式。

```
1      using System;
2      namespace Association
3      {
4          class School
5          {
6          }
7          class Student
8          {
9              public Student() {
10             }
```

```
11            public School School {
12                get; set;
13            }
14        }
15        class Program {
16            static void Main() {
17                Student student = new Student() {
18                    School = new School()
19                };
20            }
21        }
22    }
```

这四种方式可以任意选择其中一种作为单数关联属性初始化的方式。但是，第三种存在一个问题，如果定义为只读属性，那么通过字段变量初始化之后，在主函数中就无法修改该属性。因此，关联属性是否要定义为只读属性应视情况而定。

代码推导5-7 【复数关联属性初始化】代码推导规则：设“A(1)→(n)B”，那么可以通过代码推导4-29、代码推导4-30、代码推导4-31、代码推导4-32四种方式初始化A中的关联属性B。

其一般代码形式为：

```
① 集合属性的惰性实例化：
[访问修饰符] 集合类型<B> _bs;
[访问修饰符] 集合类型<B> Bs
{
    get {
        if(_bs == null) {
            _bs = new 集合类型<B>();
        }
        return _bs;
    }
}
```

```
② 集合属性的字段变量实例化：
[访问修饰符] 集合类型<B> _bs = new 集合类型<B>();
[访问修饰符] 集合类型<B> Bs
{
    get {
        return _bs;
    }
}
```

<table>
<tr><td>

③ 构造函数实例化集合属性的字段变量：

```
[访问修饰符] 集合类型<B> _bs;
[访问修饰符] 集合类型<B> Bs
{
    get {
        return _bs;
    }
}
[访问修饰符] 类名(...)
{
    _bs = new 集合类型<B>();
}
```

</td></tr>
<tr><td>

④ 只读集合属性的实例化：

```
[readonly] List<B> _bs = new List<B>();
[访问修饰符] ReadOnlyCollection<B> Bs
{
    get{
        return _bs.AsReadOnly();
    }
}
或者
[readonly] List<B> _bs;
[访问修饰符] ReadOnlyCollection<B> Bs
{
    get{
        return _bs.AsReadOnly();
    }
}
[访问修饰符] 类名(...)
{
    _bs = new 集合类型<T>();
}
```

</td></tr>
</table>

例题5-21 如果“学院(1)→(n)学生”，请给出“学院”“学生”两个类及其关联关系的定义与初始化代码。

1.代码推导4-29初始化，即惰性初始化。

```
1    using System;
2    namespace Association
3    {
4        class School
5        {
6            List<Student> _students;
```

```
7               public List<Student> Students {
8                  get {
9                     if(_students == null) {
10                       _students = new List<Student>();
11                    }
12                 }
13              }
14           }
15           class Student
16           {
17           }
18      }
```

2.代码推导4-30初始化，即字段变量初始化方式。

```
1       using System;
2       namespace Association
3       {
4           class School
5           {
6               List<Student> _students = new List<Student>();
7               public List<Student> Students {
8                  get {
9                     return _students;
10                 }
11              }
12          }
13          class Student
14          {
15          }
16      }
```

3.代码推导4-31初始化，即构造函数初始化。

```
1       using System;
2       namespace Association
3       {
4           class School
5           {
6               List<Student> _students;
7               public List<Student> Students {
8                  get {
9                     return _students;
10                 }
11              }
12              public School() {
```

```
13                _students = new List<Student>();
14            }
15        }
16        class Student
17        {
18        }
19    }
```

4.代码推导4-32初始化，即只读集合属性初始化。

```
1     using System;
2     using System.Collections.ObjectModel;
3     namespace Association
4     {
5         class School
6         {
7             readonly List<Student> _students = new List<Student>();
8             public ReadOnlyCollection<Student> Students {
9                 get {
10                    return _students.AsReadOnly();
11                }
12            }
13            //通过这个方法向只读集合属性中添加元素
14            public void AddStudent(Student student) {
15                … //省略其他处理逻辑的代码
16                _students.Add(student);
17            }
18        }
19        class Student
20        {
21        }
22    }
```

上述四种复数关联属性初始化的方式可以任选其中一种用在代码实例中。但是，最后的只读集合属性初始化的方式会带来一个问题，即一定要提供一个公开的方法（含构造函数）向集合中添加元素（如上述代码中定义的AddStudent方法），否则Students这个集合属性永远是空集合，没有任何元素，这种代码是没有任何意义的。

另外，如果关联关系是双向导航，那么会存在数据一致性问题。

定理5-1　双向导航数据一致性：若“A—B”为双向导航，a是A的一个实例，那么在赋值a.B的时候，必须保证a.B.A为a，或者a.B.As中包含a。

保证双向导航数据的一致性，需要根据关联关系的多重性和具体的问题，采用不同的编码规则。

例如，上述“学院(1)—(*)学生”，在实例化一个学生对象的时候，不仅要为Student的School属性赋值，还要保证该学生在该School的Students集合属性中。

```
1     using System;
2     using System.Collections.ObjectModel;
3     namespace Association
4     {
5         class School
6         {
7             readonly List<Student> _students = new List<Student>();
8             public ReadOnlyCollection<Student> Students {
9                 get {
10                    return _students.AsReadOnly();
11                }
12            }
13            //通过这个方法向只读集合属性中添加元素
14            public void AddStudent(Student student) {
15                … //省略其他处理逻辑的代码
16                if(!_students.Contains(student)) { //确保不重复添加学生
17                    _students.Add(student);
18                }
19            }
20        }
21        class Student
22        {
23            public Student(School school) {
24                this.School = school;
25                this.School.AddStudent(this); //保证当前学生在该学院的Students集合中
26            }
27             public School School {
28                get; set;
29            }
30        }
31    }
```

再如，“学生(1, 学生会主席)—(1)学院”，在为School的Present属性赋值的同时，应该将该Student对象的PresentInSchool属性赋值为该School对象。

```
1     using System;
2     namespace Association
3     {
4         class School
5         {
6             public Student Present {
7                 get; set;
8             }
9             public void AppointPresent(Student present) {
```

```
10                  this.Present = present;
11                  present.PresentInSchool = this; // 确保学生的"担任学生会主席的学院"属性赋值
12              }
13          }
14          class Student
15          {
16              public School PresentInSchool {
17                  get; set;
18              }
19          }
20      }
```

当然，确保双向导航数据一致性的方式有多种。例如，“学院(1)—(*)学生”的一致性可以将School的AddStudent方法定义成RegisterStudent方法，该方法接收构成学生对象的必要信息，并构造出一个Student对象作为返回值。

```
1   using System;
2   using System.Collections.ObjectModel;
3   namespace Association
4   {
5       class School
6       {
7           readonly List<Student> _students = new List<Student>();
8           public ReadOnlyCollection<Student> Students {
9               get {
10                  return _students.AsReadOnly();
11              }
12          }
13          //通过这个方法向只读集合属性中添加元素
14          public Student RegisterStudent(string studentNo, string name) {
15              … // 省略其他处理逻辑的代码
16              // 在Student构造函数中传入this对象,保证Student的School属性赋值
17              Student student = new Student(this) {
18                  StudentNo = studentNo,
19                  Name = name
20              };
21              _students.Add(student); // 保证新创建的Student对象在Students集合中
22              return student;
23          }
24      }
25      class Student
26      {
27          public Student(School school) {
28              this.School = school; // 保证新创建的Student的School属性赋值
```

```
29              }
30              Public School School {
31                  get; set;
32              }
33              public string StudentNo {
34                  get; set;
35              }
36              public string Name {
37                  get; set;
38              }
39          }
40          class Program
41          {
42              static void Main() {
43                  School school = new School();
44                  Student s1 = school.RegisterStudent("20190101", "刘颖");
45                  Student s2 = school.RegisterStudent("20190102", "王翔");
46              }
47          }
48      }
```

从主函数Main中的代码可以看出，“school.RegisterStudent("20190101", "刘颖")”这种代码形式更具有可读性。大家可以通过调试技术观察到s1.School属性值是school对象，同时school的Students中也包含了s1，同样地，s2也是如此，从而满足了双向导航数据一致性定理。

五、关联类的代码推导规则

如果两个类之间存在“多对多”的关联关系，代码撰写会变得更加复杂一些。例如，“学生(*)—(*)课程”，表示学生选课产生的关联关系，由于两者存在“多对多”的关联，按照之前的代码推导规则，可能产生如下的代码框架：

```
1       using System;
2       using System.Collections.Generic;
3       namespace Association
4       {
5           class Student {
6               public List<Course> Courses {
7                   get; set;
8               }
9               public Student() {
10                  this.Courses = new List<Course>();
11              }
12          }
```

```
13        class Course {
14            public List<Student> Students {
15                get; set;
16            }
17            public Course() {
18                this.Students = new List< Student >();
19            }
20        }
21    }
```

但此时，我们想要表达出学生某门课程的考核成绩，则存在困难，因为将成绩属性定义在Student、Course任何一边都不符合要求。对此要考虑新增加一个类型，专门用于表示“选课”概念。由此会形成两个新的“一对多”关联关系，即“学生(1)—(*)选课”“选课(*)—(1)课程”，而“成绩”则为“选课”这个类的属性。具体可以编写以下的代码框架：

```
1    using System;
2    using System.Collections.Generic;
3    namespace Association
4    {
5        class Student {
6            public List<TakingCourse> TakingCourses {
7                get; set;
8            }
9            public Student() {
10               this.TakingCourses = new List<TakingCourse>();
11           }
12           public TakingCourse TakeCourse(Course course, double score) {
13               TakingCourse tc = new TakingCourse() {
14                   Student = this,
15                   Course = course,
16                   Score = score
17               };
18               this.TakingCourses.Add(tc);
19               course.TakingCourses.Add(tc);
20               return tc;
21           }
22       }
23       class Course {
24           public List<TakingCourse> TakingCourses {
25               get; set;
26           }
27           public Course() {
28               this.TakingCourses = new List<TakingCourse>();
29           }
```

```
30        }
31        class TakingCourse { // 选课
32            public Student Student {
33                get; set;
34            }
35            public Course Course {
36                get; set;
37            }
38            public double Score {
39                get; set;
40            }
41        }
42        class Program {
43            static void Main() {
44                Student s1 = new Student();
45                Student s2 = new Student();
46                Course c1 = new Course();
47                Course c2 = new Course();
48                s1.TakeCourse (c1, 90);
49                s1.TakeCourse (c2, 89);
50                s2.TakeCourse (c2, 72);
51            }
52        }
53    }
```

我们可以将“选课”这种原本“多对多”的关联关系演化形成的类型总结为关联类。

定义5-9　关联类（association class）：设“A(*)—(*)B”，且至少存在一个属性P无法归属到“A”和“B”，则需要定义一个新的类“C”，使得“A(1)—(*)C”和“C(*)—(1)B”均成立，且属性P归属于“C”，那么称类“C”为“A”和“B”的关联类。

通过关联类的定义，即可得到关联类定义的代码推导规则。

代码推导5-8　【关联类定义】代码推导规则：若“C”为“A”和“B”的关联类，那么遵循类的定义、关联属性定义、属性初始化的相关代码推导规则撰写类C及其与A、B之间的关联关系代码。

第四节　关联关系网络

关联关系的存在会导致对象与对象之间形成复杂的关系网络，这不仅使得编码难度增加，而且不利于降低代码的耦合性。

【思政专栏】
关联关系网络化

一、关联网络简化

例题5-22 如果存在关联“学院(1)—(*)专业”“专业(1)—(*)班级”“班级(1)—(*)学生”“辅导员(1)—(*)专业”“辅导员(1)—(*)学生”“辅导员(1)—(*)班级”“教师(*)—(1)学院”“教师(1)—(*)教学任务”“课程(1)-(*)教学任务”“学生(*)—(*)教学任务”，将这些类与关联关系绘制成为UML类图，可以看到整个代码复杂的结构关系（如图5-7所示）。

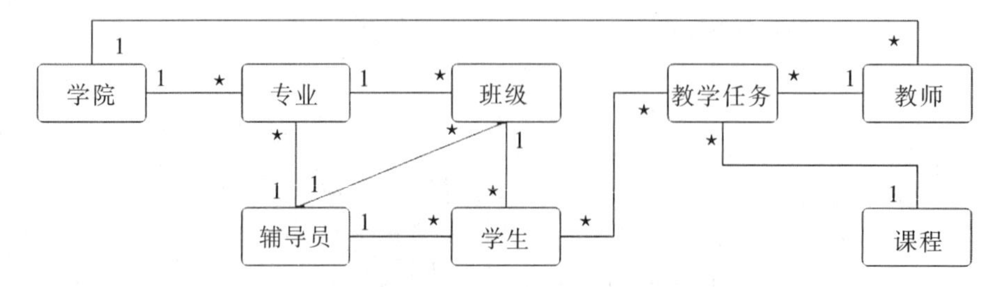

图5-7 类与关联关系构成的网络结构图

面对这种复杂的结构，不仅会让代码编写起来非常复杂，还会带来数据一致性的问题，尤其是当所有关系都是双向导航的时候，这种情况会更加突显。

为了能够简化这种复杂的关联关系网络，我们提出几个假设定理与代码推导规则，以降低编码的复杂性。

定理5-2 导航性复杂度假设：单向导航的复杂度要低于双向导航的复杂度。

定理5-3 多重性复杂度假设：复杂度按照多重性“多对多”>“一对多”>“多对一”>“一对一”顺序逐次递减。

定理5-4 圈复杂度假设：如果存在“圈”结构的关联网络，其复杂度要高于不存在“圈”结构的关联网络。

图5-7中的“辅导员—专业—班级—辅导员”“辅导员—专业—班级—学生—辅导员”“辅导员—班级—学生—辅导员”就是三个“圈”结构的关联关系。除此之外，还可以找出更多的“圈”结构关联，如“学院—教师—教学任务—学生—班级—专业—学院”等。

定理5-5 组合保留假设：组合关联从属语义要强于聚合关联，如果要消除关联关系，应该消除聚合关联，而保留组合关联。

根据上述几个假设，可以提出几个降低编码复杂度的代码推导规则。

代码推导5-9 【聚合导航】代码推导规则：若“A(1)—◇(*)B”，那么确定其导航方向为“A(1)←(*)B”，并据此进行编码。

这个代码推导是基于**定理5-2**单向导航复杂度低于双向导航复杂度的假设，以及**定理5-3**“多对一”复杂度要低于“一对多”复杂度假设而建议的代码撰写形式。

代码推导5-10 【多对多关联拆分】代码推导规则：若“A(*)—(*)B”，且C为A、B的关联类，则将此多对多关联拆分为“A(1)—(*)C”和“C(*)—(1)B”。

这个代码推导是基于**定理5-3**“多对多”的代码复杂度要高于“多对一”的代码复杂度假设而建议的代码撰写形式。

代码推导5-11 【关联圈结构消解】代码推导规则：若类A、B之间按照导航方向存在多条通路，需要消除一些聚合关联，使得A、B之间只存在一条通路，并据此进行编码。

这个代码推导是基于**定理5-4**消除关联网络中存在的圈，使得关联网络成为树结构（这实际上是图论中有向图的生成树的概念，相关知识可以查阅图论的资料了解更多），同时根据**定理5-5**消除聚合关联而保留组合关联。

为了简化例题5-22中关联关系的复杂网络，可以采用以下步骤：

1.我们首先确定关联关系是聚合还是组合，对于聚合关联，按照代码推导5-9将其设定为“多对一”方向的单向导航。

2.对于“多对多”的关联关系，按照代码推导5-10将其拆分为两个“多对一”关联，即“学生(*)—(*)教学任务”拆解为“学生(1)—(*)选课”和“教学任务(1)—(*)选课”。

3.简化后的关联关系，“辅导员”和“班级”之间存在“辅导员←专业←班级”与“辅导员←班级”两条通路，因此，将“辅导员←班级”之间的聚合关联消除，保留“辅导员←专业←班级”这条通路。同理，“辅导员”和“学生”之间也存在两条通路，可以消除“辅导员←学生”这条聚合关联。由此形成最终简化后的关联网络结构，如图5-8所示。

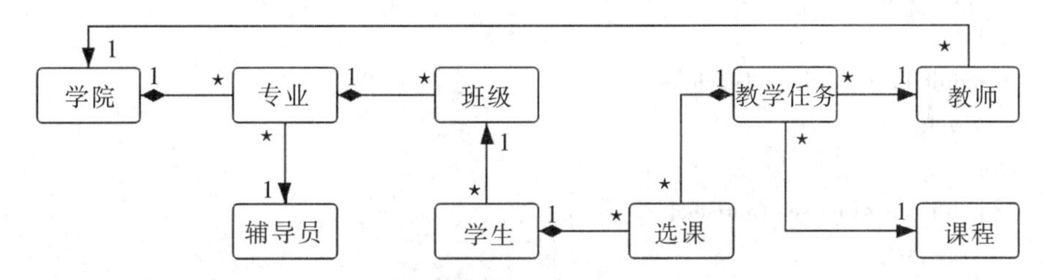

图5-8　最终简化后的关联关系网络结构图

值得注意的是，虽然经过简化消除了一些关联关系，但是不影响原本的关联语义数据的获取。例如，原本存在的“辅导员←班级”这一关联关系被删除了，如果想要知道某位辅导员所带班级信息，仍然可以通过“辅导员←专业←班级”这条通路获取，但这需要为辅导员定义一个方法或者只读属性计算得到。对于“辅导员←学生”这一关联关系，同样如此。

另外需要注意的地方是，“学院”和“选课”之间也存在两条通路，即“学院←教师←教学任务←选课”和“学院←专业←班级←学生←选课”，我们并未对此简化处理。这是由于“学生”与“选课”，以及“教学任务”与“选课”都是组合关联。

二、关联网络容器

在关联关系形成的网络中，所有类基本上都代表了“实体”对象，相当于数据库中的表。这是由于在实际应用中，一般情况下不可能一个类只存在一个对象，如“学生”类，在程序中往往会构造出很多学生的对象，而这些对象应该放入一个容器中，这样方便后续处理的时候进行查询。

```
1    Student s1 = new Student("张颖", "女");
2    Student s2 = new Student("王强", "男");
3    Student s3 = new Student("刘明", "男");
```

如果只是像上述代码，独立地定义出三个Student对象变量，那么后续要查找所有男生对象，是无法通过程序来完成的。

```
1   List<Student> students = new List<Student>();
2   students.Add(new Student("张颖", "女"));
3   students.Add(new Student("王强", "男"));
4   students.Add(new Student("刘明", "男"));
5   var studentsOfMale = students.Where(p=>p.Gender == "男");
```

可以看到，上述代码中将所有实例化的Student对象全部放入一个List中，这个students就是一个容器，专门用于存放学生对象，这样在后面就可以利用列表的查询操作Where方法找出容器中所有的男生对象。

但是，在一个复杂的关联关系网络中，有很多这种对象需要放入容器中，因此，我们需要定义出一个类，专门用于承载这些对象的容器。

```
1   class Container {
2     public List<Student> Students {
3       get; set;
4     }
5     public List<Teacher> Teachers {
6       get; set;
7     }
8     public List<Course> Courses {
9       get; set;
10    }
11    …
12  }
13  class Program {
14    static void Main() {
15      Container c = new Container();
16      c.Students.Add(new Student("张颖", "女"));
17      c.Students.Add(new Student("王强", "男"));
18      c.Students.Add(new Student("刘明", "男"));
19      var studentsOfMale = c.Students.Where(p=>p.Gender == "男");
20    }
21  }
```

上述Container类中定义了很多List类型的集合属性，用于存放在关联关系网络中的实体对象。这样就只需要通过Container对象在对应的实体对象容器中查找特定条件的实体对象，如第19行代码的“var studentsOfMale = c.Students.Where(p=>p.Gender == "男");”。

据此，给出一个代码推导规则如下：

代码推导5-12 【容器类定义】代码推导规则：若存在若干类$C_1, C_2, \ldots, C_n$，构成关联关系网络，需要定义一个容器类C，并根据代码推导4-12在C中针对$\forall C_i$定义出对应的集合属性。

Entity Framework

在.Net中针对这一代码推导规则，有专门的技术“Entity Framework”用于实体对象的持久化，即将实体对象存入数据库中，或从数据库检索出实体对象。

第五节　依赖关系的定义

依赖关系是一种对象之间普遍存在的关系，通过依赖关系，对象与对象之间进行动态交互，从而形成完整的软件系统。依赖关系的存在，虽然会造成系统耦合性的升高，但却是不可或缺的。因为，完全没有依赖关系的系统是不存在的。我们只有合理使用依赖关系，才能够让系统正常运行，但要尽可能地降低系统的耦合性。为此，要明确给出依赖关系的定义，并理解依赖关系的代码推导规则，才能写出规范的且耦合性较低的、扩展性较好的系统。

【思政专栏】
依赖关系定义

通过本节内容的学习，清楚依赖关系的语义、行为的两种定义，并从行为定义角度认识方法参数、方法本地变量、方法返回值的三种依赖方式。

依赖关系的定义，分为基于“语义”的、基于“行为”的定义。

一、基于语义的定义

定义5-10　依赖关系（dependency）：设A、B为两个类，如果在语义上可表达为“A needs/uses B”或“B needs/uses A”，则A、B之间存在依赖关系，如果是“A needs/uses B”，记作“A-->B”，反之，记作“B-->A”。依赖关系的UML类图表达，如图5-9所示。

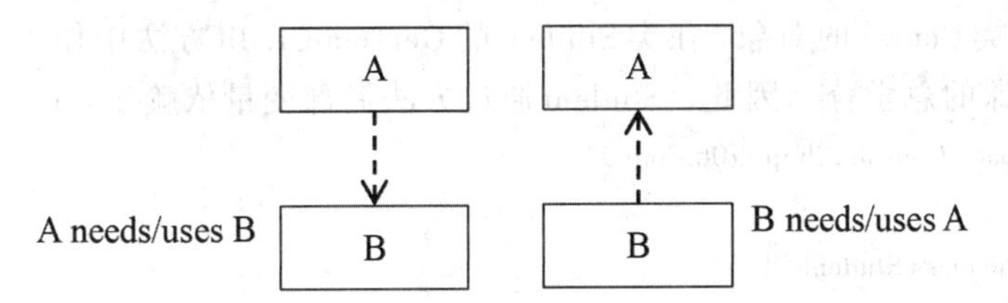

图5-9　依赖关系的UML类图表达

从语义定义来看，依赖关系是对象之间普遍存在的关系，而且比较难以区分依赖关系和关联关系。因为，关联关系的“属于/拥有”的语义也可以说明两个对象之间相互“需要/使用”的情况。因而，在某种程度上，关联关系是一种特殊的依赖关系。

二、基于行为的定义

定义5-11　依赖关系（dependency）：设A、B为两个类，如果A的行为执行需要依靠B的对象才能完成，则A、B之间存在依赖关系，且是“A依赖于B”，记作“A-->B”，反之，则为“B依赖于A”，记作“B-->A”。

基于行为的定义，明确了依赖关系就是针对对象之间行为的，而不是针对属性的，这样就严格地与关联关系区分开来。

由于对象行为在代码级别就是通过方法（函数）表示的，据此可以区分出三种行为依赖的方式：

定义5-12　方法参数依赖（dependency based on parameters）：设A、B为两个类，如果A的方法形参存在B的对象，则A、B之间存在依赖关系，且是“A通过方法参数依赖于B”，记作“A -$\xrightarrow{p}$B”，反之，则为“B通过方法参数依赖于A”，记作“B -$\xrightarrow{p}$A”。

例题5-23　类Student的选课行为ChooseCourse作为一个方法（函数），以Course的对象作为形参，因此，Student类通过方法参数依赖于Course类。

```
1    namespace Console.Chapter06.Code01
2    {
3        public class Student
4        {
5            public void ChooseCourse(Course course)
6            {
7            }
8        }
9        public class Course
10       {
11       }
12   }
```

定义5-13　方法局部变量依赖（dependency based on local variables）：设A、B为两个类，如果A的方法体中需要用到B的对象，则A、B之间存在依赖关系，且是“A通过方法局部变量依赖于B”，记作“A -$\xrightarrow{v}$B”，反之，则为“B通过方法局部变量依赖于A”，记作“B -$\xrightarrow{v}$A”。

例题5-24　类Course的对象c在类Student的GetTotalCredit方法中作为局部变量出现，用于计算学生选课的总学分，因此，Student通过方法局部变量依赖于Course。

```
1    namespace Console.Chapter06.Code02
2    {
3        public class Student
4        {
5            public Student()
6            {
7                this.Courses = new List<Course>();
8            }
9            public List<Course> Courses
10           {
11               get;
12               private set;
13           }
14           public double GetTotalCredit()
15           {
16               double totalCredit = 0.0;
17               // Course的对象c作为局部变量出现
18               foreach (Course c in this.Courses)
```

```
19                {
20                    totalCredit += c.Credit;
21                }
22                return totalCredit;
23            }
24        }
25        public class Course
26        {
27            public double Credit
28            {
29                get;
30                set;
31            }
32        }
33    }
```

上述例子中，Course类同时作为了Student类的复数形式属性，说明两者之间同时也为关联关系，这也印证了“基于语义定义的依赖关系”中所提到的“关联关系实际上为一种特殊的依赖关系”，或者说“关联关系的存在必定导致依赖关系的存在”。

定义5-14　方法返回值依赖（dependency based on return value）：设A、B为两个类，如果A的方法体中要以B的对象作为返回值，则A、B之间存在依赖关系，且是“A通过方法返回值依赖于B”，记作“$A \xrightarrow{r} B$”，反之，则为“B通过方法返回值依赖于A”，记作“$B \xrightarrow{r} A$”。

例题5-25　类Course的对象c作为了类Student的FindCourse方法的返回值，用于获取学生是否选修了指定名称的课程，因此，Student通过方法返回值依赖于Course。

```
1    namespace Console.Chapter06.Code03
2    {
3        public class Student
4        {
5            public Student()
6            {
7                this.Courses = new List<Course>();
8            }
9            public List<Course> Courses
10           {
11               get;
12               private set;
13           }
14           public Course FindCourse(string name)
15           {
16               foreach (Course c in this.Courses)
17               {
18                   if (c.Name == name)
```

```
19                  {
20                      // Course的对象c作为了返回值
21                      return c;
22                  }
23              }
24              return null; // 如果没有找到该名称的课程,则返回null值
25          }
26      }
27      public class Course
28      {
29          public string Name
30          {
31              get;
32              set;
33          }
34      }
35  }
```

三、狭义与广义依赖

基于行为的定义属于狭义依赖关系，因为其限定了依赖的代码形式，是通过方法的参数、本地变量、返回值而产生的依赖。

定义5-15　狭义依赖：即通过行为方法使得两个类产生的依赖。

而基于语义的依赖关系定义，则可以扩展为广义依赖。因为关联关系，以及后面会谈到的继承关系，都可以说“A类needs/uses B类”，因此，凡是A类的代码中出现了对B类的引用，就表明A依赖于B。

定义5-16　广义依赖：即任何一个代码元素引用了另一个代码元素的形式均为依赖。

这里提到的“代码元素”的范围非常广泛，包括类、方法、属性，以及后面会提及的命名空间、程序集等。而且“引用”的意思也是非常广泛的，不仅有狭义依赖关系的代码表达，还包括之前的关联关系代码表达，以及后面会讲到的命名空间引用、程序集引用等。可以说，依赖关系是普遍存在的一种关系，几乎没有不存在依赖关系的代码。

第六节　依赖关系的代码推导规则

【思政专栏】
代码推导规则

依赖关系按照行为定义，即可形成三种代码推导规则：方法参数、局部变量、返回值。

一、方法参数代码推导规则

代码推导5-13 【方法参数依赖】代码推导规则：存在A、B两个类，若通过A的方法M使得“A - $\xrightarrow{p}$ B”，那么B的对象将被定义为M的参数。

该代码推导规则还可以表述为：存在A、B两个类，若A存在行为M，使得A作为主语，M作为谓语，B作为宾语、状语、补语等修饰谓语M的语法成分时，那么将B的对象定义为M的参数。

例题5-26 类“Student”具有选课(Select)行为，“Course”则是该行为的宾语。

例题代码

```
1   using System;
2   using System.Collections.Generic;
3   namespace Curricula
4   {
5     class Student
6     {
7       public string Name {
8         get; set;
9       }
10      // 选课行为:Course作为了方法参数,产生了依赖关系
11      public void Select(Course course) {
12        if(this.Courses.Find(p=>p == course) != null) {
13          throw new Exception($"已经选了{course.Name}课程。");
14        }
15        this.Courses.Add(course);
16      }
17      public Student() {
18        this.Courses = new List<Course>();
19      }
20      public List<Course> Courses {
21        get; set;
22      }
23    }
24    class Course
25    {
26      public string Name {
27        get; set;
28      }
29    }
30    class Program
31    {
32      static void Main(string[] args)
33      {
```

```
34              Course math = new Course() {
35                  Name = "数学"
36              };
37              Course english = new Course() {
38                  Name = "英语"
39              };
40              Student zhang = new Student() {
41                  Name = "张"
42              };
43              zhang.Select(math);
44              Student liu = new Student() {
45                  Name = "刘"
46              };
47              liu.Select(math);
48              liu.Select(english);
49              Student[] students = new Student[]{ zhang, liu };
50              foreach(Student s in students) {
51                  Console.WriteLine($"{s.Name} 选了 {s.Courses.Count} 门课。");
52              }
53          }
54      }
55  }
```

上述代码定义了两个类Student和Course，首先，两者之间存在关联关系Student→(*) Course，因此，Student具有一个集合属性Courses，用于记录学生已选课程。其次，Student具有Select(Course course)方法，用于表达学生选课行为，因而，Student $-\xrightarrow{p}$ Course。在主函数中，构造了两个Student对象和两门Course对象，其中，zhang选了数学，liu既选了数学，又选了英语。在第49行代码中，通过构造出一个Student数组，将zhang和liu两个Student对象存入该数组，接着通过foreach循环语句遍历这个数组，并对每一个Student对象进行格式输出。

从这个例子也可以看到，两个类可能会同时存在关联关系和依赖关系。

二、局部变量代码推导规则

代码推导5-14 【局部变量依赖】代码推导规则：存在A、B两个类，若通过A的方法M使得“A $-\xrightarrow{v}$ B”，则B的对象作为M的局部变量。

例题5-27 类Student具有Register行为，需要通过DeanOffice教务处这个类的Register方法来完成学籍注册操作，并编制学号。

```
1   using System;
2   using System.Collections.Generic;
3   namespace StudentRegister
4   {
```

例题代码

```
5       class Student
6       {
7           public string StudentNo {
8               get; set;
9           }
10          public void Register() {
11              DeanOffice dean = new DeanOffice(); // 定义 DeanOffice 对象 dean 为局部变量
12              dean.Register(this); // 依赖 dean 的 Register 方法具体完成学籍注册与编制学号
13          }
14      }
15      class DeanOffice
16      {
17          public static List<Student> Students { // 静态属性,用于容纳所有注册学生
18              get; set;
19          }
20          public DeanOffice() {
21              if(Students == null) {
22                  Students = new List<Student>(); // 通过构造函数初始化静态属性
23              }
24          }
25          public void Register(Student student) { // 完成学籍注册与编制学号,与 Student 产生参数依赖
26              Students.Add(student);
27              student.StudentNo =
28                  string.Format("{0}{1:0000}", DateTime.Now.Year, Students.Count);
29          }
30      }
31      class Program
32      {
33          static void Main(string[] args)
34          {
35              Student[] students = new Student[] {
36                  new Student(),
37                  new Student()
38              };
39              foreach(Student s in students) {
40                  s.Register();
41                  Console.WriteLine("学号:{0}", s.StudentNo);
42              }
43          }
44      }
45  }
```

这个例子中的 Student 与 DeanOffice 存在双向依赖，分别为 Student $-\xrightarrow{v}$ DeanOffice、

DeanOffice - —p→ Student。由于DeanOffice的Students集合属性持有所有注册的学生对象，因此，DeanOffice可以计算出新注册学生的序号，并编制出学号。此处的学号编制算法非常简单，只为说明DeanOffice对象的Register行为。

如果将例题5-27中DeanOffice的Students改成实例属性，虽然程序可以运行，但无论注册多少学生对象，编制的学号永远为“xxxx0001”。这是因为，DeanOffice对象是在Student的Register方法中作为局部变量实例化的，而局部变量会随着方法的调用结束而从内存中清除，下次调用Register方法时，又会重新创建一个DeanOffice的实例，其Students属性会被重新初始化为空列表。因而，根据Students中的对象个数来编制学号，永远是从1开始的。

三、行为返回代码推导规则

代码推导5-15 【返回值依赖】代码推导规则：存在A、B两个类，若通过A的方法M使得“A - —r→ B”，则B的对象作为方法M的返回值。

该代码推导规则还可以表述为：存在“A”和“B”两个类，若A存在行为M，使得A的对象在执行M后，需要得到B对象的反馈，那么将B的对象作为方法M的返回值。

例题5-28 招生处（AdmissionOffice）招收（Recruit）考生（Candidate），注册为本学校的学生。

例题代码

```
1    using System;
2    using System.Collections.Generic;
3    namespace RecruitStudent
4    {
5        class Candidate
6        {
7            public string Name {
8                get; set;
9            }
10       }
11       class Student
12       {
13           public string Name {
14               get; set;
15           }
16           public string Major {
17               get; set;
18           }
19       }
20       class AdmissionOffice
21       {
22           // 招生方法接收考生对象以及专业信息
23           public Student Recruit(Candidate candidate, string major) {
```

```
24              Student student = new Student() {
25                  Name = candidate.Name,
26                  Major = major
27              };
28              return student; // 将Student对象作为返回值,产生返回值依赖
29          }
30      }
31      class Program
32      {
33          static void Main(string[] args)
34          {
35              AdmissionOffice admission = new AdmissionOffice();
36              List<Student> students = new List<Student>();
37              students.Add(admission.Recruit(new Candidate() {
38                  Name = "zhang"
39              }, "经济学"));
40              students.Add(admission.Recruit(new Candidate() {
41                  Name = "liu"
42              }, "统计学"));
43              foreach(Student s in students) {
44                  Console.WriteLine($"{s.Name}的专业是{s.Major}");
45              }
46          }
47      }
48  }
```

上述代码中 AdmissionOffice 类与 Student 类、Candidate 类均产生依赖，分别是 AdmissionOffice- $\xrightarrow{r}$Student、AdmissionOffice- $\xrightarrow{v}$Student、AdmissionOffice- $\xrightarrow{p}$Candidate。

有种特殊的返回值依赖，即返回值是当前对象，这种情况可以形成自级联调用的方法链，可以起到简化代码，并减少中间变量消耗的作用。

例题5-29　学生Student的Register方法用于注册学号，ChangeMajor方法用于更换专业，通过对自身返回值依赖，实现方法链的调用方式。

例题代码

```
1   using System;
2   namespace MethodChain
3   {
4       class Student
5       {
6           public string Name {
7               get; set;
8           }
9           public Student(string name) {
10              this.Name = name;
11          }
```

```
12          public string StudentNo {
13             get; set;
14          }
15          public string Major {
16             get; set;
17          }
18          public Student Register(string studentNo) {
19             this.StudentNo = studentNo;
20             return this; // 将当前对象作为返回值,产生与自身的依赖
21          }
22          public Student ChangeMajor(string newMajor) {
23             this.Major = newMajor;
24             return this; // 将当前对象作为返回值,产生与自身的依赖
25          }
26       }
27       class Program
28       {
29          static void Main(string[] args)
30          {
31             // 方法链:构造函数->Register方法->ChangeMajor方法
32             Student zhang =
33                new Student("张").Register("20200001").ChangeMajor("统计学");
34             Console.WriteLine($"{zhang.Name}(学号:{zhang.StudentNo})研修{zhang.Major}专业");
35          }
36       }
37    }
```

由于构造函数本身就会返回新实例化的Student对象，因而在上述第33行代码中，首先参与到方法链的第一个调用中，其次是Register方法调用，由于该方法定义的时候返回值为当前对象zhang，因此可以紧接着调用Student的ChangeMajor方法。如果不采用自身返回值依赖方式，构造Student对象，并完成学号注册与专业更换需要更多行的代码。

```
38             Student zhang = new Student("张");
39             zhang.Register("20200001");
40             zhang.ChangeMajor("统计学");
```

第七节 应用案例

一、订单业务

（一）资料

订单是商品交易过程中的买卖双方就订购产品、数量、单价、金额的协议合同。通过建立“业务平台”系统，可以更好地处理订单相关的业务数据。其具体的业务需求是：

一笔订单记录了客户、负责的员工、订购时间、要求到货时间、金额的基本信息，同时还包括了订购的产品、数量、单价、金额的明细信息。

业务平台需要维护一份订单列表，包括订单编号、基本信息、订单明细。

业务平台需要维护一份客户清单，主要包括客户编号、客户公司名称。

业务平台需要维护一份产品清单，主要包括产品编号、产品名称、规格、单价、库存量。

业务平台需要维护一份员工名单，主要包括员工编号、姓名、职位、出生日期。

业务平台可以从整理的现有数据文件中初始化加载订单、员工、产品、客户信息，涉及的数据文件分别是“订单.txt”“员工.txt”“产品.txt”“客户.txt”“订单明细.txt”，具体文件内容参见Gitee平台上的源码项目。

业务平台能够添加一笔新的订单。

业务平台能够汇总出每个产品的销售量。

业务平台能够汇总出每位客户的订单数。

业务平台能够汇总出每名员工的销售业绩。

（二）题解

1.通过资料构建词汇集

N = {业务平台, 订单, 客户, 员工, 订购时间, 要求到货时间, 产品, 数量, 售价, 金额,订单明细, 客户编号, 客户公司名称, 产品编号, 产品名称, 规格, 单价, 库存量, 员工编号, 姓名, 职位, 出生日期, 销售量, 订单数, 销售业绩}。

其中，“单价”在资料中出现了两次，但表示的是不同的内容，订单上下文中的单价指的是售价，因而将售价确立在词汇表中。同样，“金额”也出现了两次，一个是订单的总金额，另一个是订单明细的金额。此外，“订单”与“合同”指代的是同样的事物，此处选定“订单”作为核心业务名词。

V = {初始化加载订单信息, 初始化加载员工信息, 初始化加载产品信息, 初始化加载客户信息, 添加一笔新的订单, 汇总出每个产品的销售量, 汇总出每位客户的订单数, 汇总出每名员工的销售业绩}。

2.识别类、属性，并编写对应代码

根据判定法则4-2从词汇表中确定属性及其所属的类。

类包括：{业务平台,订单,客户,员工,订单明细,产品}

业务平台：{ }(不存在满足判定法则4-2的属性)

订单：{订单编号,订购时间,要求到货时间}

订单明细：{数量,售价}

客户：{客户编号,客户公司名称,订单数}

员工：{员工编号,姓名,职位,出生日期,销售业绩}

产品：{产品编号,产品名称,规格,单价,库存量,销售量}

将上述类、属性翻译成对应的英文，并为属性给定合适的数据类型，再依照代码推导4-1、代码推导4-8编写如下代码：

```
1    class Employee
2    {
3        public int EmployeeID {
4            get; set;
5        }
6        public string Name {
7            get; set;
8        }
9        public string Title {
10           get; set;
11       }
12       public DateTime BirthDate {
13           get; set;
14       }
15   }
16   class Customer
17   {
18       public string CustomerID {
19           get; set;
20       }
21       public string CompanyName {
22           get; set;
23       }
24   }
25   class Order
26   {
27       public int OrderID {
28           get; set;
29       }
30       public DateTime OrderDate {
```

```
31            get; set;
32          }
33          public DateTime RequiredDate {
34            get; set;
35          }
36        }
37        class Product
38        {
39          public int ProductID {
40            get; set;
41          }
42          public string Name {
43            get; set;
44          }
45          public string QuantityPerUnit {
46            get; set;
47          }
48          public double UnitPrice {
49            get; set;
50          }
51          public int UnitsInStock {
52            get; set;
53          }
54        }
55        class OrderDetail
56        {
57          public int Quantity {
58            get; set;
59          }
60          public double UnitPrice {
61            get; set;
62          }
63        }
64        class BusinessPlatform
65        {
66        }
```

3.识别类之间的关联关系，并编写对应代码

根据定义5-1关联关系可知，“客户-订单”“订单-订单明细”“员工-订单”“产品-订单明细”“业务平台-客户”“业务平台-订单”“业务平台-员工”“业务平台-产品”“业务平台-订单明细”均存在“拥有/属性”的语义，因而可以确立它们之间为关联关系。这里提及的“业务平台”实际等价于“本公司”，因此与其他类之间的从属性语义是成立的。

同时，根据判定法则5-2可以确立这些关联关系的多重性为：“客户(1)—(*)订单”“订

单(1)—(*)订单明细”“员工(1)—(*)订单”“产品(1)—(*)订单明细”“业务平台(1)—(*)客户”“业务平台(1)—(*)订单”“业务平台(1)—(*)员工”“业务平台(1)—(*)产品”“业务平台(1)—(*)订单明细”。本案例中，确定上述关联关系均为双向导航组合关联，且均为默认角色。将识别的类及其关联关系绘制成UML类图，如图5-10所示。

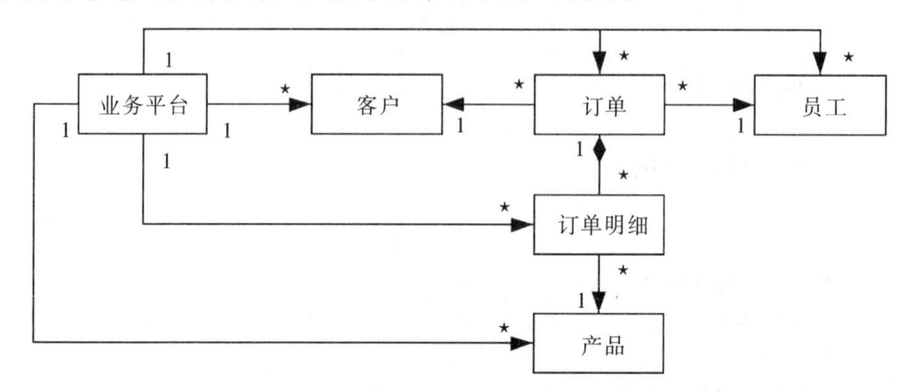

图5-10　类之间关联关系的UML类图

根据代码推导5-1、代码推导5-2、代码推导5-3、代码推导5-4，将上述类的关联关系表达成代码（以下粗体字表示关联关系推导加入的代码）。

```
1    class Employee
2    {
3      …
4      // 依据代码推导4-12、代码推导4-29定义并初始化集合属性
5      List<Order> _orders;
6      public List<Order> Orders {
7        get {
8          if(_orders == null) {
9            _orders = new List<Order>();
10         }
11         return _orders;
12       }
13     }
14     public BusinessPlatform Platform {// 依据代码推导5-1、代码推导5-2、代码推导5-4
15       get; set;
16     }
17   }
18   class Customer
19   {
20     …
21     // 依据代码推导4-12、代码推导4-29定义并初始化集合属性
22     List<Order> _orders;
23     public List<Order> Orders {
24       get {
25         if(_orders == null) {
```

```
26                _orders = new List<Order>();
27            }
28            return _orders;
29        }
30    }
31    public BusinessPlatform Platform {// 依据代码推导 5-1、代码推导 5-2、代码推导 5-4
32        get; set;
33    }
34 }
35 class Order
36 {
37    …
38    public Employee Employee {// 依据代码推导 5-1、代码推导 5-2、代码推导 5-4
39        get; set;
40    }
41    public Customer Customer {// 依据代码推导 5-1、代码推导 5-2、代码推导 5-4
42        get; set;
43    }
44    // 依据代码推导 5-1、代码推导 5-3、代码推导 5-4
45    List<OrderDetail> _orderDetails;
46    public List<OrderDetail> OrderDetails {
47        get {
48            if(_orderDetails == null) {
49                _orderDetails = new List<OrderDetail>();
50            }
51            return _orderDetails;
52        }
53    }
54    public BusinessPlatform Platform {// 依据代码推导 5-1、代码推导 5-2、代码推导 5-4
55        get; set;
56    }
57 }
58 class Product
59 {
60    …
61    // 依据代码推导 5-1、代码推导 5-3、代码推导 5-4
62    List<OrderDetail> _orderDetails;
63    public List<OrderDetail> OrderDetails {
64        get {
65            if(_orderDetails == null) {
66                _orderDetails = new List<OrderDetail>();
67            }
68            return _orderDetails;
```

```
69            }
70        }
71        public BusinessPlatform Platform {// 依据代码推导 5-1、代码推导 5-2、代码推导 5-4
72            get; set;
73        }
74    }
75    class OrderDetail
76    {
77        public Order Order {// 依据代码推导 5-1、代码推导 5-2、代码推导 5-4
78            get; set;
79        }
80        public Product Product {// 依据代码推导 5-1、代码推导 5-2、代码推导 5-4
81            get; set;
82        }
83        …
84        public BusinessPlatform Platform {// 依据代码推导 5-1、代码推导 5-2、代码推导 5-4
85            get; set;
86        }
87    }
88    class BusinessPlatform
89    {
90        // 依据代码推导 5-1、代码推导 5-3、代码推导 5-4
91        public List<Employee> Employees {
92            get; set;
93        }
94        // 依据代码推导 5-1、代码推导 5-3、代码推导 5-4
95        public List<Customer> Customers {
96            get; set;
97        }
98        // 依据代码推导 5-1、代码推导 5-3、代码推导 5-4
99        public List<Product> Products {
100           get; set;
101       }
102       // 依据代码推导 5-1、代码推导 5-3、代码推导 5-4
103       public List<Order> Orders {
104           get; set;
105       }
106       // 依据代码推导 5-1、代码推导 5-3、代码推导 5-4
107       public List<OrderDetail> OrderDetails {
108           get; set;
109       }
110   }
```

4.识别类之间的行为及依赖关系，并编写对应代码在动词集V中的每个动词短语都是“业务平台”的职责，因而都可以提取为“业务平台”的行为。

这里为了方便学习完成数据文件读取操作，直接给出在“业务平台”类中编写的一个泛型函数LoadEntities代码，用于读取指定数据文件中的数据为列表。

```
1	class BusinessPlatform
2	{
3	    /// <summary>
4	    /// 读取指定数据文件中的数据为列表
5	    /// </summary>
6	    /// <param name="fileName">用于指定读取的数据文件名</param>
7	    /// <param name="buildObj">为 lambda 表达式，用于根据读取到的一行数据构建类型参数 T 的对象</param>
8	    /// <typeparam name="T">类型参数表示员工、客户、产品、订单、订单明细这些业务对象</typeparam>
9	    /// <returns>返回值是构建好的类型参数 T 的对象列表</returns>
10	    static List<T> LoadEntities<T>(string fileName, Func<string[], T> buildObj) {
11	      List<T> list = new List<T>();
12	      // using 指令用于自动化组件对象的生命周期维护
13	      // 创建来自 System.IO 命名空间中的 StringReader 类型对象
14	      // 用于进行字符串数据的只进读取
15	      // 使用来自 System.IO 命名空间中的 File 类型静态方法 ReadAllText
16	      // 读取由参数 fileName 指定的数据文件为一个字符串
17	      // 并传递给 StringReader 对象的构造函数
18	      using(System.IO.StringReader reader =
19	        new System.IO.StringReader(
20	          System.IO.File.ReadAllText(fileName))){
21	        // 读取一行字符串
22	        string line = reader.ReadLine();
23	        // 判断读取到的这行字符串是否为空白
24	        // 如果不是空白则执行循环体
25	        while(!string.IsNullOrWhiteSpace(line)) {
26	          // 通过方法 Split 按照“,”为分隔符
27	          // 将一行字符串劈分成若干字符串构成的数组
28	          // 用于表示每行数据中的单元格数据
29	          string[] cells = line.Split(new char[]{','},
30	            StringSplitOptions.RemoveEmptyEntries);
31	          // 执行 buildObj 代表的 lambda 表达式，并传入 cells 作为参数
32	          // 将 cells 数据构建为类型参数 T 的对象
33	          // 并通过列表的 Add 方法将该对象添加到列表中
34	          list.Add(buildObj(cells));
35	          // 读取下一行字符串，并接着执行 while 判断
36	          line = reader.ReadLine();
```

```
37              }
38          }
39          return list; // 将列表作为返回值
40      }
41  }
```

我们可以打开其中的“产品.txt”数据文件，观察其数据组织形式，了解上述LoadEntities函数的执行机理，如图5-11所示。

```
1,苹果汁,1,1,每箱 24 瓶,￥18.00,39,0,10,1
2,牛奶,1,1,每箱 24 瓶,￥19.00,17,40,25,0
3,蕃茄酱,1,2,每箱 12 瓶,￥10.00,13,70,25,0
4,盐,2,2,每箱 12 瓶,￥22.00,53,0,0,0
5,麻油,2,2,每箱 12 瓶,￥21.35,0,0,0,1
...
```

图5-11 “产品.txt”数据文件内容

然后，根据函数四要素可以为动词集V中的动词短语表示的行为设计对应的方法。

◆初始化加载员工信息：BusinessPlatform广义依赖于Employee

```
1   class BusinessPlatform
2   {
3       …
4       public void LoadEmployees() {
5           this.Employees =
6               LoadEntities<Employee>("雇员.txt", cells => new Employee(){
7                   EmployeeID = Convert.ToInt32(cells[0]),
8                   Name = cells[1] + cells[2],
9                   Title = cells[3],
10                  BirthDate = DateTime.Parse(cells[5]),
11                  Platform = this
12              });
13      }
14  }
```

◆初始化加载产品信息：BusinessPlatform广义依赖于Product

```
1   class BusinessPlatform
2   {
3       …
4       public void LoadEmployees() {
5           this.Employees =
6               LoadEntities<Employee>("雇员.txt", cells => new Employee(){
7                   EmployeeID = Convert.ToInt32(cells[0]),
8                   Name = cells[1] + cells[2],
9                   Title = cells[3],
10                  BirthDate = DateTime.Parse(cells[5]),
```

```
11                  Platform = this
12              });
13          }
14      }
```

◆初始化加载客户信息：BusinessPlatform广义依赖于Customer

```
1       class BusinessPlatform
2       {
3           …
4           public void LoadProducts() {
5               this.Products =
6                   LoadEntities<Product>("产品.txt", cells => new Product(){
7                       ProductID = Convert.ToInt32(cells[0]),
8                       Name = cells[1],
9                       QuantityPerUnit = cells[4],
10                      UnitPrice = Convert.ToDouble(cells[5].Replace("￥", "")),
11                      UnitsInStock = Convert.ToInt32(cells[6]),
12                      Platform = this
13                  });
14          }
15      }
```

◆初始化加载订单信息：BusinessPlatform广义依赖于Order

```
1       class BusinessPlatform
2       {
3           …
4           public void LoadOrders() {
5               this.Orders =
6                   LoadEntities<Order>("订单.txt", cells => new Order(){
7                       OrderID = Convert.ToInt32(cells[0]),
8                       OrderDate = DateTime.Parse(cells[3]),
9                       RequiredDate = DateTime.Parse(cells[4]),
10                      Employee = Employees.Find(e=>
11                          e.EmployeeID == Convert.ToInt32(cells[2])),
12                      Customer = Customers.Find(c=>
13                          c.CustomerID == cells[1]),
14                      Platform = this
15                  });
16          }
17      }
```

◆初始化加载订单明细信息：BusinessPlatform广义依赖于OrderDetail

```
1       class BusinessPlatform
2       {
3           …
```

```
4        public void LoadOrderDetails() {
5          this.OrderDetails =
6            LoadEntities<OrderDetail>("订单明细.txt", cells => new OrderDetail(){
7              Order = Orders.Find(o => o.OrderID == Convert.ToInt32(cells[0])),
8              Product = Products.Find(p => p.ProductID == Convert.ToInt32(cells[1])),
9              UnitPrice = Convert.ToDouble(cells[2].Replace("￥", "")),
10             Quantity = Convert.ToInt32(cells[3]),
11             Platform = this
12           });
13       }
14     }
```

◆汇总出每个产品的销售量：BusinessPlatform广义依赖于Product

```
1      class BusinessPlatform
2      {
3        …
4        public Dictionary<Product, int> SumProductSaleQuantities() {
5          Dictionary<Product, int> dict = new Dictionary<Product, int>();
6          foreach(Product product in this.Products) {
7            dict.Add(product, product.Details.Sum(p=>p.Quantity));
8          }
9          return dict;
10       }
11     }
```

◆汇总出每位客户的订单数：BusinessPlatform广义依赖于Order

```
1      class BusinessPlatform
2      {
3        …
4        public Dictionary<Customer, int> CountCustomerOrderNumbers() {
5          Dictionary<Customer, int> dict = new Dictionary<Customer, int>();
6          foreach(Customer customer in this.Customers) {
7            dict.Add(customer, customer.Orders.Count);
8          }
9          return dict;
10       }
11     }
```

◆汇总出每名员工的销售业绩：BusinessPlatform广义依赖于Employee、Order、OrderDetail

```
1      class BusinessPlatform
2      {
3        …
4        public Dictionary<Employee, double> SumEmployeePerformances() {
5          Dictionary<Employee, double> dict = new Dictionary<Employee, double>();
```

```
6            foreach(Employee employee in this.Employees) {
7               dict.Add(employee, employee.Orders.Sum(
8                  p=> p.Details.Sum(q=>q.Quantity * q.UnitPrice)));
9            }
10           return dict;
11        }
12     }
```

◆ 添加一笔新的订单：BusinessPlatform 方法参数依赖于 Customer、Employee、OrderDetail，局部变量和返回值依赖于 Order

另外，根据定理5-1双向导航数据需要保持一致性。

```
1      class BusinessPlatform
2      {
3         …
4         public Order AddOrder(Customer customer, Employee employee,
5            DateTime orderDate, DateTime requiredDate, List<OrderDetail> details) {
6            // 首先创建一个订单对象
7            Order order = new Order(){
8               OrderID = this.Orders.Max(p=>p.OrderID) + 1,
9               OrderDate = orderDate,
10              RequiredDate = requiredDate,
11              Customer = customer,
12              Employee = employee,
13              Platform = this
14           };
15           // 将新创建的订单对象添加到与其关联的业务平台、客户、员工对象的订单集合属性中
16           this.Orders.Add(order);
17           customer.Orders.Add(order);
18           employee.Orders.Add(order);
19           // 将新创建的订单对象关联到其每一笔订单明细对象上
20           details.ForEach(p=>p.Order = order);
21           // 将订单明细对象添加到与其关联的业务平台、订单、产品对象的订单明细集合属性中
22           this.OrderDetails.AddRange(details);
23           order.OrderDetails.AddRange(details);
24           details.ForEach(p=>p.Product.OrderDetails.Add(p));
25           return order;
26        }
27     }
```

查看完整源代码

5.最后，根据编写好的类定义代码，撰写主程序代码（具体代码扫描二维码查看）

二、会计科目

第四章中介绍的“会计科目”案例，实际上应该更加类型化地表达“业务”概念，并

和会计科目构成关联关系。本章中的案例将通过关联关系对其进行改造。

(一) 资料

会计科目是会计分类核算业务中最基本的实体，一个会计科目由编号、名称、借贷方向、科目类别、期初余额构成，并记录了每笔业务的日期、摘要、借贷方向、金额。通过会计科目，可以根据借贷方向核算出累计发生额，以及计算出期末余额。

例如，库存现金（1001）会计科目，期初余额￥1 805.34。相关业务清单见表5-1。

表5-1 业务清单

日 期	摘 要	方 向	金 额
2020-12-2	购买办公用品	贷	500.00
2020-12-16	支付卫生费	贷	203.00
2020-12-25	提取备用金	借	1 000.00

请用C#代码表达出会计科目实体，以及对上述库存现金科目的信息进行登记，并计算借方、贷方累计发生额以及期末余额。

(二) 题解

1.重新识别对象

分析可知，“会计科目”是类，应该将“业务”类型化。具体的类型化表达，如图5-12所示。其中，“Account”是会计科目，业务翻译为“AccountEntry”，可以对应到“会计分录”这个更加专业的词汇。另外，“Account entry is part of Account”语义表明两者之间为整体与部分的组合关联。

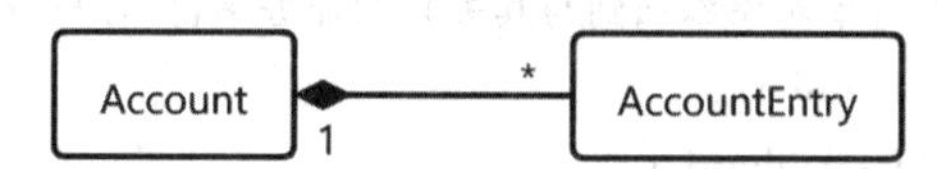

图5-12 会计科目的UML图解

2.定义新增加的AccountEntry类

根据代码推导4-9将业务发生日期（OcurrenceDate）、摘要（Digest）、借贷方向（Direct）、金额（Amount）均定义为只读属性，同时采用代码推导4-25通过构造函数参数进行初始化。

```
1    class AccountEntry
2    {
3        public AccountEntry( // 采用代码推导4-25通过构造函数参数进行属性初始化
4            DateTime ocurrenceDate, string digest, Direct direct, double amount) {
5            _account = account;
6            _ocurrenceDate = ocurrenceDate;
7            _digest = digest;
8            _direct = direct;
9            _amount = amount;
```

```
10          }
11          DateTime _ocurrenceDate;
12          public DateTime OcurrenceDate {
13             get {
14                return _ocurrenceDate;
15             }
16          }
17          string _digest;
18          public string Digest {
19             get {
20                return _digest;
21             }
22          }
23          Direct _direct;
24          public Direct Direct {
25             get {
26                return _direct;
27             }
28          }
29          double _amount;
30          public double Amount {
31             get {
32                return _amount;
33             }
34          }
35       }
```

3.定义关联关系

分析可知,“Account(1)◆—(*)AccountEntry”为“一对多”的双向组合关联。根据代码推导5-1、代码推导5-2、代码推导5-3、代码推导5-4定义出关联属性代码。

```
1       class Account
2       {
3          …
4          List<AccountEntry> _entries;
5          public ReadOnlyCollection<AccountEntry> Entries { // 定义为只读集合属性
6             get {
7                return _entries.AsReadOnly();
8             }
9          }
10      }
11      class AccountEntry
12      {
13         …
```

```
14          Account _account;
15          public Account Account { // 定义为只读属性
16              get {
17                  return _account;
18              }
19          }
20      }
```

4.初始化关联属性

根据代码推导 5-6 通过构造函数参数初始化 Account 属性，代码推导 5-7 通过构造函数初始化 Entries 集合属性，同时定义 RegisterEntry 方法以满足定理 5-1 双向导航的数据一致性，即在 new AccountEntry 的同时将其添加到 Account 的 Entries 集合中。

```
1       class Account
2       {
3           …
4           List<AccountEntry> _entries;
5           public ReadOnlyCollection<AccountEntry> Entries { // 定义为只读集合属性
6               get {
7                   return _entries.AsReadOnly();
8               }
9           }
10          public AccountEntry RegisterEntry(
11              DateTime ocurrenceDate, string digest, Direct direct, double amount) {
12              AccountEntry accountEntry =
13                new AccountEntry(this, ocurrenceDate, digest, direct, amount);
14              _entries.Add(accountEntry); // 保证双向导航数据一致性
15              return accountEntry;
16              }
17          public Account(string accountNo, string name, Direct direct, Category category) {
18              _accountNo = accountNo;
19              _name = name;
20              _direct = direct;
21              _category = category;
22              _entries = new List<AccountEntry>();
23          }
24      }
25      class AccountEntry
26      {
27          …
28          public AccountEntry(Account account,
29              DateTime ocurrenceDate, string digest, Direct direct, double amount) {
30              _account = account; // 保证双向导航数据一致性
```

```
31            _ocurrenceDate = ocurrenceDate;
32            _digest = digest;
33            _direct = direct;
34            _amount = amount;
35        }
36        Account _account;
37        public Account Account { // 定义为只读属性
38            get {
39                return _account;
40            }
41        }
42    }
```

5.据此编写客户端的主函数代码

```
1     using System;
2     using CASE02.AccountCase.Entities;
3     namespace CASE02.AccountCase
4     {
5         class Program
6         {
7             static void Main(string[] args)
8             {
9                 Account cash = new Account("1001", "库存现金", Direct.Debit, Category.Asset) {
10                    BeginningBalance = 1805.34
11                };
12                // 通过cash对象调用RegisterEntry方法登记会计分录,使得代码更具可读性
13                cash.RegisterEntry(new DateTime(2020, 12, 2),
14                    "购买办公用品", Direct.Credit, 500.0);
15                cash.RegisterEntry(new DateTime(2020, 12, 16),
16                    "支付卫生费", Direct.Credit, 203.0);
17                cash.RegisterEntry(new DateTime(2020, 12, 25),
18                    "提取备用金", Direct.Debit, 1000.0);
19                Console.WriteLine("{0}({1})\n期初余额:{2:C},借方累计:{3:C},贷方累计:{4:C},期末余额:{5:C}",
20                    cash.Name, cash.AccountNo, cash.BeginningBalance,
21                    cash.GetAccumulatedAmount(Direct.Debit),
22                    cash.GetAccumulatedAmount(Direct.Credit),
23                    cash.GetEndBalance());
24            }
25        }
26    }
```

6.完整代码可以扫描二维码查看

查看完整源代码

本章练习

一、单项选择题

1. 以下哪项不是关联关系：(　　)

A. Car—Engine

B. Father—Son

C. String—Character

D. Person—Student

2. 以下哪项是聚合关联：(　　)

A. Tree—Leaf

B. House—Room

C. Campus—Building

D. Account—Holder

3. 以下关联多重性错误的是：(　　)

A. Teacher(*)—(*)Course

B. Refrigerator(1)—(*)Food

C. Order(*)—(*)Product

D. Airport(1)—(1)Plane

4. 若类“A”导航到类“B”，下面客户端代码正确的是：(　　)

A.

```
A a = new A();
a.B = new B();
```

B.

```
B b = new B();
b.A = new A();
```

C.

```
A a = new A();
B b = new B();
a.B = b.A;
```

D.

```
A a = new A();
B b = new B();
b.B = a.A;
```

5. “提升Sam为销售代表”，根据这句话判断存在关联关系的类是：(　　)

A. Sam-销售代表

B. 销售代表-员工

C. 员工-岗位

D. Sam-岗位

6. 阅读以下代码，判断说法正确的是：(　　)

```
1 Person p1 = new Person();
2 Person p2 = new Person();
3 Person p3 = new Person();
4 Song s = new Song();
5 s.Authors.Add(p1); // 作曲
6 s.Authors.Add(p2); // 作曲
7 s.Singers.Add(p2); // 原唱
```

```
8 s.Covers.Add(p3); // 翻唱
```

A. Song(1)—(n)Person(Cover)

B. Song(n)→(n)Person(Author)

C. Song(1)→(n)Person(Author)

D. Song(n)—(1)Person(Cover)

7.若类A、B、C互为双向导航，以下服务端代码正确的是：(　　)

A.

```
public class A {
    public B B { get; set; }
}
public class B {
    public C C { get; set; }
}
public class C {
    public A A { get; set; }
}
```

B.

```
public class A {
    public B B { get; set; }
}
public class B {
    public A A { get; set; }
}
public class C {
    public B B { get; set; }
    public A A { get; set; }
}
```

C.

```
public class A {
    public B B { get; set; }
    public C C { get; set; }
}
public class B {
    public A A { get; set; }
    public C C { get; set; }
}
public class C {
    public B B { get; set; }
    public A A { get; set; }
}
```

D.

```
public class A {
    public B B { get; set; }
    public C C { get; set; }
}
public class B {
    public A A { get; set; }
}
public class C {
    public A A { get; set; }
}
```

二、多项选择题

1.“小明选修了张老师的数据库系统原理课程，并且获得了92分的成绩”，根据这句话判断存在关联关系的类有：(　　)

A.学生-课程

B.学生-成绩

C.教师-学生

D.课程-教师

2.以下关于依赖的说法正确的有：(　　)

A.方法参数是狭义依赖的一种

B.关联是一种广义依赖

C.方法体内定义的变量属于一种狭义依赖

D.可以通过完全消除依赖关系降低程序的复杂度

3.若类A和B为双向导航，以下客户端代码正确的有：(　　)

A.

```
A a = new A();
B b = new B();
a.B = b;
b.A = a;
```

B.

```
A a = new A();
B b = new B();
a.B = b;
a.B.A = a;
```

C.

```
A a = new A();
B b = new B();
b.A = a;
b.A.B = b;
```

D.

```
A a = new A();
a.B = new B();
a.B.A = a;
```

三、设计题

对于第四章的“问卷”设计题，进一步将问卷中的调查问题类型化，并考虑调查答卷的情况。

资料：问卷是一种重要的统计调查工具，一份调查问卷包括标题、问候语以及若干调查问题，每个调查问题由编号、题型和问题内容构成。通过发放问卷以收集答卷，通过在答卷上回答所有调查问题以收集问卷数据。当回答调查问题的时候，通过在屏幕上显示调查问题，并由被调查对象输入回答内容的方式采集数据。程序运行结果，如图5-13所示。

```
开始 ============================
请输入您的公司名称
________________
上海同现科技
请问您与我司的系统对接人是谁（微信名、姓名都可以）
________________
章XX
请问您与我司系统对接人沟通频率如何
A. 基本没有
B. 一周几次
C. 每天都有沟通
B
请问您与我司系统对接人沟通是否顺利
A. 是
B. 否
B
结束 ============================
开始 ============================
请输入您的公司名称
________________
北京和光
请问您与我司的系统对接人是谁（微信名、姓名都可以）
________________
刘XX
请问您与我司系统对接人沟通频率如何
A. 基本没有
B. 一周几次
C. 每天都有沟通
C
请问您与我司系统对接人沟通是否顺利
A. 是
B. 否
A
结束 ============================
结果 ~~~~~~~~~~~~~~~~~~~~~~
1.上海同现科技 2.章XX 3.B 4.B
1.北京和光 2.刘XX 3.C 4.A
```

图5-13　程序运行结果

客户端的主程序代码如下：

```
1   using System;
2   using PRACTICE01.Questionnaire.Entities;
3   namespace PRACTICE01.Questionnaire
4   {
5     class Program
6     {
7       static void Main(string[] args)
8       {
9         Entities.Questionnaire quest = new Entities.Questionnaire() {
10          Title = "客户服务满意度调查",
11          Greeting = "尊敬的客户，您好，为了更好地了解您与我司对接中的问题，提升我司的服务质量，我们诚邀您填写以下调查问卷，感谢您的配合！"
12        };
13        quest.AddItem(ItemType.FillingBlank, "请输入您的公司名称\n_________________________");
14        quest.AddItem(ItemType.FillingBlank, "请问您与我司的系统对接人是谁（微信名、姓名都可以）\n_________________________");
15        quest.AddItem(ItemType.SingleChoice, "请问您与我司系统对接人沟通频率如何\nA. 基本没有\nB. 一周几次\nC. 每天都有沟通");
16        quest.AddItem(ItemType.SingleChoice, "请问您与我司系统对接人沟通是否顺利\nA. 是\nB. 否");
17        for(int i = 0; i < 2; i++) {
18          Console.WriteLine("开始 ============================");
19          Answer answer = quest.Issue();
20          answer.AnswerQuestionItems(
21            p=>Console.WriteLine(p.Content),
22            ()=>Console.ReadLine()
23          );
24          Console.WriteLine("结束 ============================");
25        }
26        Console.WriteLine("结果 ~~~~~~~~~~~~~~~~~~~~");
27        Console.WriteLine(quest.GetAnswerContents());
28      }
29    }
30  }
```

要求：

①重新构建名词集 N 与动词集 V。

②提取类及其属性与行为。

③确定类之间的关系。

④定义类代码，使得该程序能够正确运行，得到上述输出结果。

第六章　继承关系与多态性

【学习要点】

- ●继承关系的三种定义
- ●继承关系的代码推导规则
- ●多态性的定义
- ●多态性的代码实现技术

【学习目标】

能够理解继承关系的概念，并利用代码推导规则，将继承关系的概念转换成对应的面向对象程序设计语言代码，通过案例强化这种代码推导规则的模式化应用；从概念到用途去理解多态性的特征，并能够掌握多态性的代码实现技术。

【应用案例】

“矩阵”对象：学习如何通过运算符重载来体现广义多态性。

“问卷系统”：使用继承关系表达不同的问卷题型，并通过多态性技术实现不同题型的输出、判分行为。

第一节 继承关系的定义

继承关系的定义可以分为三种定义方式，即基于“语义”“集合”“关系代数”的三种定义。

【思政专栏】
继承关系定义

一、基于语义的定义

定义6-1 继承关系（inheritance）：两个对象（类）之间的层次关系。设A、B为两个类，如果在语义上可表达为“B is an A”且“A is not a B”，则A、B之间存在继承关系，且B继承自A，此时B为派生类（子类）、A为基类（父类），记作“B -▷ A”。继承关系的UML类图，如图6-1所示。

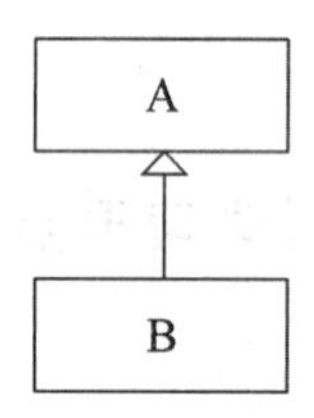

图6-1 继承关系的UML类图

这里需要注意以下几点：

1.继承关系一定是有明确方向的，且为单向的，即B继承自A，那就不能A继承自B。

2.“派生类（Derived Class）”的称呼与“基类（Base Class）”对应，而“子类（Child Class）”与“父类（Parent Class）”对应，最好不要混用。

例题6-1 判断类“学生”与“大学生”之间是否存在继承关系？

题解：由于可以表达“大学生是一名学生”且“学生不一定是一名大学生”，因而，“大学生”是派生类（子类），“学生”是基类（父类）。

二、基于集合的定义

定义6-2 继承关系（inheritance）：类B是对象b_i的集合，即$b_i \in B$，类A是a_i对象的集合，即$a_i \in A$；如果$B \subset A$，那么A、B之间存在继承关系，且B继承自A，此时B为派生类（子类）、A为基类（父类）。

基于集合的定义，实际上是对基于语义的定义给出的补充说明与解释。

例题6-2 设“学生”和“大学生”为两个类，判断他们之间是否存在继承关系？

题解：如果将“学生”和“大学生”都看成是对象群体的集合，则可以说“大学生”⊂“学生”，因而，“大学生”是派生类（子类），“学生”是基类（父类）。

三、基于关系的定义

在了解基于语义、集合角度定义的继承关系之后，还可以从离散数学中“关系”的角度定义继承关系，并且给出更多关于继承的概念。

定义6-3　继承关系（inheritance）：类A是$<P_A,B_A>$二元组，P_A是A的属性集，B_A是A的行为集，类B是$<P_B,B_B>$二元组，P_B是B的属性集，B_B是B的行为集；如果满足$P_A \subset P_B \land B_A \subset B_B$，则A、B之间存在继承关系，且B继承自A，此时B为派生类（子类）、A为基类（父类）。

这一继承关系的定义对于初学者来说，常常与基于集合的继承关系定义6-2相混淆。基于关系的定义，首先要将“类”看成是由“属性”与“行为”构成的二元组，而基于集合的继承关系定义，则是将“类”看成是“对象”的集合，所站的角度不同。

由基于关系的定义可以扩展出以下几个重要的定义与定理：

定义6-4　特有成员（specific members）：若类A和B存在继承关系，即“B－▷A”，那么$P_B - P_A$为类B的特有属性，$B_B - B_A$为类B的特有行为，统称为特有成员。

特有成员，其实是派生类根据自身需要，定义出来属于自身但不在基类中的成员，被视为是派生类自有的。

定理6-1　成员继承定理：若类A和B存在继承关系，即“B－▷A”，那么$P_B \cap P_A = P_A$且$B_B \cap B_A = B_A$。

该定理通过定义即可证明。同时，该定理说明了在两个类的继承关系中，派生类会将基类的成员（属性与行为）吸纳成为自己的成员（属性与行为），这也是继承关系的本质特点，其目的在于重用基类的代码。

注意：虽然基类中的私有成员会被继承到派生类中，但是派生类却无法访问到这些私有成员。

根据定理6-1我们还可以得到以下的定义与定理：

定义6-5　继承成员（inherited members）：若类A和B存在继承关系，即“B－▷A”，那么$P_A \subset P_B$，即P_A为类B的继承属性，$B_A \subset B_B$，即B_A为类B的继承行为，统称为继承成员。

该定义其实就如同定理6-1告诉我们的，一旦类B继承了A，A的成员（属性与行为）即成为B的成员（属性与行为），但要明确知道这些属性与行为是B继承自A的。

定理6-2　成员融合定理：若类A和B存在继承关系，即“B－▷A”，那么$P_B \cup P_A = P_B$且$B_B \cup B_A = B_B$。

定理6-3　成员特有化定理：若类A和B存在继承关系，即“B－▷A”，那么$(P_B - P_A) \cap P_A = \varnothing$且$(B_B - B_A) \cap B_A = \varnothing$。

这两个定理的证明均可根据定义得到，其理解也显而易见，并再次对于继承关系的本质进行了说明，此处不再赘述。

四、继承体系

通过继承关系，可以形成一个类型体系，在这个类型体系中的所有class形成了一个类型家族。

定义6-6　子类集（derived class set）：存在类C，直接继承自该类的子类集合称为C的子类集，也称为C的派生类集，记作S(C)。

例如，在一个教务管理系统中，Person类的子类集S(Person)可以是：{Student, Staff}（学生、教职工）。而在一个图书管理系统中，Book类的子类集S(Book)可以是：{Works, Journal}（著作、期刊）。子类集的表现，如图6-2所示。

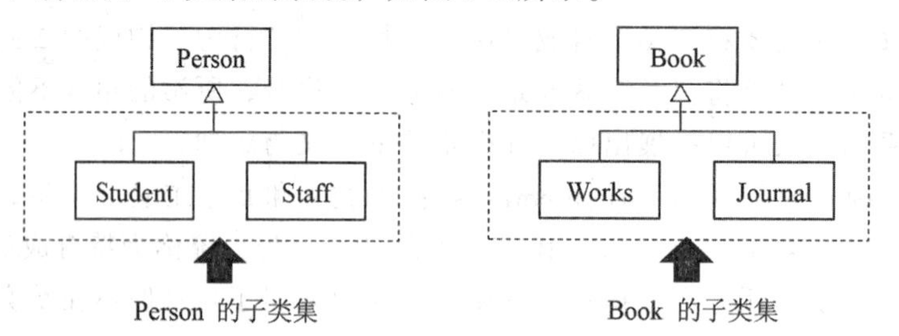

图6-2　子类集的表现

定义6-7　类家族（class family）：若存在类的集合X，类C ∈ X，如果满足下面的条件，则称类集合X为类C的家族，记作F(C)：

子类集S(C) ⊆ X

且 $\forall C_x \in S(C)$，都存在 $S(C_x) \subseteq X$

且 C_x 的家族 ⊆ X

且 $\{C\} \cup S(C) \cup \forall C_x$ 的家族 = X

该定义为递归形式的定义，实际上表达的意思就是类C及其所有的子类（包括子类的子类）构成了一个类的家族，也称为一个**继承体系**。

例如，图6-3表示了一个由Person派生出的继承体系。这里定义的类家族，不考虑多重继承，即一个子类不允许有多个父类，这样形成的类型系统可以用“有序树”来描述。根据有序树的一些特征，我们在这里也给出一些对应的术语：

第n层继承：如Person为第0层继承，Student和Staff为第1层继承，以此类推。

继承深度：类家族F(C)的最大层数，如上例的继承深度为4层。

根类：类家族F(C)的类C，即没有父类的类，如Person类。

叶子类：没有子类的类，如重修生、辅导员、导师。

兄弟类：拥有共同父类的类互相称为兄弟类，如学生-教职工、辅导员-教师。

子树类：$C_x \in F(C)$，$C_{xi} \in S(C_x)$，称 $F(C_{xi})$ 为 C_x 的一个子树类，记作 $ST(C_x(i))$。例如，F(Student)和F(Staff)是Person的两个子树类。

祖先类：$C_x \in F(C)$，其父类到根类的所有类称为 C_x 的祖先，记作 $A(C_x)$。例如，A(Tutor)={Teacher, Staff, Person}。

后代类：$C_x \in F(C)$，其所有的子类称为 C_x 的后代，记作 $D(C_x)$。例如，除了Person之

外的其他所有类均是Person的后代，而Teacher的后代就只有Tutor。

继承路径： $C_x \in F(C)$，由 C_x 和 $A(C_x)$ 形成的有序列表称为一条继承路径，记作 Path(C_x -▹ C)。例如，Tutor -▹ Teacher -▹ Staff -▹ Person就是一条继承路径。

注意：C++中存在多重继承，因此无法用“树”结构来定义类家族。

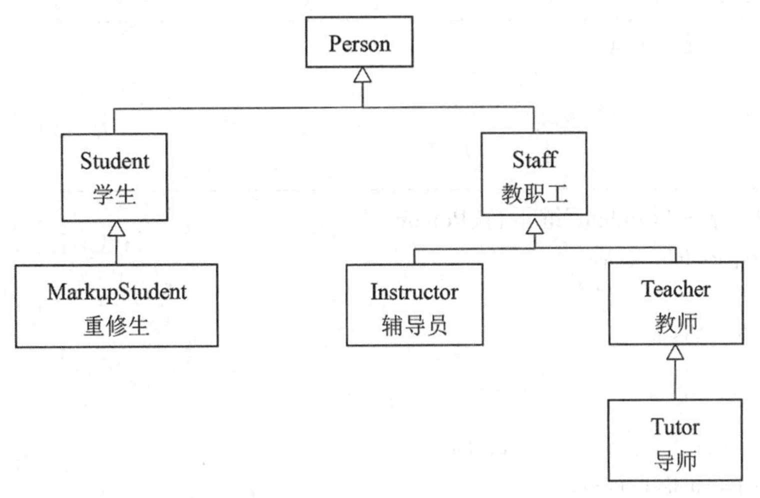

图6-3　由Person派生的类型体系

定理6-4　继承类型兼容定理： 若存在继承体系F(C)，在其后代 $C_x \in D(C)$ 形成的继承路径Path(C_x -▹ C)上的类型之间可以相互转换，但不在同一继承路径上的类型之间不能相互转换。

例如，Tutor -▹ Teacher -▹ Staff -▹ Person这条继承路径上的类型可以相互转换，但Tutor和Student相互之间则不能转换，因为他们在不同的继承路径上。

注意：在同一继承路径上的类型之间的转换还需要遵循一定的规则，具体参见向上与向下转型的相关内容。

第二节　继承关系的代码推导规则

继承关系在代码编写上有很多值得探讨的地方，其是面向对象程序设计的精髓，虽然有些观点认为继承关系使得代码的复杂度增加了，但继承关系对代码重用确实带来了好处，特别是后面谈及多态性的时候，继承关系扮演着不可或缺的角色。

【思政专栏】
代码推导规则

基本的继承关系，其代码编写遵循几个主要的代码推导规则，概括起来即为“定义推导”“特有成员推导”“继承成员推导”“成员访问推导”。

一、定义代码推导规则

代码推导6-1 【继承关系】代码推导规则：若“A”和“B”两个类存在继承关系，即“B -▷ A”，那么B作为子类（派生类）、A作为父类（基类）。

其一般代码形式为：

```
[访问修饰符] class B : A
{
    类定义代码块
}
```

例题6-3 表示“Student”继承自“Person”。

```
1   namespace Inheritance
2   {
3       class Person
4       {
5       }
6       // 从语义角度来说 Student is Person
7       class Student : Person
8       {
9       }
10  }
```

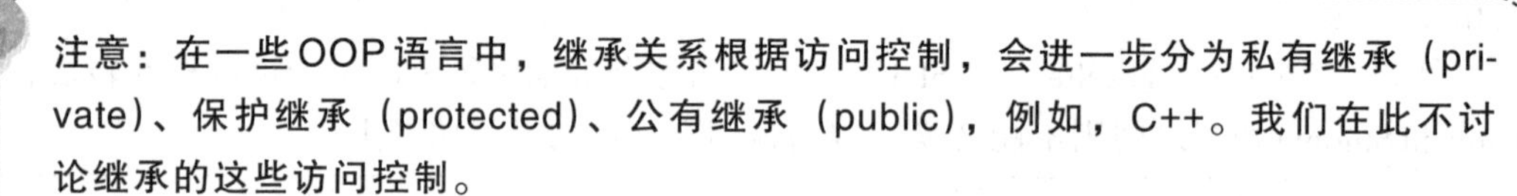
注意：在一些OOP语言中，继承关系根据访问控制，会进一步分为私有继承（private）、保护继承（protected）、公有继承（public），例如，C++。我们在此不讨论继承的这些访问控制。

二、特有成员代码推导规则

根据定义6-4（特有成员），我们需要给出派生类（子类）中属于其自己特有的属性与行为的代码。

代码推导6-2 【特有成员】代码推导规则：若“A”和“B”两个类存在继承关系，即“B -▷ A”，那么子类B特有的属性与行为代码只能撰写在类B中。

例题6-4 类“Student”定义了自己特有的属性“学号（StudentNo）”、行为“学籍注册（Register）”。

```
1   namespace Inheritance
2   {
3       class Person
4       {
5       }
```

```
6        class Student : Person
7        {
8            //学号这个属性是学生特有的,对于基类 Person 是不具有的
9            public string StudentNo {
10               get; set;
11           }
12           //学籍注册行为也是学生特有的,Person 基类不具有该行为
13           public void Register() {
14           }
15       }
16   }
```

注意：根据编者以往的教学情况来看，这个代码推导规则对于初学者来说并不是显而易见的，一些初学者对于派生类的特有属性/行为代码写在何处是比较困惑的，因而，在教学过程中需要强调一下这个代码推导规则。

三、继承成员代码推导规则

代码推导6-3　【继承成员】代码推导规则：若"A"和"B"两个类存在继承关系，即"B -▷ A"，那么父类（基类）A的属性与行为代码只能撰写在父类（基类）中，不能撰写在子类（派生类）B中。

例题6-5　类"Student"继承自类"Person"，且两者都具有"姓名（Name）"的属性和"说话（Say）"的行为，但代码只能写在类"Person"中。

```
1    namespace Inheritance
2    {
3        class Person
4        {
5            //姓名对于 Person 及其所有的派生类来说都是具有的,对于其派生类来说属于继承属性
6            public string Name {
7                get; set;
8            }
9            //说话行为是所有 Person 及其派生类都具有的行为,对于其派生类来说属于继承行为
10           public void Say() {
11               System.Console.WriteLine("{0} 说: {1}", this.Name, something);
12           }
13       }
14       //学生继承了来自 Person 的属性 Name 和行为 Say,无需再撰写定义代码
15       class Student : Person
16       {
17       }
18   }
```

注意：同样地，初学者对于继承成员的代码写在哪里会存在困惑，因而在教学过程中也需要酌情考虑强调该代码推导规则。

四、成员访问代码推导规则

代码推导6-4 【成员访问】代码推导规则：若"A"和"B"两个类存在继承关系，即"B －▷ A"，那么父类（基类）成员作为继承成员可以被子类（派生类）对象使用成员访问运算符（"."）访问，但子类（派生类）的特有成员，不能被父类（基类）对象使用成员访问运算符（"."）访问。即设M_A是父类（基类）成员，M_B是子类（派生类）成员，$M'_B = M_B - M_A$为子类（派生类）的特有成员，且a是A类对象，b是B类对象，那么成员可访问的代码规则可以用表6-1所示的表达矩阵来表示。

表6-1 **代码推导6-4的表达矩阵**

对象/成员	M_A	M_B	$M'_B = M_B - M_A$
a是父类A的对象	a.M_A成立	a.M_B不确定	a.M'_B不成立
b是子类B的对象	b.M_A成立	b.M_B成立	b.M'_B成立

例题6-6 类"Student"继承自"Person"，下面代码表示了派生类Student访问基类Person成员的情况。

```
1    namespace Inheritance
2    {
3        class Person
4        {
5            public string Name {
6                get; set;
7            }
8            public void Say(string something) {
9                System.Console.WriteLine("{0} 说：{1}", this.Name, something);
10           }
11       }
12       class Student : Person
13       {
14           public void Register() {
15               // this.Name 表明派生类 Student 中访问了来自基类 Person 的 Name 属性
16               System.Console.WriteLine("{0} 学生进行学籍注册", this.Name);
17           }
18       }
19       class Program
20       {
21           static void Main(string[] args)
```

```
22          {
23              Student s = new Student();
24              // Name 是 Person 中定义的,但是继承属性,通过派生类 Student 对象仍能访问
25              s.Name = "XX";
26              // Register 是 Student 中定义的,因而通过 Student 对象直接访问
27              s.Register();
28              // Say 是 Person 中定义的,但是继承行为,通过派生类 Student 对象仍能访问
29              s.Say("完成注册");
30          }
31      }
32  }
```

例题6-6的运行结果，如图6-4所示。

```
选择C:\WINDOWS\system32\cmd.exe
XX 学生进行学籍注册
XX 说： 完成注册
请按任意键继续. . .
```

图6-4 例题6-6的运行结果

例题6-7 根据例题6-6中关于Person类与Student类定义部分，判断下述代码的正确性。

```
1   Person p = new Person();
2   p.Name = “XX”;
3   p.Say(“你好!”);
4   p.Register();
5   Student s = new Person();
6   s.Name = “YY”;
7   s.Say(“你好!”);
8   s.Register();
```

题解:

1.∵Name属性、Say行为是基类Person中定义的，Register是派生类Student中定义的；

2.∴Name、Say都是Student的继承成员，Register是Student的特有成员；

3.∵根据代码推导6-4【成员访问】代码推导规则的表达矩阵（表6-1）；

4.∴第2、3、6、7行代码是正确的，第4行代码是错误的，即父类对象不能访问子类特有成员。

五、构造函数代码推导规则

代码推导6-5 【派生类构造函数】代码推导规则：若“A”和“B”两个类存在继承关系，即“B -▹ A”，定义子类（派生类）B的构造函数时，需要调用父类（基类）A的构造函数。

注意：如果子类构造函数调用的是父类中不带参数的构造函数，则调用代码可以省略。

例题6-8 表示子类（派生类）B中定义构造函数时，需要调用父类（基类）A的构造函数。

```
1   namespace Inheritance
2   {
3       public class A
4       {
5       }
6       public class B : A
7       {
8           // 定义 B 的构造函数时,需要调用父类 A 的构造函数
9           public B() : base() {
10          }
11      }
12  }
```

注意：上述代码中，“: base()”因为调用的是父类不带参数的构造函数，所以可以省略。

例题6-9 派生类可以调用基类中的带参构造函数。

```
1   namespace Inheritance
2   {
3       class Person
4       {
5           public string Name {
6               get; set;
7           }
8           public Person(string name) {
9               this.Name = name;
10          }
11      }
12      class Student : Person
13      {
14          // 调用了父类中的带参构造函数
15          // 将参数 name 的值通过调用父类构造函数传递给继承属性 Name
16          public Student(string name) : base(name) {
17          }
18      }
19  }
```

代码推导6-6 【按需调用构造函数】代码推导规则：若“A”和“B”两个类存在继承关系，即“B－▻A”，且A_i(i=1,2,...,n)均为父类A的构造函数，那么定义子类B的构造函数时，

根据需要可以调用某个父类A的任意一个构造函数A_i。

例题6-10 基类Person具有两个构造函数重载，派生类Student中可以调用任何一个版本的构造函数。

```
1   namespace Inheritance
2   {
3      class Person
4      {
5         public string Name {
6            get; set;
7         }
8         public DateTime Birthday {
9            get; set;
10        }
11        public Person(string name) {
12           this.Name = name;
13        }
14        public Person(string name, DateTime birthday) {
15           this.Name = name;
16           this.Birthday = birthday;
17        }
18     }
19     class Student : Person
20     {
21        // 调用基类的 Person(string name, DateTime birthday) 构造函数
22        public Student(string name)
23           : base(name, new DateTime(1990, 1, 1)) {
24        }
25     }
26     class Program
27     {
28        static void Main(string[] args)
29        {
30           Student s = new Student("XX");
31           System.Console.WriteLine("{0} 的出生日期:{1:yyyy-MM-dd}", s.Name, s.Birthday);
32        }
33     }
34  }
```

例题6-10的运行结果，如图6-5所示。

```
选择C:\WINDOWS\system32\cmd.exe
XX 的出生日期：1990-01-01
请按任意键继续. . .
```

图6-5 例题6-10的运行结果

在定义派生类构造函数时，究竟需要调用哪个基类的构造函数，这个只能根据需要来确定。比较好的做法是基类有几个构造函数的版本，派生类也据此定义出几个构造函数的版本，或者根据现实意义来定义，并且调用基类中同参数的构造函数。据此可以判断，上例中的派生类Student中构造函数的定义就不够好，因为其既没有对应上基类的构造函数，又不符合现实（不可能默认学生就是1990-01-01出生的）。

例题6-11 基类Person具有两个构造函数重载，派生类Student中也定义出两个相应版本的构造函数，并且调用基类中对应版本的构造函数。

```
1     namespace Inheritance
2     {
3         class Person
4         {
5             public string Name {
6                 get; set;
7             }
8             public DateTime Birthday {
9                 get; set;
10            }
11            public Person(string name) {
12                this.Name = name;
13            }
14            public Person(string name, DateTime birthday) {
15                this.Name = name;
16                this.Birthday = birthday;
17            }
18        }
19        class Student : Person
20        {
21            // 调用基类的 Person(string name) 构造函数
22            public Student(string name)
23                : base(name) {
24            }
25            // 调用基类的 Person(string name, DateTime birthday) 构造函数
26            public Student(string name, DateTime birthday)
27                : base(name, birthday) {
28            }
29        }
30    }
```

第三节　多态性的定义

多态性是面向对象程序设计语言中一项重要的特征。通过多态性的语法表达，可以在保证现有代码不变的情况下，赋予对象已有方法的新功能。

【思政专栏】
多态性定义

一、多态性概念

多态性一词来源于生物学领域，主要用于描述一个群体中个体形态与状态表现出的多样性特征。例如，生物群体中的猫、狗不仅在形态上不同，而且其“叫”的表现形式也不一样，即使是同一个种群的生物，不同的猫或者不同的狗的个体，其形态也会不同。这种同类但不同形态的现象，就是一种多态性的表现，如图6-6所示。

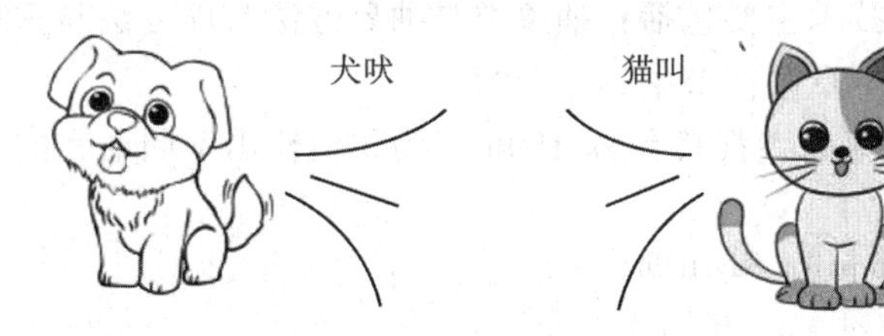

猫和狗同属于生物大类，但形态、行为均存在差异，这就是同类不同形的一种多态性表现

图6-6　多态性的表现

可以说，多态性是生物界普遍存在的现象，正是由于多态性的存在，才能形成我们丰富多彩的世界。而面向对象程序设计语言被发明的初衷就是要通过代码来模拟世界的万事万物，自然需要具备表达多态性的能力。但毕竟代码世界与真实世界不完全等同，下面给出面向对象程序设计领域中关于多态性的定义。

定义6-8　多态性（polymorphism）：同一个消息发送给不同的对象，得到不同的回应。

这里的“消息”实际上指代的就是方法的调用，而所谓“同一个消息”，则是指具有相同名称的方法。回应不同指的就是方法的实现，即函数体是不同的。

这里的“同一消息”有多种解释，但一般我们认定两种说法：全等消息、同等消息。

定义6-9　发送消息（sending message）：设对象a存在实例方法M，那么通过a.M进行方法的调用，称为向对象a发送了消息M。

定义6-10　全等消息（equivalent message）：设对象a的实例方法M_a和对象b的实例方法M_b，在方法名，形参类型、个数、顺序，以及返回值类型上均相同，则M_a与M_b为同等消息，也称为**全等行为**。

定义6-11　同等消息（same message）：设对象a的实例方法M_a和对象b的实例方法M_b，在方法名上相同，则M_a与M_b为同等消息，也称为**同等行为**。

全等消息并不要求两个方法形参名称相同，而同等消息的条件非常宽泛，只要求方法名相同即可，参数可以不同。

根据对象之间的关系，可以进一步将多态性分为：狭义多态性、广义多态性。

二、狭义多态性

多态性的定义中，没有限定不同的对象之间的关系。如果我们只将不同对象之间的关系限定为继承关系，那么就是狭义上的多态性。

定义6-12　狭义多态性：设类C具有行为M，其某个后代类C_x具有全等行为M，那么C及其后代类C_x在行为M上表现为狭义多态性。

狭义多态性实际上将多态性定义中的“不同对象”限定在类家族的继承体系中，而且是发生在父类与后代类之间的多态性；同时要求“同一消息”为全等消息。因此，对象要表现出狭义多态性的条件是比较苛刻的。

实现狭义多态性的技术主要包括：抽象类与抽象方法、虚方法与重写、向上与向下转型，这些技术手段将在本章第四节中具体介绍。

例题6-12　不同国家的人都具有SayHello行为，但输出不同语言的问候语。

```
1    using System;
2    namespace Polymorphism.SayHello
3    {
4      abstract class Person //定义基类,为抽象类
5      {
6        public abstract void SayHello(); //定义抽象方法 SayHello,为抽象方法
7      }
8      class Chinese : Person //定义 Chinese 派生类
9      {
10       public override void SayHello() { //实现抽象方法 SayHello
11         Console.WriteLine("世界,你好！ ");
12       }
13     }
14     class American : Person
15     {
16       public override void SayHello() { //实现抽象方法 SayHello
17         Console.WriteLine("Hello World!");
18       }
19     }
20     class Program
21     {
22       static void Main(string[] args)
23       {
24         Person p = new Chinese();
25         p.SayHello(); //响应的结果是输出“世界,你好!”
```

```
26              p = new American();
27              p.SayHello(); //响应的结果是输出"Hello World!"
28          }
29      }
30  }
```

上述代码中的第25行、第27行完全一样，说明发送了同样的消息，而第一个p是Chinese对象，第二个p是American对象，这两个类对SayHello方法进行了不同的实现，一个按照中文输出问候语，另一个按照英文输出问候语。同时，Chinese、American都是Person的派生类，属于Person类家族。因此，这段代码体现了狭义概念上的多态性。

三、广义多态性

如果多态性中的"不同对象"不一定是父类与子类的关系，只要具有同等行为，在某种程度上也可以说具有多态性。

定义6-13　广义多态性：只要具有同等行为M的两个对象，即可认定为在行为M上表现出多态性，这称为广义多态性。

广义多态性的限定条件就非常宽泛了，只要两个对象具有同名方法即可说明表现出了多态性。业界认定为广义多态性的常见形式有：函数重载、运算符重载、泛型。

函数重载：由于只要函数名相同，并且这些同名函数在同一个作用域即可认定为重载，这正好满足了广义多态性的定义。

运算符重载：运算符重载本质上就是一种函数重载形式，可以将运算符认为是函数名，这也符合广义多态性的定义。

泛型：如果是泛型方法，由于就是一个方法，但是类型参数进行实例化后，就会形成多个实例化的同名方法，只是参数类型不同而已，这也符合广义多态性的定义。泛型类实际上最后还是要表现在泛型方法上，因而也可以认为是广义多态性的具体表现。

上述三种广义多态性的表现形式，函数重载、泛型在前面章节中均有介绍，运算符重载将在本章第四节中进行介绍。

第四节　多态性的代码实现技术

多态性是面向对象程序设计语言需要支持的核心特征之一，甚至将多态性作为区分面向对象编程语言（Object-Oriented Programming，OOP）和基于对象编程语言（Object-Based Programming，OBP）的根本依据。例如，早期的Visual Basic（VB）编程语言就是OBP语言，因为VB无法提供支持多态性，尤其是狭义多态性的代码实现技术。

【思政专栏】
代码实现技术

狭义多态性的代码实现技术包括：继承、抽象方法、虚方法、方法重写、向上向下转型。

广义多态性的代码实现技术包括：函数重载、运算符重载、泛型。

对于狭义多态性来说，只有存在继承关系，才能表现出多态性。继承关系已经在前面章节中进行了介绍，在本节中将对其他的代码实现技术进行介绍。

一、抽象类与抽象方法

定义6-14　抽象方法（abstract method）：只有方法名称、方法参数、返回值，但没有函数体的方法。

定义6-15　抽象类（abstract class）：无法实例化的类称为抽象类。

定义6-16　抽象方法实现（abstract method implement）：在派生类中为抽象方法定义出函数体。

定理6-5　抽象方法包含定理：若某个类C包含抽象方法M，则该类C必定为抽象类。

定理6-6　抽象方法继承定理：若某个类C包含抽象方法M，则该类C的后代（即所有子类）均继承该抽象方法M。

定理6-7　抽象方法实现定理：若某个类C包含抽象方法M，则该类C的某个后代类$C_x \in D(C)$不是抽象类，且与C形成继承路径$Path(C_x - \triangleright C)$，则在该继承路径中必定存在一个类对M进行实现。

例题6-12中不同国家人的问候语的例子，就是一种典型运用抽象类、抽象方法实现多态性的举例。下面对此进行分析，并提出相关的代码实现技术。

例题6-13　不同国家的人都具有SayHello行为，但输出不同语言的问候语。

```
1    using System;
2    namespace Polymorphism.SayHello
3    {
4        abstract class Person //定义基类
5        {
6            public abstract void SayHello(); //定义抽象方法 SayHello
7        }
8        class Chinese : Person //定义 Chinese 派生类
9        {
10           public override void SayHello() { //实现抽象方法 SayHello
11               Console.WriteLine("世界,你好！ ");
12           }
13       }
14       class American : Person
15       {
16           public override void SayHello() { //实现抽象方法 SayHello
17               Console.WriteLine("Hello World!");
18           }
19       }
20       class Program
21       {
22           static void Main(string[] args)
```

```
23          {
24              Person p = new Chinese();
25              p.SayHello(); //响应的结果是输出"世界,你好!"
26              p = new American();
27              p.SayHello(); //响应的结果是输出"Hello World!"
28          }
29      }
30  }
```

首先，这个例子中的多态性体现在第25行、第27行代码上，这符合狭义多态性的定义。因为第25行的对象p和第27行的对象p不是同一个对象，但他们都是继承自Person这个基类。Person、Chinese、American三个类的继承关系构成了以Person作为根类的家族。在这个家族中，基类Person定义了SayHello抽象方法（没有函数体），并且子类Chinese、American均继承并实现了该抽象方法（给出了函数体，进行不同问候语的输出）。SayHello在三个类中为全等行为（方法名、参数完全相同）。

其次，这个例子完全符合抽象方法的上述定义和相关定理。首先第6行代码定义了抽象方法SayHello（符合定义6-14），根据抽象方法包含定理（定理6-5），包含SayHello抽象方法定义的类Person必须为抽象类。其次根据抽象类的定义（定义6-15），我们是不能直接对Person进行实例化的，因此第24行和第26行代码，均不是用Person来实例化的，而是用Chinese和American这两个非抽象派生类进行实例化的，如果写成了Person p = new Person()的代码，编译器会报告错误信息。再次子类Chinese和American根据抽象方法继承定理（定理6-6），继承了行为SayHello，因而第25行、第27行代码中的p.SayHello()均能得以正常执行。最后根据抽象方法实现定理（定理6-7），Chinese和Person形成了继承路径，且Chinese应该是可以实例化的类，被定义成了普通类，而在该继承路径上没有其他第三个类，因此Chinese必须实现继承自基类的抽象方法SayHello，同理American也是如此。

这种多态性的体现，与现实世界是相符的。当我们谈及“人”这个概念，而不是具体的某国人的时候，是无法判定其输出的问候语是用哪国语言表达的。但是，一旦我们确定知道是某国人的时候，如Chinese，那我们就一定知道问候语输出的是汉语“世界，你好!”，American也是如此。

在介绍了这些概念和解析了“问候语”这个例子之后，我们给出C#中具体的与抽象方法、抽象类相关的代码形式。

抽象方法定义的一般形式：

abstract　返回值　方法名(参数列表);

关键字abstract标识该方法为抽象方法　除没有函数体,其他函数三要素不能少

抽象类定义的一般形式：

abstract　class　类名

关键字abstract标识该类为抽象类　用class正常声明

抽象方法实现的一般形式：

override 返回值 方法名(参数列表){ 函数体 }

关键字override标识该方法实现抽象方法　函数四要素一个不能少，且方法名和参数与抽象方法的声明要完全一致

注意：override关键字在C#中具有多重含义，包括此处提到的“实现”，以及后面提到的“重写”。

更重要的是抽象类与抽象方法的代码机制，可以帮助我们对代码进行重用和扩展。例如，上述“问候语”的例子，如果要增加一个国家人的问候语，那么我们只需要通过继承，扩展出一个新的国家人的类，如France : Person，并实现SayHello抽象方法即可。这样不用修改现有的Person、Chinese、American这三个类的代码，并且在Main函数中，也无需更改任何代码，只要在后面加入p = new France(); p.SayHello();代码就可以输出法国人的问候语。

例题6-14　增加法国人的SayHello行为。

例题代码

```
1    using System;
2    namespace Polymorphism.SayHello
3    {
4      abstract class Person //定义基类
5      {
6        public abstract void SayHello(); //定义抽象方法 SayHello
7      }
8      class Chinese : Person //定义 Chinese 派生类
9      {
10       public override void SayHello() { //实现抽象方法 SayHello
11         Console.WriteLine("世界,你好！ ");
12       }
13     }
14     class American : Person
15     {
16       public override void SayHello() { //实现抽象方法 SayHello
17         Console.WriteLine("Hello World!");
18       }
19     }
20     class France : Person //增加一个法国人的类,继承自 Person
21     {
22       public override void SayHello() { //实现抽象方法 SayHello
23         Console.WriteLine("Salut tout le monde!");
24       }
25     }
26     class Program
27     {
```

```
28          static void Main(string[] args)
29          {
30              Person p = new Chinese();
31              p.SayHello(); //响应的结果是输出“世界，你好！”
32              p = new American();
33              p.SayHello(); //响应的结果是输出“Hello World!”
34              p = new France();
35              p.SayHello(); //响应的结果是输出“Salut tout le monde!”
36          }
37      }
38  }
```

注意：很多代码机制被人们发明出来，其目的在于如何能够重复利用现有的代码，并让现有代码具有扩展性，使得系统具有适应新需求能力的同时又便于维护。

二、虚方法与重写

除了抽象方法、抽象类反映出现实世界的情况外，还存在其他体现现实世界多态性的方法。例如，在一些系统中，用户都有着不同的身份，不同身份的用户登录系统之后，看到的界面、能够执行的功能均不相同。例如，在教务系统中，学生身份登录的用户具有查询成绩界面，教师身份登录的用户具有录入成绩界面。我们可以据此提取出一个以User为根类的继承体系。在该继承体系中，所有用户登录行为都要验证账号、密码，但验证完成后根据登录用户身份提供不同的行为表现，最简单地如提供不同的登录问候语（如图6-7所示）。

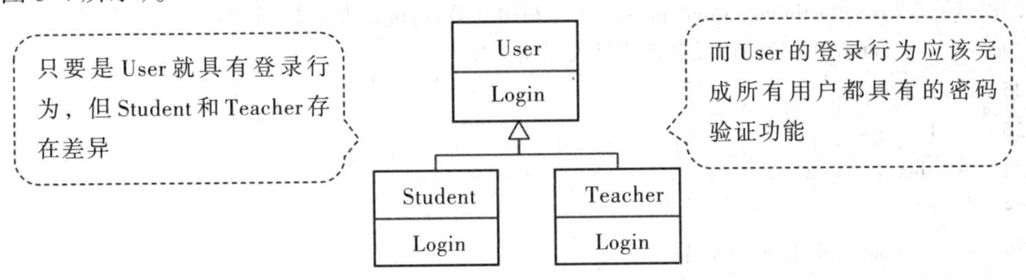

图6-7　用户继承体系及登录多态性

我们为这种形式的多态性提供方法重写和虚方法的代码机制，据此先给出有关定义。

定义6-17　方法重写(method override)：若某个类C包含非抽象方法M，该类C的某个后代类$C_x \in D(C_x)$为M定义一个全等消息的方法，但函数体不同，该类C_x定义的全等消息的方法称为重写。

方法重写实际上在子类中对来自父类的方法提供不同的函数体，以表达出不同的行为。

定义6-18　虚方法(virtual method)：若某个类C包含非抽象方法M，该方法可以被子类方法进行重写，则M称为虚方法。

下面通过具体的例子说明方法重写与虚方法的代码表达。

例题6-15 定义用户体系的三个类User、Student、Teacher，并为三个类的Login登录行为赋予不同的表现。

```
1   using System;
2   namespace Polymorphism.UserLogin
3   {
4     class User //定义普通用户
5     {
6       public virtual string Login(string userName, string password) { //定义为虚方法
7         // 省略执行密码验证代码
8         return "欢迎使用教务系统！"; //提供默认问候语
9       }
10    }
11    class Student : User //定义Student身份的用户类
12    {
13      //重写Login，个性化问候语
14      public override string Login(string userName, string password) {
15        base.Login(userName, password); //利用基类Login方法完成密码验证功能
16        return "欢迎使用教务系统查询成绩！";
17      }
18    }
19    class Teacher : User
20    {
21      //重写Login，个性化问候语
22      public override string Login(string userName, string password) {
23        base.Login(userName, password); //利用基类Login方法完成密码验证功能
24        return "欢迎使用教务系统录入成绩！";
25      }
26    }
27    class Program
28    {
29      static void Main(string[] args)
30      {
31        User u = new User();
32        Console.WriteLine(u.Login("普通用户", "123456")); //输出"欢迎使用教务系统！"
33        u = new Student();
34        Console.WriteLine(u.Login("学号", "123456"));//输出"欢迎使用教务系统查询成绩！"
35        u = new Teacher();
36        Console.WriteLine(u.Login("工号", "123456"));//输出"欢迎使用教务系统录入成绩！"
37      }
38    }
39  }
```

上述代码中，根类User定义了一个虚方法Login，用于为所有身份的用户提供密码验证功能，并且作为普通用户身份提供默认的登录问候语，因此，第32行代码输出为“欢迎使用教务系统！”。子类Student和Teacher重写该虚方法，首先通过base.Login(userName, password);执行父类中密码验证功能，再通过return语句返回各自不同的登录问候语，从而表现出多态性。由此可以看出，虚方法相对抽象方法的一个好处是，可以在父类中为所有子类通过某个虚方法提供共同的基础功能，同时又能够由子类重写该方法，提供子类个性化的行为表现。

虚方法的一般代码形式：

virtual 返回值 方法名(形参列表){ 函数体 }

用关键字virtual说明该方法为虚方法　其他函数定义四要素不变

另外，我们要注意到一个现象，如果抽象方法被子类实现了，那么子类的子类就可以重写该实现的方法，我们把这个现象称为抽象方法虚拟化。

定义6-19　抽象方法虚拟化(abstract method virtualization)：某个类C包含抽象方法M，若该类C的某个后代类$C_x \in D(C)$实现了该方法，那么M则被C_x自动定义为虚方法，C_x的后代类可以对M进行重写。

我们对“问候语”的例子进行扩充，将不同国家放宽到不同民族、不同时期的人，那么我们可以从Chinese派生出ChineseAncient子类，表示中国古人，其SayHello行为表现应该是“四海安好!”的文言文输出。图6-8表达了增加ChineseAncient子类的Person类的继承体系。

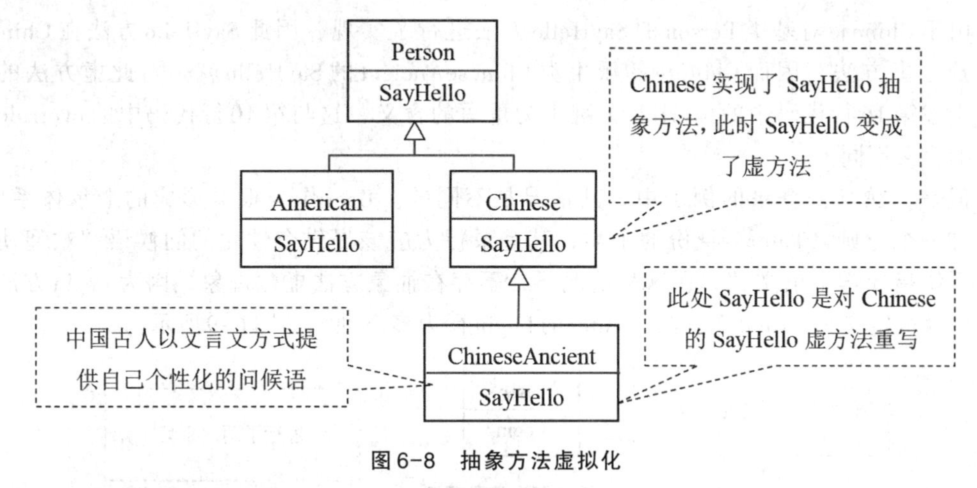

图6-8　抽象方法虚拟化

```
1    using System;
2    namespace Polymorphism.SayHello
3    {
4        abstract class Person //定义基类
5        {
6            public abstract void SayHello(); //定义抽象方法 SayHello
7        }
8        class Chinese : Person //定义 Chinese 派生类
```

```
9        {
10           public override void SayHello() { //实现抽象方法SayHello,同时虚化了基类此抽象方法
11               Console.WriteLine("世界,你好！ ");
12           }
13       }
14       class ChineseAncient : Chinese
15       {
16           public override void SayHello() { //重写了Chinese基类的虚拟方法SayHello
17               Console.WriteLine("四海安好！ ");
18           }
19       }
20       class Program
21       {
22           static void Main(string[] args)
23           {
24               Person p = new Chinese();
25               p.SayHello(); //响应的结果是输出"世界,你好!"
26               p = new ChineseAncient();
27               p.SayHello();
28           }
29       }
30   }
```

由于Chinese对基类Person的SayHello方法进行了实现，因此SayHello方法在Chinese中变成了虚方法，因而Chinese的派生类ChineseAncient的SayHello就是对此虚方法的重写。上述第16行代码中的override关键字为重写的含义，这与第10行代码中的override为实现的含义不同。

但是，在User登录的例子中，其情况是不同的。User作为根类形成的继承体系中，再增加一个导师（Tutor）身份的子类，其登录行为应该提供个性化的问候语“欢迎使用教务系统指导学生论文!”。在这种情况下，不存在抽象方法虚化现象，因为Login方法在根类中就被定义为virtual虚方法。Tutor的Login行为多态性，如图6-9所示。

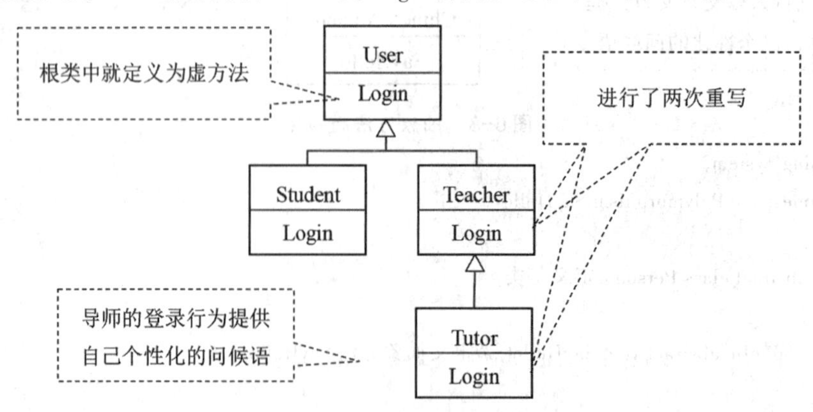

图6-9 Tutor的Login行为多态性

例题6-16 定义用户体系的三个类User、Teacher、Tutor，并为三个类的Login登录行为赋予不同的表现。

例题代码

```
1   using System;
2   namespace Polymorphism.UserLogin
3   {
4       class User
5       {
6           public virtual string Login(string userName, string password) {
7               //省略执行密码验证代码
8               return "欢迎使用教务系统！";
9           }
10      }
11      class Teacher : User
12      {
13          //重写了User基类的虚方法Login
14          public override string Login(string userName, string password) {
15              base.Login(userName, password);
16              return "欢迎使用教务系统录入成绩！";
17          }
18      }
19      class Tutor : Teacher
20      {
21          //继续重写Teacher基类的虚方法Login
22          public override string Login(string userName, string password) {
23              base.Login(userName, password);
24              return "欢迎使用教务系统指导学生论文！";
25          }
26      }
27      class Program
28      {
29          static void Main(string[] args)
30          {
31              User u = new User();
32              Console.WriteLine(u.Login("普通用户", "123456"));
33              u = new Teacher();
34              Console.WriteLine(u.Login("工号", "123456"));
35              u = new Tutor();
36              Console.WriteLine(u.Login("工号", "123456"));
37          }
38      }
39  }
```

三、向上与向下转型

要实现狭义多态性，需要借助向上转型与向下转型两种类型转换机制。

（一）向上转型

定义6-20 向上转型（up-casting）：某个类C，其后代$C_x \in D(C)$类型变量p，可以自动转换成继承路径$Path\left(C_x - \triangleright C\right) - \{C_x\}$上任意类型。

例如，我们定义一个Tutor类型的对象p，可以将p转换为{Teacher, User}中的任意类型。

```
1    Tutor p = new Tutor(); // Tutor的对象p
2    Teacher t = p; // 在此赋值过程中Tutor对象p自动转变为Teacher类型，并赋值给t
3    User u = p; // 在此赋值过程中Tutor对象p自动转变为User类型，并赋值给u
```

我们还可以在初始化User数组的时候利用向上转型机制：

```
4    User[] users = new User[] {
5        new Tutor(),     // Tutor实例化的对象自动转变为User类型存入users数组
6        new Teacher(), // Teacher实例化的对象自动转变为User类型存入users数组
7        new Student()  // Student实例化的对象自动转变为User类型存入users数组
8    };
```

再如，在例题6-16中，存在Teacher对象和Tutor对象向上转型为User的情况。

```
31            User u = new User();
32            Console.WriteLine(u.Login("普通用户", "123456"));
33            u = new Teacher(); // Teacher实例化的对象自动转变为User类型赋予u
34            Console.WriteLine(u.Login("工号", "123456"));
35            u = new Tutor(); // Tutor实例化的对象自动转变为User类型赋予u
36            Console.WriteLine(u.Login("工号", "123456"));
```

（二）向下转型

定义6-21 向下转型（down-casting）：某个类C的变量p，如果被实例化为其后代类型$C_x \in D(C)$对象，则p可以转换成$Path\left(C_x - \triangleright C\right) - \{C\}$上任意类型。

例如，我们定义一个User类型的变量u，但将其实例化为Tutor类的对象，那么可以将u转换为{Teacher, Tutor}中的任意类型。

```
1    User u = new Tutor();     // User类型变量u被实例化为Tutor对象，这实际上是向上转型
2    Teacher t = (Teacher)u;  // u通过强制类型转换成了Teacher类型，这才是向下转型
3    Tutor p = (Tutor)u;        // u通过强制类型转换成了Tutor类型，这也是向下转型
```

上述代码中，第1行实例化的是Tutor类型对象，但是赋值给了基类User类型的变量u，这实际上是向上转型，而第2、3行才是向下转型。因此，我们可以看到向下转型的先决条件是必须实例化出继承路径中最低层级类型的对象。另外，可以看到向下转型是比较严格的，不能通过自动转型完成，需要以强制类型转换的方式才能实现，但有一种情况除

外，即在进行抽象方法或虚方法调用的时候。

```
31          User u = new User();
32          Console.WriteLine(u.Login("普通用户", "123456"));
33          u = new Teacher();
34          Console.WriteLine(u.Login("工号", "123456")); // u此时自动转换成Teacher类型
35          u = new Tutor();
36          Console.WriteLine(u.Login("工号", "123456")); // u此时自动转换成Tutor类型
```

上述代码中第34行的u.Login方法调用，会自动将u的类型由基类User转变成为派生类Teacher，因为此时u被实例化为Teacher对象，所以程序会自动识别并完成向下转型，去调用Teacher类型中重写的Login方法，同理，第36行的u.Login方法调用也是如此。这种机制称为多态类型推断（类型推断的概念参见本章第二至四节）。

定义6-22　多态类型推断（type inference based on polymorphism）：某个类C存在抽象方法或虚方法M，如果定义类C的变量p，被实例化为其后代类型$C_x \in D(C)$对象，p.M调用的时候，程序会对p沿着继承路径$Path\left(C_x - \triangleright\ C\right)$进行类型推断，直到遇上最低层级实现或重写方法M的类型C'，并调用类型C'的方法M。

例如，在“问候语”的例子中，Person的抽象方法SayHello被Chinese实现，且由ChineseAncient重写，如果Person类型变量p被实例化为ChineseAncient的对象，那么p.SayHello()调用的是ChineseAncient-▻Chinese-▻Person这个继承路径中最低层级实现或重写的SayHello()方法，即ChineseAncient类型的SayHello()方法，因而输出结果是文言文的问候语“四海安好！”。

此外，在“User”的例子中，User的虚方法Login被Teacher重写，又被Tutor重写，如果User类型变量u被实例化为Tutor这个最低层级类型对象，那么程序会自动推断出u.Login()中的u的实际类型为Tutor，并调用其重写的Login方法。

我们可以通过下面的例子说明更加一般的情形。

例题6-17　定义继承体系F(C)的结构，如图6-10所示，填写表6-2中的空缺内容。

说明1：表格中纵列表示实例化变量x的类型对象，横行表示变量x的定义类型，交叉单元格表示对变量x的实例化赋值。例如，第3行C1 x、第4列new C11()，其交叉单元格表示为C1 x = new C11();实例化赋值语句，单元格填写的是C11.M()，则表示x.M()会调用C11类型的M方法。

说明2：表格中E1表示不能实例化抽象类的错误；E2表示违背了继承类型兼容定理（定理6-4），对不同继承路径上的类型进行转换，例如，第3行C1 x、第7列new C2()，表示C1 x = new C2();，由于C1、C2不在同一条继承路径上，因此不能进行类型赋值转换；E3表示违反了向下转型先决条件的错误，例如，第8行C21 x、第7列new C2()，表示C21 x = new C2();，由于C2是C21的父类，正好与向下转型的先决条件相反（实例化应为后代类对象，此处企图实例化基类对象）。

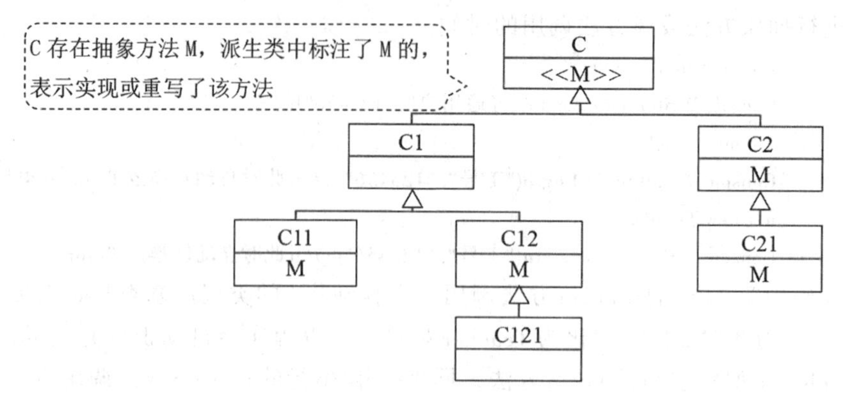

图 6-10　继承体系 F(C)的结构

表 6-2　确定方法 M 的调用版本

=	new C()	new C1()	new C11()	new C12()	new C121()	new C2()	new C21()
C x	E1	E1	C11.M()	①	②	③	C21.M()
C1 x	E1/E3	E1	④	C12.M()	⑤	E2	E2
C11 x	E1/E3	⑥	C11.M()	E2	E2	E2	E2
C12 x	E1/E3	E1/E3	E2	C12.M()	⑦	E2	E2
C121 x	E1/E3	E1/E3	E2	E3	⑧	E2	E2
C2 x	E1/E3	E2	E2	⑨	E2	C2.M()	⑩
C21 x	E1/E3	E2	E2	E2	E2	E3	C21.M()

题解：

①定义 C x = new C12();，那么 x.M()调用的是 C12 的 M。

②定义 C x = new C121();，那么 x.M()调用的是 C12 的 M。

③定义 C x = new C2();，那么 x.M()调用的是 C2 的 M。

④定义 C1 x = new C11();，那么 x.M()调用的是 C11 的 M。

⑤定义 C1 x = new C121();，那么 x.M()调用的是 C12 的 M。

⑥定义 C11 x = new C1();，那么发生 E1 和 E3 两个错误。

⑦定义 C12 x = new C121();，那么 x.M()调用的是 C121 的 M。

⑧定义 C121 x = new C121();，那么 x.M()调用的是 C12 的 M。

⑨定义 C2 x = new C12();，那么发生 E2 错误。

⑩定义 C2 x = new C21();，那么 x.M()调用的是 C21 的 M。

(三) 向上向下转型的作用

向上与向下转型是实现面向对象程序设计多态性的重要技术手段。其目的在于，一组对象的使用者，当需要让这些对象执行统一的行为时，无需关心每个对象的行为差异，只需要通过发出行为执行的指令，随之每个对象按照自己的行为规则进行不同的表达即可。

我们在这里给出一个关于“问候语”更加一般的例子。

例题 6-18　在 Main 函数中通过定义一组 Person 对象，并用循环语句执行 SayHello 的问候行为。

```
1        // 定义 Person 数组,通过向上转型存入数组不同类型的 Person 对象
```

```
2            Person[] persons = new Person[] {
3                new Chinese(),
4                new American(),
5                new ChineseAncient()
6            };
7            foreach(var person in persons) {
8                person.SayHello(); // 通过向下转型执行不同 Person 对象的 SayHello 行为
9            }
```

上述代码中的第2行到第6行，定义了一个Person类型的数组，并通过向上转型，将不同的派生类型对象放入数组，然后通过第8行代码，以循环方式执行SayHello行为。在执行SayHello行为的时候，由于该方法在基类Person中定义为抽象方法，且各个派生类都进行了实现或者重写，因而程序会通过向下转型机制，完成各自版本的SayHello方法调用，从而让程序表现出多态性特征。

由这个例子可以看出，向上、向下转型机制使得程序可以表现出多态性，但是只限于狭义多态性，即要保证转型的对象在同一继承体系上。

同时，也可以看出这种狭义多态性带来程序编写的好处，即可以使得代码满足重用性和扩展性。重用性体现在用统一的方法调用代码person.SayHello()来完成所有对象的问候行为。扩展性体现在如果有新的国家或民族的问候语，无需改变现有的任何代码，只需增加一个新的派生类，并实现或重写SayHello方法即可。具体可以参见例题6-14相关内容。

四、函数重载与广义多态

本书第二章第六节中介绍了函数重载的语法机制，这一机制实际上满足了广义多态性的定义。由于在同一个类作用域中可以定义出不同参数版本的同名函数，这正好满足了“同等行为”的定义。

例题6-19　定义User类，并提供两个版本的Login行为，其一为用户名、密码登录，其二为用户名、密码、验证码登录，另外定义派生类AdminUser表示管理员用户，提供新的Login行为，即用户名、密码、验证码、密钥登录。

例题代码

```
1    using System;
2    namespace Polymorphism.OverloadLogin
3    {
4        class User
5        {
6            public string Login(string userName, string password) {
7                return Login(userName, password, null); // 采用代理调用形式
8            }
9            public string Login(string userName, string password, string validatingCode) {
10               // 省略密码、验证码验证代码
11               return $"欢迎 {userName} 使用系统";
12           }
13       }
```

```
14        class AdminUser : User {
15            public string Login(string userName, string password,
16                string validatingCode, string secretKey) {
17                Login(userName, password, validatingCode); // 采用反向代理调用形式
18                // 省略验证密钥的代码
19                return $"管理员 {userName} 登录系统后台成功";
20            }
21        }
22        class Program
23        {
24            static void Main(string[] args)
25            {
26                User user1 = new User();
27                Console.WriteLine(user1.Login("张三", "123456"));
28                User user2 = new User();
29                Console.WriteLine(
30                    user2.Login("李四", "123456", validatingCode: "3526"));
31                AdminUser user3 = new AdminUser();
32                Console.WriteLine(
33                    user3.Login("王五", "123456", validatingCode: "3526", secretKey: "HnJSk"));
34            }
35        }
36    }
```

上述代码在"User"中定义了两个版本的Login方法，其参数个数不同，符合扩参函数定义，因而采用了代理调用形式。在Main函数中，第27行、第30行代码分别调用了User中两个重载方法，一个是用户名与密码验证登录，另一个是用户名、密码加验证码验证登录。可以看出满足了多态性定义，即同等消息（Login）发送给了不同对象user1、user2，得到的响应不同（即验证逻辑不同）。

另外，派生类"AdminUser"中重载了一个新版本的Login方法，即在用户名、密码、验证码的基础上，再加上密钥验证。这说明派生类可以对基类方法进行重载。但是，由于AdminUser的Login方法与User的两个Login方法作用域不同，从而无法使用之前提及的代理调用形式，即参数较少的重载方法嵌套调用参数最多的重载方法。如果在基类User的Login(string userName, string password, string validatingCode) 方法中代理调用派生类AdminUser的 Login(string userName, string password, string validatingCode, string secretKey)方法，则会发生编译错误。这是由于User作用域小于AdminUser作用域，低层次作用域的代码不可访问到高层次作用域的代码。但是为了不再重复密码、验证码的验证逻辑，这里采用反向代理调用形式，对Login(string userName, string password, string validatingCode)这个基类中的方法进行代理调用。这变成了参数多的函数嵌套调用了参数少的重载函数。

五、运算符重载与广义多态

运算符重载也是一种广义多态性的表现，其本质为函数重载。

定义6-23　运算符重载（operator overload）： 类型C不是运算符δ的操作数类型，如果为δ增加其操作数的类型C，则称针对类型C重载运算符δ。

例题6-20　定义Person类、Family类，为Person类重载运算符+，表示两个人组建一个家庭。

例题代码

```
1     using System;
2     namespace Polymorphism.Operator
3     {
4        enum Gender {
5           Male,
6           Female
7        }
8        class Person
9        {
10          public string Name{ get; set; }
11          public Gender Gender { get; set; }
12          // 针对 Person 类重载了运算符 +
13          // 赋予了运算符 + 新的含义,表示两个人组建一个家庭
14          public static Family operator+(Person husband, Person wife) {
15             Family family = new Family() {
16                Husband = husband,
17                Wife = wife
18             };
19             return family;
20          }
21       }
22       class Family
23       {
24          public Person Husband { get; set; } // 关联属性
25          public Person Wife { get; set; } // 关联属性
26          public override string ToString() // 重写来自 Object 的 ToString 方法
27          {
28             return $"这是{this.Husband.Name}与{this.Wife.Name}的家庭";
29          }
30       }
31       class Program
32       {
33          static void Main(string[] args)
34          {
```

```
35            Person xiaoming = new Person() {
36                Name = "小明",
37                Gender = Gender.Female
38            };
39            Person xiaohong = new Person() {
40                Name = "小红",
41                Gender = Gender.Male
42            };
43            // 重载运算符 + 的使用,表明小明与小红组建了一个家庭
44            Family family = xiaoming + xiaohong;
45            Console.WriteLine(family);
46        }
47    }
48 }
```

上述第44行代码xiaoming + xiaohong，改变了运算符 + 原本只能作用在数值类型的操作数上的限制，赋予了新的含义，使其可以针对Person类型，表达两个人成立家庭的含义。这也是一种多态性的表现。

本质上，运算符重载是函数的定义形式，我们给出其一般的代码形式：

```
static  返回值类型  operator 运算符(包含类型对象,其他形参) { 函数体 }
  ↑                    ↑        ↑            ↑
必须是静态的      定义关键字 需重载的运算符 完整的形参列表
```

从一般的代码形式上可以看出与函数定义的对应关系：函数四要素中的函数名被operator关键字和运算符取代了，同时该函数必须定义为static静态的，而且形参列表中的第一个参数类型必须是包含该运算符重载的类，如在Person中重载运算符 + ，第一个参数必须定义为Person类型对象，此外，函数体和返回值类型是不可缺少的。

需要特别注意的是，运算符重载的形参列表是有严格要求的，因为要满足运算符的目数定理。上述例子中，运算符 + 为二目运算符，因此，需要定义两个形参，第一个形参代表左操作数，且必须包含类型对象，第二个形参则代表右操作数。由此可知，如果重载的是一目运算符，那么只需要定义一个形参。

既然运算符重载本质上为函数定义，那么可以用一个等价函数取代。例如，定义Marry方法，表示当前这个人作为“丈夫”身份，娶另外一个人作为“妻子”，组建一个家庭。

```
1        public Family Marry(Person wife) { // 只带一个参数,作为“妻子”身份
2            Family family = new Family() {
3                Husband = this,  // 当前对象表示的人作为“丈夫”身份
4                Wife = wife      // 参数对象表示的人作为“妻子”身份
5            };
6            return family;
7        }
```

那么，在Main函数中，可以取代Family family = xiaoming + xiaohong;这句话，用Marry方法调用表示结婚组建家庭，即Family family = xiaoming.Marry(xiaohong);。

```
1        static void Main(string[] args)
2        {
3            Person xiaoming = new Person() {
4                Name = "小明",
5                Gender = Gender.Female
6            };
7            Person xiaohong = new Person() {
8                Name = "小红",
9                Gender = Gender.Male
10           };
11           // 用 Marry 方法调用取代运算符 + 的使用,表明小明与小红组建了一个家庭
12           Family family = xiaoming.Marry(xiaohong);
13           Console.WriteLine(family);
14       }
```

我们可以来看一个更加丰富的运算符重载示例，将上述“结婚家庭”的示例进行扩展，增加家庭抚养小孩的行为。

例题6-21 新增一个Child，继承自Person，并为Family增加一个用“+”运算符表示的抚养小孩的行为。

```
1    using System;
2    using System.Collections.Generic;
3    namespace Polymorphism.Operator
4    {
5        enum Gender {
6            Male,
7            Female
8        }
9        class Person
10       {
11           public string Name{ get; set; }
12           public Gender Gender { get; set; }
13           public static Family operator+(Person husband, Person wife) {
14               Family family = new Family() {
15                   Husband = husband,
16                   Wife = wife
17               };
18               return family;
19           }
20           public Family Marry(Person wife) {
21               return this + wife; // 采用代理调用形式使用重载运算符 + 完成功能
22           }
23       }
24       class Child : Person // 增加一个 Child 类,表示“小孩”
```

例题代码

```
25          {
26          }
27          class Family
28          {
29              public Family() {
30                  this.Children = new List<Child>(); // 采用构造函数实例化列表对象
31              }
32              public Person Husband { get; set; }
33              public Person Wife { get; set; }
34              public List<Child> Children { get; set; }
35              // 运算符 + 针对 Family 类型进行重载
36              // 左操作数为 Family 对象,右操作数为 Child 对象
37              public static Family operator+(Family family, Child child) {
38                  family.Children.Add(child);
39                  return family;
40              }
41              // 提供一个与 + 运算符重载等价的实例方法,并用代理调用形式完成功能
42              public Family Raise(Child child) {
43                  return this + child;
44              }
45              public override string ToString()
46              {
47                  return $"这是{this.Husband.Name}与{this.Wife.Name}的家庭,有 {this.Children.Count} 个小孩";
48              }
49          }
50          class Program
51          {
52              static void Main(string[] args)
53              {
54                  Person xiaoming = new Person() {
55                      Name = "小明",
56                      Gender = Gender.Female
57                  };
58                  Person xiaohong = new Person() {
59                      Name = "小红",
60                      Gender = Gender.Male
61                  };
62                  Family family = xiaoming + xiaohong;
63                  family = family + new Child() { // 使用针对 Family 重载的运算符 + ,表示抚养小孩
64                      Name = "小小红",
65                      Gender = Gender.Female
66                  };
67                  Console.WriteLine(family); // 输出:"这是小明与小红的家庭,有 1 个小孩"
```

```
68          }
69       }
70    }
```

通过这个示例可以更加清晰地看到，运算符重载体现的广义多态性，xiaoming + xiaohong表示xiaoming这个对象执行了一个“+”行为，family + new Child() {...}表示family对象也执行了一个“+”行为，由于都是“+”运算符，因此是一种同等行为，但最终的响应结果不同，前者为结婚组建家庭，后者表示家庭抚养小孩。

通过这个扩展的示例说明，在运算符重载形参中，除了包含类型外，还可以有其他类型对象作为形参，如此处的右操作数类型为Child。当然，还可以用family.Raise(new Child() {...});的等价方法调用形式完成家庭抚养小孩的功能。

注意：对运算符的重载不能违背程序“可读性”原则，例如，我们不能对“User”重载“+”运算符，因为两个用户的相加行为，无法赋予合理的解释，从而让代码user1 + user2读起来非常奇怪。

六、泛型与广义多态

泛型技术的提出是为了能够重用算法代码，无需由于数据类型的不同，而重复编码。

例题6-22　设计一个类，用于执行任何一种类型数据的累加操作。

例题代码

```
1    using System;
2    namespace Polymorphism.Generic
3    {
4       class Acculator<T> // 定义累加器，类型参数 T 表示需要累加运算的数据类型
5       {
6          // 执行累加运算，该方法有两个参数：
7          // (1)adding：用于求解两个 T 类型数据的相加操作的 lambda 表达式
8          // (2)array：一组用于累加的 T 类型数据，这是一个变长参数
9          public T Acculate(Func<T, T, T> adding, params T[] array) {
10            T s = default(T); // 获取 T 类型数据的默认值
11            foreach(T x in array) {
12               s = adding(s, x); // 执行 lambda 表达式，获得累加值，并赋值给 s
13            }
14            return s;
15         }
16      }
17      class Program
18      {
19         static void Main(string[] args)
20         {
21            Acculator<int> acculatorInt = new Acculator<int>(); // 定义整型累加器
22            int intAcc = acculatorInt.Acculate(
```

```
23                  (s, p) => s + p, 1, 2, 3); // 传递用于累加的一组整数,及其累加表达式
24              Console.WriteLine($"整数求和:{intAcc}");
25              Acculator<string> acculatorStr = new Acculator<string>();
26              string strAcc = acculatorStr.Acculate(
27                  (s, p) => s + p, "ABC", "DEF", "GHI"); // 传递用于拼接的一组整数,及其拼接表达式
28              Console.WriteLine($"字符串拼接:{strAcc}");
29          }
30      }
31  }
```

上述Main函数中的第22行~第23行、第26行~第27行代码，调用的是同等消息，即方法名Acculate完全相同，但传递的参数类型不同，第一个用于整数累加，传递的实参为这一组整数“1,2,3”，第二个用于字符串拼接，传递的实参为一组字符串“"ABC", "DEF", "GHI"”。虽然传递的第一个参数均为lambda表达式“(s, p) => s + p”，但其代表的是完全不同的两种类型数据的相加操作。第一个的s与p为整数类型，s + p是整数相加，第二个的s与p为字符串类型，s + p是字符串拼接。这说明第一个Acculate调用得到的响应是整数累加，第二个Acculate调用得到的响应是字符串拼接，从而符合多态性的定义，并且是一种广义多态性的表现。

此外，Acculator类中Acculate方法，第一个参数adding表示两个T类型数据相加，并将得到的结果作为返回值，用Func<T, T, T>带三个同类型参数的泛型对象表示，因此在Main函数中可以传递符合要求的lambda表达式。Acculate方法中的第二个参数为变长参数，用于接受一个组T类型的数据。

泛型表现的多态性，也称为“参数多态”（parametric），而之前的函数重载表现出来的多态性，则称为“特定多态”（ad hoc polymorphsim）。

参数多态

第五节 应用案例

一、矩阵计算

第四章中的“矩阵计算”案例，可以通过广义多态特性编码，实现更加自然的客户端代码，即用更接近数学语言的表达式完成矩阵的计算，从而使代码更具“可读性”。

（一）题目

通过运算符重载将矩阵相加、矩阵相减、矩阵相乘、转置行为写成运算符的表达式形式，同时增加矩阵数乘操作，并用函数重载、运算符重载技术实现。

（二）题解

1. 在Matrix类定义中重载运算符“+、-、*、~”分别表示“矩阵相加、相减、相乘、

转置”操作。

```
1        public static Matrix operator+(Matrix left, Matrix right) {
2          return left.Add(right);
3        }
4        public static Matrix operator-(Matrix left, Matrix right) {
5          return left.Subtract(right);
6        }
7        public static Matrix operator*(Matrix left, Matrix right) {
8          return left.Multiple(right);
9        }
10       public static Matrix operator*(Matrix left, double value) {
11         return left.Multiple(value);
12       }
13       public static Matrix operator~(Matrix matrix) {
14         return matrix.Transpose();
15       }
```

这些运算符重载的函数体，均嵌套调用了对应方法，这样可以避免重复编写相关操作的代码。

2.在Matrix类定义中重载方法Multiple，用于实现数乘操作。

```
1        public Matrix Multiple(double value) {
2          Matrix m = new Matrix(this.Elements);
3          for(int i = 0; i < this.RowCount; i++) {
4            for(int j = 0; j < this.ColCount; j++) {
5              m.SetValue(i, j,
6                m.GetValue(i, j) * value);
7            }
8          }
9          return m;
10       }
```

3.在Matrix类定义中重载运算符“*”，表达数乘运算。

```
1        public static Matrix operator*(Matrix left, double value) {
2          return left.Multiple(value);
3        }
```

4.将Main主函数中的客户端代码改造成运算符表达式的实现方式。

```
1        static void Main(string[] args)
2        {
3          double[,] x = new double[,] {
4            {1,2,3},
5            {4,5,6}
6          };
7          Matrix m1 = new Matrix(x);
8          Console.WriteLine(m1);
```

```
9              Console.WriteLine(~m1); // 矩阵转置
10             Console.WriteLine(m1 * 2); // 增加数乘操作
11             double[,] y = new double[,] {
12                 {1,4},
13                 {2,5},
14                 {3,6}
15             };
16             Matrix m2 = new Matrix(y);
17             Console.WriteLine(m1 * m2); // 矩阵相乘
18             Matrix m3 = new Matrix(new double[,]{
19                 {7,8,9},
20                 {10,11,12}
21             });
22             Console.WriteLine(m1 + m3); // 矩阵相加
23             Console.WriteLine(m1 - m3); // 矩阵相减
24         }
```

可以看出，Main函数中矩阵操作的代码更加自然，这种运算符表达式的操作方式，更加符合我们一般的矩阵操作认知，因此其代码的可读性更好。

二、问卷系统

第四章“本章练习”中的设计题描述了一个问卷系统中的核心对象“问卷”，第五章“本章练习”中的设计题进一步要求将调查问题类型化，并构建与问卷对象的关联关系。但要开发一个问卷系统，对不同形式的调查问题，会有不同的输出与处理方式。通过本章“问卷系统”案例，我们将以继承和多态方式增强问卷系统的编码设计，使其更加符合实际情况。

（一）资料

问卷是一种重要的统计调查工具，一份调查问卷包括标题、问候语以及若干调查问题，每个调查问题由编号、题型和问题内容构成。通过发放问卷以收集答卷，通过在答卷上回答所有调查问题以收集问卷数据。当回答调查问题的时候，通过在屏幕上显示调查问题，并由被调查对象输入回答内容的方式采集数据。问卷系统提供填空题、单选题、多选题三种类型的调查问题。不同题型的调查问题的构成不同，填空题比较简单，由题干描述构成，选择题由标题、若干选项构成，每个选项由选项编号、选项描述构成。另外，不同题型的调查问题可以计算相应的得分，以便进一步做数据分析。表6-3列出了不同题型得分计算方法。

表6-3　　**不同题型得分计算方法**

题　型	得分计算方法	例　子
填空题	一律按“0”计算	常数0
单选题	按选项的索引号计算	A.非常喜欢 B.比较喜欢 C.一般 D.不太喜欢 E.很不喜欢 如果选了“D”，则得4分
多选题	按选中的2的n次方进行“位或”计算	A.教育行业 B.医疗行业 C.其他行业 如果选了“A C”， 则为 $2^0 \mid 2^2 = 0001 \mid 0100 = 0101 = 5$

程序运行结果，如图6-11所示。

```
开始 ============================
请输入您的公司名称
____________________
上海同现科技
请问您与我司的系统对接人是谁（微信名、姓名都可以）
____________________
章XX
请问您与我司系统对接人沟通频率如何：
1. 基本没有
2. 一周几次
3. 每天都有沟通
3
您对哪些行业的工作感兴趣：
A. 教育
B. 医疗
C. 其他
B
结束 ============================
开始 ============================
请输入您的公司名称
____________________
北京和光
请问您与我司的系统对接人是谁（微信名、姓名都可以）
____________________
刘XX
请问您与我司系统对接人沟通频率如何：
1. 基本没有
2. 一周几次
3. 每天都有沟通
2
您对哪些行业的工作感兴趣：
A. 教育
B. 医疗
C. 其他
A C
结束 ============================
结果 ~~~~~~~~~~~~~~~~~~~~~~~~
1.上海同现科技(0) 2.章XX(0) 3.3(3) 4.B(2)
1.北京和光(0) 2.刘XX(0) 3.2(2) 4.A C(5)
```

图6-11　程序运行结果

（二）题解

1.重新提取对象及其关系。

按照第四章类的提取、第五章关联关系的定义、第六章继承关系的定义，我们可以得到如下的类图（如图6-12所示）：

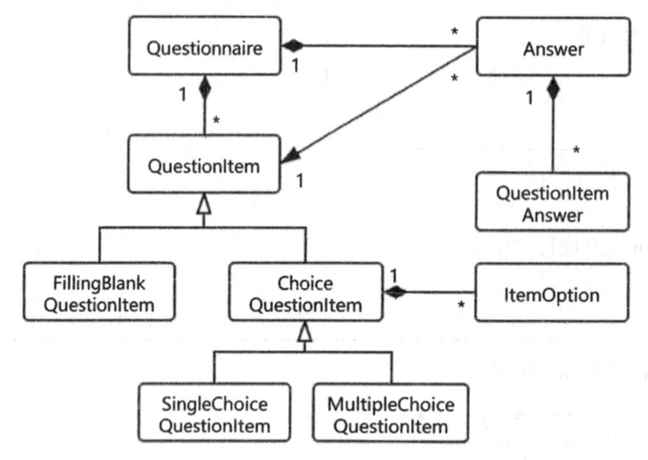

图6-12 重新提取对象与关系后的类图

各类的类名与含义见表6-4。

表6-4 各类的类名与含义

类 名	含 义	类 名	含 义
Questionnaire	问卷	Answer	答卷
QuestionItem	调查问题	QuestionItemAnswer	回答
FillingBlankQuestionItem	填空题	ChoiceQuestionItem	选择题
SingleChoiceQuestionItem	单项选择题	MultipleChoiceQuestionItem	多项选择题
ItemOption	选项		

2.根据上述类图，以及第四章属性的提取、第五章关联关系的代码推导、第六章继承关系的代码推导撰写框架代码。

```
1   using System;
2   using System.Linq;
3   using System.Collections.ObjectModel;
4   using System.Collections.Generic;
5   namespace CASE02.Questionnaire.Entities
6   {
7     enum ItemType {
8       FillingBlank,
9       SingleChoice,
10      MultipleChoice,
11    }
```

```
12    abstract class QuestionItem // 无法实例化，因此定义为抽象类
13    {
14        public int OrderNo {
15            get; set;
16        }
17        public abstract ItemType ItemType { // 抽象属性，由派生类给定
18            get;
19        }
20    }
21    class FillingBlankQuestionItem : QuestionItem // 代码推导 6-1
22    {
23        public override ItemType ItemType { // 实现抽象属性
24            get {
25                return ItemType.FillingBlank;
26            }
27        }
28        public string Description {
29            get; set;
30        }
31    }
32    class ItemOption
33    {
34        public string OptionNo {
35            get; set;
36        }
37        public string Description {
38            get; set;
39        }
40    }
41    abstract class ChoiceQuestionItem : QuestionItem // 代码推导 6-1
42    {
43        public string Title {
44            get; set;
45        }
46        List<ItemOption> _options;
47        public List<ItemOption> Options {
48            get {
49                if(_options == null) {
50                    _options = new List<ItemOption>();
51                }
52                return _options;
53            }
54        }
```

```
55        }
56        class SingleChoiceQuestionItem : ChoiceQuestionItem // 代码推导 6-1
57        {
58           public override ItemType ItemType {
59              get {
60                 return ItemType.SingleChoice;
61              }
62           }
63        }
64        class MultipleChoiceQuestionItem : ChoiceQuestionItem // 代码推导 6-1
65        {
66           public override ItemType ItemType {
67              get {
68                 return ItemType.MultipleChoice;
69              }
70           }
71        }
72        class Questionnaire
73        {
74           public Questionnaire() {
75              _answers = new List<Answer>();
76           }
77           public string Title {
78              get; set;
79           }
80           public string Greeting {
81              get; set;
82           }
83           List<QuestionItem> _items;
84           public List<QuestionItem> Items {
85              get{
86                 if(_items == null) {
87                    _items = new List<QuestionItem>();
88                 }
89                 return _items;
90              }
91           }
92           List<Answer> _answers;
93           public ReadOnlyCollection<Answer> Answers {
94              get {
95                 return _answers.AsReadOnly();
96              }
97           }
```

```
98     }
99     class Answer
100    {
101        public Answer() {
102            _itemAnswers = new List<QuestionItemAnswer>();
103        }
104        public Questionnaire Questionnaire {
105            get; set;
106        }
107        public DateTime AnswerTime {
108            get; set;
109        }
110        List<QuestionItemAnswer> _itemAnswers;
111        public ReadOnlyCollection<QuestionItemAnswer> ItemAnswers {
112            get {
113                return _itemAnswers.AsReadOnly();
114            }
115        }
116    }
117    class QuestionItemAnswer
118    {
119        public Answer Answer {
120            get; set;
121        }
122        public QuestionItem Item {
123            get; set;
124        }
125        public string AnswerValue {
126            get; set;
127        }
128    }
129 }
```

3.提取并定义行为。

问卷的行为：发放问卷（Issue）、获得所有答卷内容（GetAnswerContents）。

答卷的行为：答题（AnswerQuestionItems）、获得答卷内容（GetAnswerContent）。

调查问题的行为：获得问题内容（GetContent）、计算回答得分（GetScore）。

根据行为提取的判定法则4-5、判定法则4-6、判定法则4-7确定方法三要素，同时根据抽象方法的定义，最终确定上述行为的方法定义形式如下（见表6-5）：

表6-5 对象行为方法定义形式

类 名	行 为	方法定义形式
Questionnaire	发放问卷	Answer Issue()
	获得所有答卷内容	string GetAnswerContents()
Answer	答题	void AnswerQuestionItems(Action<QuestionItem> displayQuestionItem, Func<string> inputQuestionItemValue)
	获得答卷内容	string GetAnswerContent()
QuestionItem	获得问题内容	abstract string GetContent()
	计算回答得分	double GetScore(QuestionItemAnswer itemAnswer)

下面具体给出行为的方法定义代码：

```
1     abstract class QuestionItem
2     {
3        …
4        public abstract string GetContent();
5        //通过定义为虚方法给出默认得分
6        public virtual double GetScore(QuestionItemAnswer itemAnswer) {
7           return 0;
8        }
9     }
10    class FillingBlankQuestionItem : QuestionItem
11    {
12       …
13       public override string GetContent() { //实现基类的该方法
14          return this.Description;
15       }
16    }
17    class SingleChoiceQuestionItem : ChoiceQuestionItem
18    {
19       …
20       //重写基类的该方法以计算单选题的得分
21       public override double GetScore(QuestionItemAnswer itemAnswer) {
22          return this.GetOptionIndex(itemAnswer.AnswerValue) + 1;
23       }
24    }
25    class MultipleChoiceQuestionItem : ChoiceQuestionItem
26    {
27       …
28       //重写基类的该方法以计算多选题的得分
```

```
29        public override double GetScore(QuestionItemAnswer itemAnswer) {
30          int score = 0;
31          foreach(string v in itemAnswer.AnswerValue.Split(
32            new char[]{' '}, StringSplitOptions.RemoveEmptyEntries)) {
33            score |= (int)Math.Pow(2, this.GetOptionIndex(v));
34          }
35          return score;
36        }
37      }
38      class Questionnaire
39      {
40        …
41        public Answer Issue() { // 该方法要保证Questionnaire和Answer双向关联的数据一致性
42          Answer answer = new Answer() {
43            AnswerTime = DateTime.Now,
44            Questionnaire = this
45          };
46          _answers.Add(answer);
47          return answer;
48        }
49        public string GetAnswerContents() {
50          string c = string.Empty;
51          foreach(Answer answer in this.Answers) { // 遍历该问卷的所有答卷
52            c += answer.GetAnswerContent() + "\n"; // 调用答卷的“获得答卷内容”方法
53          }
54          return c;
55        }
56      }
57      class Answer
58      {
59        …
60        public void AnswerQuestionItems(
61          Action<QuestionItem> displayQuestionItem, // 用于输出调查问题内容lambda
62          Func<string> inputQuestionItemValue) { // 用于输入回答数据lambda
63          foreach(var item in this.Questionnaire.Items) {
64            displayQuestionItem(item); // 执行输出调查问题内容lambda
65            string v = inputQuestionItemValue(); // 执行输入回答数据lambda
66            _itemAnswers.Add(new QuestionItemAnswer() {
67              Answer = this,
68              Item = item,
69              AnswerValue = v
70            });
71          }
```

```
72          }
73          public string GetAnswerContent() {
74              string c = string.Empty;
75              //遍历所有回答，拼接问题序号、回答、回答得分
76              foreach(QuestionItemAnswer itemAnswer in this.ItemAnswers) {
77                  c += $"{itemAnswer.Item.OrderNo}.{itemAnswer.AnswerValue}({itemAnswer.GetScore()}) ";
78              }
79              return c;
80          }
81      }
82  }
```

4.补充一些方法定义。

上述第33行代码中出现了一个GetOptionIndex方法的调用，这是根据“按选项的索引号计算”这一需求推出的方法。为此给出ChoiceQuestionItem的两个补充方法的定义。

```
1   abstract class ChoiceQuestionItem : QuestionItem
2   {
3       …
4       public ItemOption FindOption(string optionNo) {
5           return this.Options.Find(p=>p.OptionNo == optionNo);
6       }
7       public int GetOptionIndex(string optionNo) {
8           var option = this.FindOption(optionNo);
9           if(option != null) {
10              return this.Options.IndexOf(option);
11          }
12          return -1;
13      }
14  }
```

上述第8行代码中出现了FindOption方法调用，由此推出了第4~6行代码对FindOption方法的定义代码。

另外，Answer类的GetAnswerContent方法中itemAnswer.GetScore()方法调用表明QuestionItemAnswer类中存在GetScore方法。该方法的功能与QuestionItem.GetScore()的功能一样，但是相比之下，少了QuestionItemAnswer类型的形参。这是由于可以通过QuestionItemAnswer中的关联属性Item调用QuestionItem.GetScore(this)，从而达到同样的计分效果，其中将this作为实参传递给形参。

```
1   class QuestionItemAnswer
2   {
3       …
4       public double GetScore() {
5           return this.Item.GetScore(this);
6       }
7   }
```

上述第5行代码中对GetScore方法的调用会随着Item属性的具体类型变化，而通过向下转型达到多态性的表现，从而正确计算出不同题型的回答得分。

5.根据服务端代码给出主程序代码。

```
1	using System;
2	using CASE02.Questionnaire.Entities;
3	namespace CASE02.Questionnaire
4	{
5	  class Program
6	  {
7	    static void Main(string[] args)
8	    {
9	      Entities.Questionnaire quest = new Entities.Questionnaire() {
10	        Title = "客户服务满意度调查",
11	        Greeting = "尊敬的客户,您好,为了更好地了解您与我司对接中的问题,提升我司的服务质量,我们诚邀您填写以下调查问卷,感谢您的配合！"
12	      };
13	      // 定义一组填空题,并添加到问卷的调查问题中
14	      FillingBlankQuestionItem q1 = new FillingBlankQuestionItem() {
15	        OrderNo = 1,
16	        Description = "请输入您的公司名称\n__________________________"
17	      };
18	      quest.Items.Add(q1); // 实参q1通过向上转型传递给形参,下同
19	      FillingBlankQuestionItem q2 = new FillingBlankQuestionItem() {
20	        OrderNo = 2,
21	        Description = "请问您与我司的系统对接人是谁(微信名、姓名都可以)\n________________________"
22	      };
23	      quest.Items.Add(q2);
24	      // 定义一组选择题,并添加到问卷的调查问题中
25	      SingleChoiceQuestionItem q3 = new SingleChoiceQuestionItem() {
26	        OrderNo = 3,
27	        Title = "请问您与我司系统对接人沟通频率如何:",
28	      };
29	      q3.Options.Add(new ItemOption() {
30	        OptionNo = "1",
31	        Description = "基本没有"
32	      });
33	      q3.Options.Add(new ItemOption() {
34	        OptionNo = "2",
35	        Description = "一周几次"
36	      });
37	      q3.Options.Add(new ItemOption() {
```

```
38                OptionNo = "3",
39                Description = "每天都有沟通"
40            });
41            quest.Items.Add(q3);
42            MultipleChoiceQuestionItem q4 = new MultipleChoiceQuestionItem() {
43                OrderNo = 4,
44                Title = "您对哪些行业的工作感兴趣:",
45            };
46            q4.Options.Add(new ItemOption() {
47                OptionNo = "A",
48                Description = "教育"
49            });
50            q4.Options.Add(new ItemOption() {
51                OptionNo = "B",
52                Description = "医疗"
53            });
54            q4.Options.Add(new ItemOption() {
55                OptionNo = "C",
56                Description = "其他"
57            });
58            quest.Items.Add(q4);
59            // 定义两次循环,用于输入两份答卷
60            for(int i = 0; i < 2; i++) {
61                Console.WriteLine("开始 ============================");
62                Answer answer = quest.Issue(); // 方法问卷,即创建了一份答卷
63                answer.AnswerQuestionItems(
64                    p=>Console.WriteLine(p.GetContent()), // 输出问题内容 lambda
65                    ()=>Console.ReadLine() // 输入回答 lambda
66                );
67                Console.WriteLine("结束 ============================");
68            }
69            Console.WriteLine("结果 ~~~~~~~~~~~~~~~~~~~~~~");
70            Console.WriteLine(quest.GetAnswerContents()); // 输出所有答卷内容
71        }
72    }
73 }
```

本案例代码体现的是狭义多态性，通过 QuestionItem 的抽象方法 GetContent 及其在派生类中的实现方法，以及虚方法 GetScore 及其在派生类中的重写得以实现。具体来看，主程序代码中的第 78 行 p.GetContent()则会根据 p 的具体类型向下转型，调用派生类中的 GetContent 方法。

本章练习

一、单项选择题

1.以下不是继承关系的是：(　　)

A. Son –▹ Father

B. Car –▹ Vehicle

C. Chinese –▹ Person

D. Chrome –▹ Browser

2.若类 C –▹ B，M 表示成员集合，以下描述正确的是：(　　)

A. $C.M \subset B.M$

B. $C.M \cap B.M = C.M$

C. $C.M \cup B.M = B.M$

D. $(C.M - B.M) \cap B.M = \varnothing$

3.若 F(C) = {C, B, K,D,E,Q }的继承关系集为{B –▹ C,K –▹ C,D –▹ B,E –▹ K,Q –▹ E}，那么可以进行类型转换的是：(　　)

A. Q、E、D

B. B、E、K

C. D、C、E

D. C、K、Q

4.以下表示发送全等消息的是：(　　)

A.

```
A a = new A();
a.M(1, 2);
a.M(1);
```

B.

```
A a = new A();
B b = new B();
a.M();
b.M();
```

C.

```
A a = new A();
B b = new B();
a.M(b);
b.M(a);
```

D.

```
A a = new A();
B b = new B();
a.B.M(a);
b.A.M(b);
```

5.若类 B 具有抽象方法 M，以下说法正确的是：(　　)

A. B 的派生类 X 必须实现方法 M

B. B 的后代类 D(B)中必须实现方法 M

C. B 的继承体系 F(B)中必须实现方法 M

D. B 的子类若不是抽象类则必须实现方法 M

6.根据下述代码，以下关于向上与向下转型说法正确的是：(　　)

```
1    Person[] pArr = new Person[]{ new Chinese(), new American() };
2    foreach(var p in pArr) {
3        p.SayHello();
4    }
```

A. 第1行向下转型、第2行向上转型
B. 第1行向下转型、第3行向上转型
C. 第2行向下转型、第3行向上转型
D. 以上都不正确
7. 以下关于狭义多态性说法错误的是：（　　）
A. 必须通过全等行为表现出来
B. 必须通过继承体系表现出来
C. 必须通过向下转型技术得以实现
D. 必须通过重载技术得以实现

二、多项选择题

1. 以下属于实现广义多态性的技术有：（　　）
A. 函数重载
B. 运算符重载
C. 泛型
D. 方法重写
2. 以下关于抽象类、抽象方法说法正确的有：（　　）
A. 包含抽象方法的类必须是抽象类
B. 不实现基类抽象方法的类必须是抽象类
C. 从抽象类派生得到的类必须是抽象类
D. 没有定义抽象方法的类可以是抽象类
3. 以下关于虚方法、方法重写说法正确的有：（　　）
A. 包含虚方法的类可以实例化
B. 虚方法在派生类中一定要重写
C. 重写虚方法可以使得对象行为表现出多态性
D. 虚方法重写的时候可以通过base关键字访问来自基类的虚方法

三、设计题

资料：乘客在打车APP平台用昵称和联系电话进行注册，当需要打车的时候，输入起始地点和目的地之后，平台按空闲出租车派单并提供服务，系统应该在订单中将出租车的司机姓名、联系电话、车牌号、车辆型号、车辆颜色显示给乘客，同时司机也能在订单中看到乘客的出发地点、联系电话。在结束服务之后，根据出租车服务类型，按照里程数，以不同方式计价结算。服务类型与计价方式见表6-6。

表6-6　**不同服务类型的计价方法**

服务类型	计价方法
快车	里程数×单价
顺风车	里程数×单价×（1÷拼车人数）
优享	里程数×单价×1.2

要求：①识别类、属性；②确定类之间的关系；③给出代码实现。

第七章 封装特性

【学习要点】

- 封装性的内涵与作用
- 封装性的代码技术

【学习目标】

能够正确理解封装性的内涵，知晓相关的代码技术，并能够针对实际问题运用封装性达到代码的模块化目的。

【应用案例】

“矩阵”数据处理：学习如何改进之前的代码，达到封装性的目的，提供更加可靠的数据处理。

“订单业务”：学习如何改进之前的代码，达到封装性的目的，提供更高质量的订单商务处理。

“问卷系统”：学习如何改进之前的代码，达到封装性的目的，构建更加完善的问卷数据处理模型。

第一节 封装性的定义

一、基于语义的定义

定义7-1 封装性（encapsulation）：对象隐藏自己的行为细节，只向外部提供有限的操控接口（操控部件）。

【思政专栏】
封装性定义

这个定义是语义上的，面向对象编程的目的在于模拟现实世界，代码的形式越接近我们人类认知世界的方式，越能够体现面向对象编程的本质。

例题7-1 人们在驾驶汽车的时候，只需通过方向盘、刹车、油门、离合等简单的部件去操控，无需知晓汽车本身是怎样驱动四轮行驶的，也就是说，汽车行驶的行为对于驾驶人员是隐藏的，这就是封装性的体现。

我们在理解封装性概念的时候，不仅要理解“隐藏对象行为细节”这句话，更要理解“限定外部操纵对象的行为”这句话。

例题7-2 仍然以驾驶汽车为例，在“人”通过方向盘、刹车、油门、离合等简单的部件操控汽车行驶的时候，汽车的行驶行为细节确实对于“人”是隐藏起来的，但同时也限制了“人”去进一步操控汽车的行为。比如，我们无法直接控制汽车发动机的工作方式，这是有好处的，因为普通驾驶人员要去直接操控发动机的工作方式是一件比较危险的事情，也是没有必要的，这也是封装性的体现。

因此，封装性的作用在于：

1.简化对象使用者的代码（如：驾驶人员操控汽车的方式）；

2.阻止对象使用者破坏对象状态的一致性（见后续的例子）；

3.限制对象使用者不必要的对象成员访问（如：驾驶人员没有必要直接操控发动机）。

封装性是一把“双刃剑”，在隐藏对象行为细节的同时，也降低了人们了解对象内部是如何运作的可能性。这会让一些喜欢“刨根问底”的人感觉“不爽”，也增加了在程序发生错误的时候，探究错误发生根源的难度。但事物总是有两面性的，“两害相权取其轻，两利相权取其重”，总体来说，面向对象的封装性所带来的好处要大于坏处。

二、基于对象状态的定义

封装性是面向对象程序设计的重要特性，为了更精确地说明这一特性，下面就对象状态、对象接口给出更细化的定义。

定义7-2 对象状态（object state）：设对象O有n个属性$P_1,P_2,\dots,P_n$，属性P_i的取值范围为$D(P_i)$，若为每个属性给定一个取值，即$v_i \in D(P_i)$，那么由$(v_1,v_2,\dots,v_n)$构成的n维向量

就表示为对象O的一个状态，记作$s_x(O)$。

例题7-3 类Order的属性集{OrderID,OrderDate,ShipAddress,ShippedDate}，现有Order的一个对象order表示OrderID为“10372”、OrderDate为“2020-12-23”、ShipAddress为“深圳红荔路103号”、ShippedDate为null的一笔订单，那么S_0=("10372", "2020-12-23", "深圳红荔路103号", null)属性值向量，就是order对象的一个状态。如果该笔订单在“2021-01-05”完成了发货，其状态变成S_1=("10372", "2020-12-23", "深圳红荔路103号", "2021-01-05")。

例题7-4 类Person的属性集{Name, Gender, BirthDate}，现有Person的一个对象xiaoming表示Name为“小明”、Gender为“男”、BirthDate为“1996-01-02”的一个人，那么S_0=("小明","男", "1996-01-02")属性值向量，就是xiaoming对象的一个状态。

定义7-3 对象初始态（object initial state）：对象O被创建出来时所具备的状态，记作IS(O)，此时的$v_i \in D(P_i)$为属性P_i的初始值，记作v_i^0。

例题7-5 上述示例中，Person对象xiaoming初始状态IS(xiaoming)=v^0=S_0=("小明", "男", "1996-01-02")；Order对象order初始状态IS(order)=v^0=S_0=("10372", "2020-12-23", "深圳红荔路103号", null)。

定义7-4 对象状态空间（object state space）：对象O所有可能的状态构成的集合为对象O的状态空间，记作S(O)，即$S(O) = \{ s_x(O) | x = 1,...,m \}$。

定义7-5 对象状态变换（object state transit）：对象O由状态$s_i(O)$变换为状态$s_j(O)$的过程，记作$s_i(O) \to s_j(O)$，其中$s_i(O),s_j(O) \in S(O) \wedge i \neq j$，$s_i(O)$称为起始态，$s_j(O)$称为结束态。

例题7-6 上述例题7-5中，order存在一个状态变换("10372", "2020-12-23", "深圳红荔路103号", null)→("10372", "2020-12-23", "深圳红荔路103号", "2021-01-05")，简记作$S_0 \to S_1$。

定义7-6 动作（action）：引发对象O由状态$s_i(O)$变换为状态$s_j(O)$的原子操作（即方法），记作$A_x(s_i(O) \to s_j(O))$，简记作A_x。所有的A_x构成了对象O状态变换的动作集，记作A。

定义7-7 动作原子性（action atomicity）：是指动作执行不能被打断，即动作执行结束后不会使得对象O处于起始态与结束态之外的第三态。

例题7-7 上述例题7-6中，order状态变换$S_0 \to S_1$，引发该变换的动作是“发货”，其中S_0为起始态，S_1为结束态。

我们可以用一个“状态图”来表示对象的状态变换以及引发变换的动作。

例题7-8 将上述例题7-7中的order状态变换$S_0 \to S_1$，以及引发该变换的动作“发货”，用状态图表示，如图7-1所示。

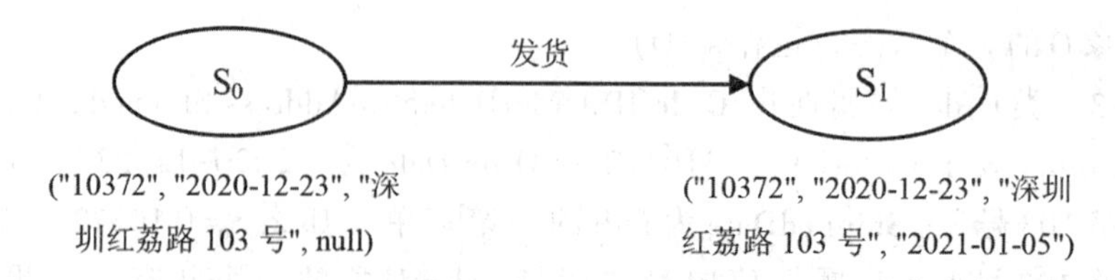

(a) 原状态图（含属性值向量）

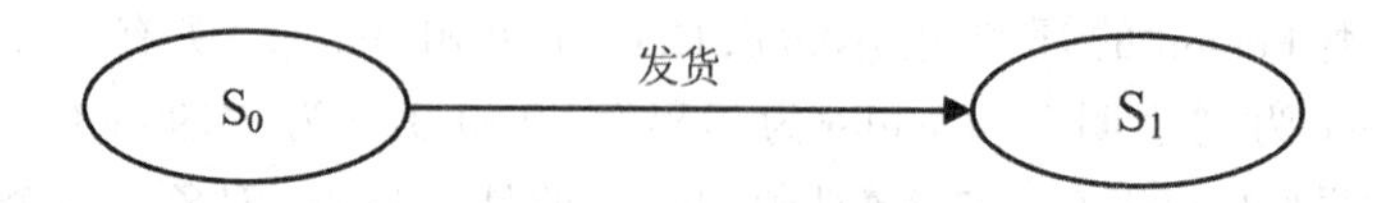

(b) 简化状态图（省略属性值向量）

图7-1　order对象状态图

在状态图中，用椭圆形表示状态，用箭头表示状态变换，其中，箭尾部分为起始态，箭头部分为结束态。状态图中可以省略具体的属性值向量。

一般会为每个对象状态取一个友好的名称，该名称需要一目了然地表达出该状态的业务含义，便于交流和阅读。例如，S_0可以用“新创建”，S_1可以用“已发货”的友好名称来表示（如图7-2所示）。

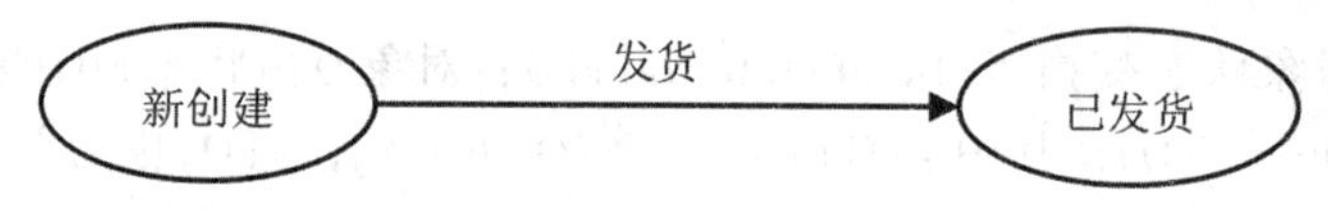

图7-2　带友好名称的order对象状态图

定义7-8　对象操控者（object manipulator）：设对象O_1的属性与方法可被对象O_2访问，那么O_2就是O_1的操控者，也称O_2是O_1的客户端，O_1是O_2的服务端，一般情况下$O_1 \neq O_2$。

定义7-9　对象的接口（object interface）：对象O可由其操控者访问的行为（即方法），称为对象的接口。

我们可以用改造后的状态图更加形象地表示对象、状态、操控者、接口及其之间的关系，如图7-3所示。

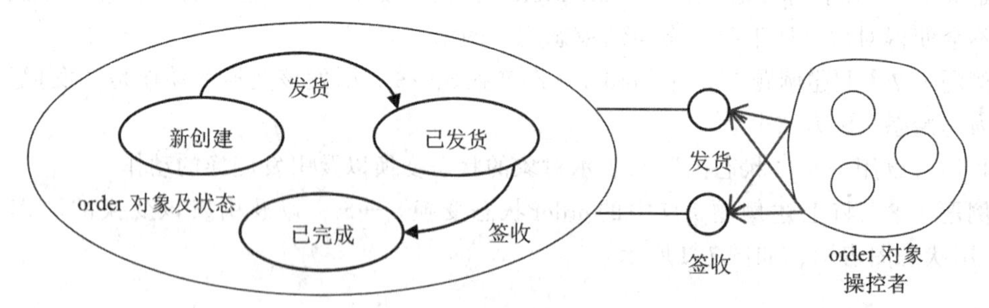

图7-3　对象、状态、操控者、接口的关系

由图7-3可以更加清晰地看出，order对象的状态变换被“包裹”在order对象内部，其操控者只能通过“发货”“签收”这些接口访问order对象，然后由order对象通过相应的动作变更其自身状态，并做出回应。这从对象维护其自身状态的角度，更加明晰了封装性的概念。

另外，可以看到order的两个接口“发货”“签收”正好与引发order对象状态变换的两个动作对应。一般情况下，一个对象要为其每个状态变换的动作提供一个接口，由其操控者使用。

定义7-10　封装性（encapsulation）：对象O的所有状态变换都由O自身定义的方法完成，对象操控者只能通过O的方法调用引起对象O的状态变换。

这个定义更加具体地描述了封装性应该满足的条件，以及限定条件，即对象O的操控者不能直接通过修改属性而改变对象O的状态。例如，我们不能直接将对象order的ShippedDate属性由null修改为“2021-01-05”，以表示该笔订单变成了“已发货”状态，而应该提供一个方法“Ship”完成发货过程，而在该方法中会将ShippedDate属性由null修改为“2021-01-05”。

实际上，从正面理解封装性，有的时候并不好界定，但如果从“没有满足封装性”的反面来理解封装性可能会更好。封装性的一个目的在于“保持对象状态的一致性不被对象操控者破坏”。从这一点出发去了解什么情况下一个对象的设计没有达到封装性要求，是理解封装性的另一个方向。

定义7-11　对象状态约束（object state constraints）：作用在对象O的状态空间S(O)上的逻辑，记作C(O)。

例题7-9　上述例题7-8中，order状态空间上的约束C(order)：{ShippedDate不能小于OrderDate}。

定理7-1　对象状态一致性：对象O在状态空间S(O)中的所有状态必须满足状态约束。

定义7-12　封装破坏（encapsulation damage）：存在操控者使得对象O在$s_i(O) \to s_j(O)$状态变化过程中导致O不满足状态约束，称为封装破坏。

例如，如果主函数Main中可以直接修改order的ShippedDate属性，使得ShippedDate发货日期比OrderDate订购日期还要早，那么就破坏了order对象的封装性，这种代码设计方案就没有满足封装性要求。

三、封装控制单元

在面向对象程序设计语言中，是以“类”作为最小封装单元的，即对象作为自身状态的维护者，只向外部操控者提供必要的可访问方法。但由封装控制的代码元素却不只是类，还包括了属性、方法、命名空间、程序集等。这些代码元素之间存在一种“上位”与“下位”的关系。

定义7-13　上位封装控制单元（upper encapsulating control unit）：存在封装控制单元E1和E2，如果E1必须先存在，才能有E2的存在，则称E1是E2的上位封装控制单元，反过来，E2是E1的**下位封装控制单元（lower encapsulating control unit）**。

例如，只有定义了类之后，才能定义出方法、属性，因此，“类”是“属性”“方法”的上位封装控制单元，而“属性”“方法”则是其下位封装控制单元。此外，还有“属性”是属性“读、写器”的上位封装控制单元，而“读、写器”是“属性”的下位封装控制单元。代表封装性的控制单元还包括命名空间、程序集，接下来会对此内容加以介绍。

定理7-2　封装上下位关系定理：在C#中的封装控制单元的上下位满足以下关系：

1.(命名空间, 程序集) > 类 > (属性, 方法) > (属性写入器, 属性读取器)

2.若类 A→B，则 B > A 且B > A 的成员

3.若类 A- ▹B，则 B > A 且 B > A 的成员

4.若类 A-->B，则 B > A 且 B > A 的成员

其中，“>”符号表示左侧为上位封装控制单元，右侧为下位封装控制单元，用小括号“()”括起来的表示无法严格区分上下位的关系，或者是同位关系。由于命名空间可以跨越多个程序集，而一个程序集可以定义出多个命名空间，因此无法严格区分它们的上下位关系，而属性的读、写器则是同位的。

定理7-2中的情况1实际上反映了封装控制单元在代码块上存在包含与嵌套的上位关系；情况2、3、4则分别反映了类之间存在关联、继承、依赖关系的上下位关系。

正是由于命名空间、程序集都无法严格区分上下位关系，因而C#只选取了程序集作为封装控制单元，命名空间只起到了归类的作用，而无法从语法层面限定其下位封装控制单元“类”的可访问性。

第二节　类封装

一、方法封装

早在面向对象技术出现之前，人们就在尝试用函数来对软件代码进行封装与重用。这种封装技术延续到了面向对象的技术中，因为，方法在面向对象中可以对应着函数的概念和代码形式。

【思政专栏】
类封装

定义7-14　基于方法的封装（encapsulation based on method）：为对象定义可由操控者访问方法的做法，即为基于方法的封装。

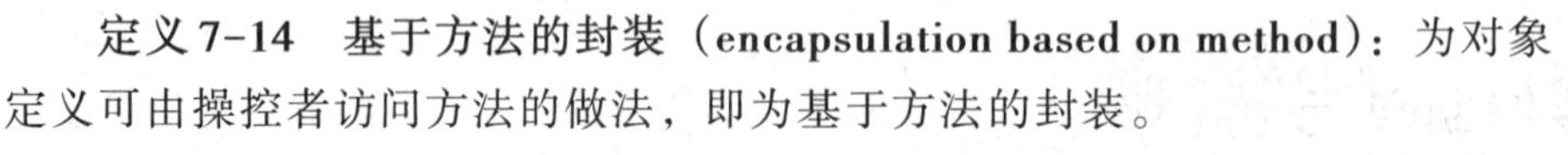

由于方法的函数体对于使用者来说是隐藏的，这说明对象操控者无法看到或者无需关心对象方法体的内部代码是如何撰写的。

例题7-10　下面的代码定义了一个“圆”类，并且有一个行为“GetArea”用于计算圆的面积。

例题代码

```
1    namespace Encapsulation
2    {
3      public class Circle
4      {
5        public double Radius
6        {
7          get;
8          set;
```

```
9            }
10           public double GetArea()
11           {
12              double area = this.Radius * this.Radius * 3.14;
13              return area;
14           }
15        }
16     }
```

这段代码定义了GetArea方法用于计算圆的面积，Circle对象的操控者无需关心圆的面积是如何计算出来的，只需要调用该方法即可，这就是基于方法的封装。

例题7-11　下面的代码定义了一个“圆”类的对象c，并且将其半径Radius属性赋值为3，然后调用了GetArea方法，计算出c的面积。此时，我们在写c.GetArea()的时候，无需关心GetArea方法体中的代码，只需要了解这个方法的方法名（GetArea）、参数（此处没有参数）、返回值（double类型且为圆的面积）即可。

```
1           Circle c = new Circle();
2           c.Radius = 3;
3           System.Console.WriteLine(c.GetArea());
```

上述代码是否满足了封装性要求？我们通过对象状态一致性定理（定理7-1）来检验封装性。首先，为Circle对象定义其状态约束C(Circle) = {Radius ≥ 0}；其次，通过在Main函数中输入反例c.Radius = -1;代码，观察到程序仍然可以执行；最后，判断得出Circle操控者可以使得Circle对象在状态变换过程中不满足状态约束，说明存在封装破坏的情况。

虽然我们采用了基于方法的封装代码技术，但这不是保证Circle对象达到封装性的充分条件，还需要接下来提到的属性封装。

二、属性封装

属性封装与方法封装类似，其本质与方法封装是一致的，但表现出来是针对属性读写操作的封装。其主要表现为：

1.属性的读取与写入行为细节相对于对象使用者来说是隐藏的；

2.限定某个属性的可读性与可写性。

定义7-15　基于属性的封装（encapsulation based on property）：通过隐藏属性读取与写入细节的封装，或者限定属性读写性的封装。

例题7-12　下面的代码定义了“Person”类及其两个属性“BirthDate”“Age”，通过为属性“Age”撰写读取器（get）代码，而不撰写写入器（set）代码，将其定义为只读属性，且将计算年龄的细节封装到该属性的读取器（get）中。

```
1      Namespace Encapsulation
2      {
3         public class Person
4         {
```

例题代码

```
5         // 属性 BirthDate 为可读、可写的，没有更多的细节需要隐藏
6         public DateTime BirthDate {
7             get; set;
8         }
9         // 属性 Age 是只读的，且隐藏了读取细节
10        public int Age
11        {
12            get {
13                // 首先计算出年份差作为周岁，再根据天数差判断是否满周岁
14                int y = DateTime.Now.Year - this.BirthDate.Year;
15                if(DateTime.Now.DayOfYear - this.BirthDate.DayOfYear < 0) {
16                    y = y - 1;
17                }
18                return y;
19            }
20        }
21    }
22 }
```

上述代码中的"Age"属性不提供写入器的原因在于防止对象调用者随意修改Age属性值，从而造成与"BirthDate"属性不一致的情况发生，这就是前面我们提到的封装性的第二个作用。

例题 7 13 下面的代码是"Person"类的操控者，由于封装程度不同，可以对"BirthDate"属性进行读写操作，但只能对"Age"属性进行读取操作，且不用关心属性"Age"是如何根据"BirthDate"计算年龄的。

```
1         Person p = new Person();
2         p.BirthDate = new DateTime(1990,7,1);
3         // 阻止下述代码，防止 Age 与 BirthDate 的不一致
4         // p.Age = 50;
5         System.Console.WriteLine(p.Age);
```

一般情况下，表7-1列示了属性四种限定读写性的方式。不可读写的属性毫无意义；而只写的属性也基本没有，因为属性定义是为了使用者可以访问的，从常规逻辑来说，这种写入但读取不了的属性，也没有什么意义，因此基本不会给出这种方式的属性定义；只读属性很常见，往往如上述代码的例子"Age"一样，作为导出属性，或者称为计算属性。

表7-1　　　　**属性读写限定的方式**

方 式	读取器	写入器	备 注
可读可写	√	√	最常见
只读	√	×	很常见，常作为导出属性（计算属性）
只写	×	√	基本没有
不可读写	×	×	没有意义

上述代码虽然通过将Age属性限定为只读，但是仍然存在封装性破坏的情况发生。例如，我们定义出Person对象的状态约束C(Person)={BirthDate ≥ '1900 - 1 - 1'∧当前日期 - BirthDate = Age}，虽然Age的属性只读封装代码，可以保证“当前日期 - BirthDate = Age”状态约束，但是不能保证“BirthDate ≥ '1900-1-1'”状态约束。因此，对于Circle来说没有达到封装性的要求，仅仅通过在方法封装技术的基础上，加入属性封装技术仍然不是封装性的充分条件，这就需要借助接下来的成员访问性控制技术。

三、成员可访问性封装

通过属性的读取器和写入器定义，可以控制属性的读写限制。但这种封装限制的控制粒度比较粗略，而且只针对属性才有。多数面向对象程序设计语言都会提供粒度更细的封装控制技术。常见的是通过将对象成员设置为公有、私有、受保护等不同的可访问性级别来细化封装程度。

定义7-16　成员可访问性（member accessibility）：设类C的成员集M_C，$m \in M_C$，通过成员访问运算符能够访问到m的代码范围，即m在程序代码中的可见范围。

一般情况下，成员可访问性按照范围从大到小有三种：公有、受保护、私有。

定义7-17　公有成员（public members）：设类C的成员集M_C，$m \in M_C$，如果m可在程序任何地方访问，则m为公有成员。

定义7-18　受保护成员（protected members）：设类C及其后代类D(C)，C的成员集M_C，$m \in M_C$，如果m只可在C及D(C)的代码中访问，则m为受保护成员。

定义7-19　私有成员（private members）：设类C的成员集M_C，$m \in M_C$，如果m仅在类C的代码中可被访问，则m为类C的私有成员。

我们可以将这三种可访问性分别表达成下图（如图7-4、图7-5、图7-6所示）：

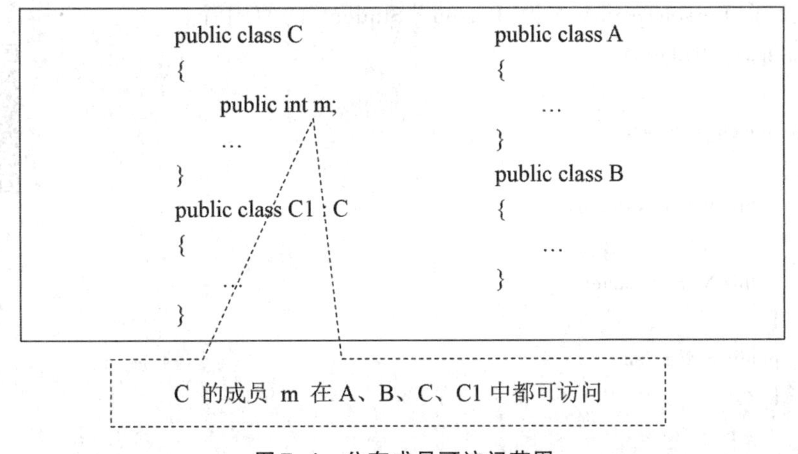

图7-4　公有成员可访问范围

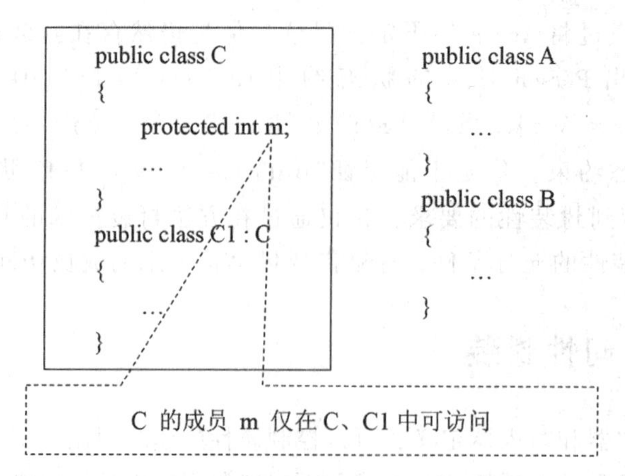

图 7-5 受保护成员可访问范围

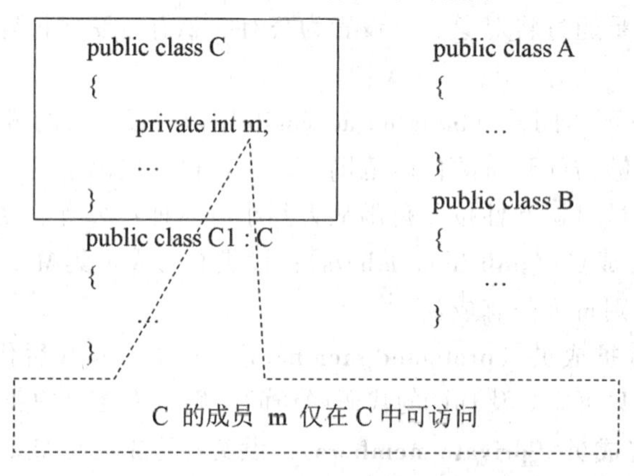

图 7-6 私有成员可访问范围

例题 7-14 下面的代码定义了"Person""Student"两个类，"Student"是"Person"的子类，另外定义了"PersonTest"类作为"Person""Student"的使用者。

例题代码

```
1    namespace S02.Person
2    {
3      public class Person
4      {
5        public Person(string name)
6        {
7          this.Name = name;
8        }
9        public string Name
10       {
11         get;
12         private set;
13       }
14       public string Degree
15       {
16         get;
```

```
17              protected set;
18          }
19      }
20      public class Student : Person
21      {
22          public Student(string name) : base(name)
23          {
24          }
25          public void BeGrantedDegree(string degree)
26          {
27              // Degree 的写入器可访问性是 protected
28              // 可以在 Person 的子类 Student 中访问
29              this.Degree = degree;
30          }
31      }
32      class Program
33      {
34          public static void Main()
35          {
36              Person p = new Person("Zhang");
37              // Name 的写入器可访问性为 private
38              // 不能在 Person 类代码范围之外访问
39              // p.Name = "Li";
40              // Degree 的写入器可访问性为 protected
41              // 不能在 Person 及其子类代码范围之外访问
42              // p.Degree = "硕士";
43              Student s = new Student("Liu");
44              // Name 的写入器可访问性为 private
45              // 不能在 Person 类代码范围之外访问
46              // s.Name = "Li";
47              // Degree 的写入器可访问性为 protected
48              // 不能在 Person 及其子类代码范围之外访问
49              // s.Degree = "硕士";
50              s.BeGrantedDegree("硕士");
51          }
52      }
53  }
```

上述代码中的“Person”具有“Name”“Degree”两个属性，它们的读取器的可访问性都为public，但写入器分别为private、protected。为什么要这么做呢？

我们是基于封装性的第三个作用“限制对象使用者不必要的对象成员访问”来考量的。据此分析如下：

按照现实情况，人（Person）的属性姓名（Name）是不能随意更改的，当我们构造一个Person对象的时候，就应该为这个人取个名字。所以，Name属性的写入器只有Person自己可以访问，应该将其设置为private。这样就可以阻止Person之外的代码随意修改Name属性。

同样，人的属性学位（Degree）也不是随意更改的，只有Student被授予学位（BeGrantedDegree）之后，才会具有某个具体的Degree。而“BeGrantedDegree”这个行为是Student子类的行为，因此Degree的写入器可访问性应该设置为protected，以便在防止他人随意修改Degree属性的同时，又要允许子类Student可以对其修改。

总结一下，Name、Degree可以被所有代码读取，但Name只能被Person自己修改，Degree则能被Person及其子类Student修改，但不能被PersonTest修改。

我们可以通过下面的例题来强化对可访问性封装的认识。

例题7-15 设存在类A、B、C、D，它们之间存在的关系为B-▷A、C→B、C-▷B、D-$\xrightarrow{p}$A，A的成员m_1可访问性为private，B的成员m_2可访问性为protected，C的成员m_3可访问性为public，D的属性p读取器可访问性为public，p的写入器可访问性为protected。填列表7-2的空格内容，表示出正确的成员可访问性。

表7-2 **判断成员可访问性**

成 员	A	B	C	D
m_1				
m_2				
m_3				
p				

题解：

1.由于m_1可访问性为private，所以只在定义它的类A代码范围中可访问，其他均不能访问。

2.由于m_2可访问性为protected，所以在定义它的类B及其子类C代码中可访问，其他不能访问。

3.由于m_3可访问性为public，所以所有代码均可访问。

4.由于p的读取器可访问性为public，所以所有代码均可读取属性p，而写入器可访问性为protected，所以在定义它的类D及其所有子类代码中可访问，但D目前没有子类，所以只有在D中可写。

最终的判断结果见表7-3。

表7-3 **判断成员可访问性（结果）**

成 员	A	B	C	D
m_1	√	×	×	×
m_2	×	√	√	×
m_3	√	√	√	√
p	可读	可读	可读	可读写

在此需要关注以下几点：

1.类A是B、C的父类，不能倒过来访问子类B的受保护成员 m_2，因此protected可访问性封装控制是向下传递的，不能向上传递。

2.类D通过方法参数依赖类A，这并不能说明属性p在可见性封装控制上会存在什么影响。

3.类C单向导航到B，这说明B的对象会成为C的属性，且可以通过C的对象传递访问到B的公有成员，但 m_2 是protected的可见性，如果不存在C继承于B，C是无法直接或传递访问到 m_2 的。

很多编程语言都提供了比我们这里所提到的公有、受保护、私有更丰富的可访问性。例如，C#中还提供了internal、protected internal、private protected等可访问修饰符，我们在此处只提供基本的可访问性封装概念，据此为大家在了解不同编程语言可访问性控制的时候打下一个基础。

C#的访问修饰符

第三节　命名空间封装

一、命名空间定义与作用

（一）命名空间定义

定义7-20　命名空间（namespace）：对“类”进行划分的一种代码元素。

【思政专栏】
命名空间封装

虽然C#中不通过命名空间对类及其成员进行访问控制，但是命名空间作为class的分类技术，非常有利于模块化代码，并可以解决class的命名冲突问题。

C#中用namespace关键字来定义命名空间，并用代码块的形式包裹class代码。一个命名空间可以定义在多个源码文件中，且可以包括多个class定义，而且命名空间是分层嵌套的。

命名空间参考

1.一般代码形式：

namespace 第一层命名空间.第二层命名空间....

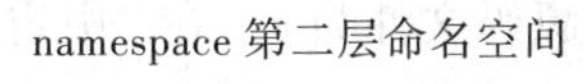

关键字　使用“.”运算符分割不同层的命名空间

2.嵌套代码形式：

```
namespace 第一层命名空间
{
  ...
  namespace 第二层命名空间
  {
```

```
    ...
  }
}
```

第2种嵌套的代码形式，可以为每一层命名空间都定义class，但第1种一般的代码形式，却只能在最后一层命名空间中定义class。

在例题7-14中，所有类都是定义在命名空间“S02.Person”中的，其中S02是第一层命名空间，Person是第二层命名空间。虽然第二层命名空间与Person类名相同，但C#允许这种情况，其不影响程序的正常执行。命名空间与类的层次嵌套关系，如图7-7所示。

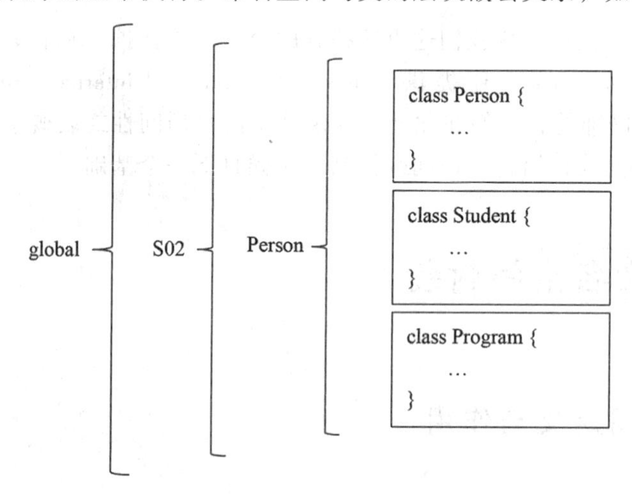

图7-7 命名空间与类的层次嵌套关系

定义7-21 全局命名空间（global namespace）：即顶层命名空间，该命名空间是所有程序代码的根分类。

如果一个类没有定义在任何的命名空间中，C#会自动将这个类包裹在一个“global”的全局命名空间中。另外，即使定义了命名空间，C#也会默认将其包裹在“global”的全局命名空间中。

（二）完全限定名及命名空间引用

定义7-22 完全限定名（fully qualified name）：加注了自第一层或顶层命名空间开始的，并用“.”或“::”成员访问运算符连接起来的类名称。

例如，S02.Person.Person是在S02.Person命名空间中Person类的完全限定名，也可以用global::S02.Person.Person来表示Person类从全局命名空间开始的完全限定名。

之前提到的命名空间可以解决类名冲突问题，这体现为我们可以在不同命名空间中定义出同名class，并采用完全限定名加以引用。例如，S02.Person.Person、S03.Assembly.Person就表示了S02.Person命名空间、S03.Assembly命名空间下定义了两个同名类Person。

但是，用完全限定名编写代码确实是一件非常麻烦的事情，C#提供了命名空间引用的语法形式，以简化完全限定名的引用形式。

定义7-23 命名空间引用（namespace using）：设当前源码文件为F，在F中定义了命名空间N1，如果要以非完全限定名的形式使用来自其他命名空间N2中的类，那么需要对命名空间N2进行引用，这个过程就称为命名空间引用，记作N1-->N2。

例题7-16　设类C1定义在当前源码文件F1.cs的N1命名空间中，而类C2、C3则是定义在源码文件F2.cs的N2命名空间中，如果要在C1的源码文件中直接使用类名C2、C3，则需要引用N2命名空间。

源码文件：F2.cs

```
1    namespace N2
2    {
3        public class C2
4        {
5        }
6        public class C3
7        {
8        }
9    }
```

源码文件：F1.cs

```
1    using N2; // 通过关键字 using 引用命名空间 N2
2    namespace N1
3    {
4        // C2来自命名空间N2,但此处直接使用了C2,
5        // 没有用完全限定名N2.C2,是由于第1行代码 using N2 引用了命名空间N2
6        public class C1 : C2
7        {
8            public void SomeMethod() {
9                // C3也来自命名空间N2,此处也是由于已经引用了命名空间N2
10               // 因此同样可以直接使用类名C3,不用完全限定名方式
11               C3 o = new C3();
12               …
13           }
14       }
15   }
```

另外，不同源码文件中可以定义出同一命名空间，还可以为命名空间定义别名以简化命名空间的引用等多种用法，更多的相关内容参考前述二维码链接的官方文档。

二、命名空间的封装

虽然C#没有通过命名空间强制限定封装控制单元的可访问性，但通过命名空间可以从名称与逻辑上表达出程序的内聚性，形成功能模块，这样就使得命名空间在逻辑上隐藏了功能模块的实现细节，而命名空间中的class就是提供给外界的可操作接口。

例题7-17　设命名空间OrderManagement用于表示订单管理功能，其中定义了Order、OrderDetail两个类作为对外接口，而ProductManagement命名空间则表示产品管理功能，其中定义了Product、Supplier两个类作为对外接口。

例题代码

```
1    namespace OrderManagement
2    {
3        public class Order
4        {
5            …
6        }
7        public class OrderDetail
8        {
9            …
10       }
11   }
12   namespace ProductManagement
13   {
14       public class Product
15       {
16           …
17       }
18       public class Supplier
19       {
20           …
21       }
22   }
```

命名空间之间的引用实际上是由于两个命名空间的类之间存在依赖关系、关联关系、继承关系，而这种引用关系实际上为一种命名空间之间的依赖关系。如果上述代码中的OrderDetail类产生一个与Product类之间的单向导航关联关系，那么OrderManagement命名空间就依赖于ProductManagement命名空间，并且可以采取命名空间引用，以简化对Product类名的使用。

```
1    using ProductManagement; // 由于OrderDetail类需要关联Product类，因而引用该命名空间
2    namespace OrderManagement
3    {
4        public class Order
5        {
6            …
7        }
8        public class OrderDetail
9        {
10           public Product Product { // 由于引用了Product所在的命名空间，因而不用完全限定名
11               get; set;
12           }
13       }
14   }
```

我们可以用UML包图表示OrderManagement和ProductManagement命名空间之间的这

种依赖关系（如图7-8所示）。在包图中，每个命名空间对应一个“包（Package）”，在包中包括了类。

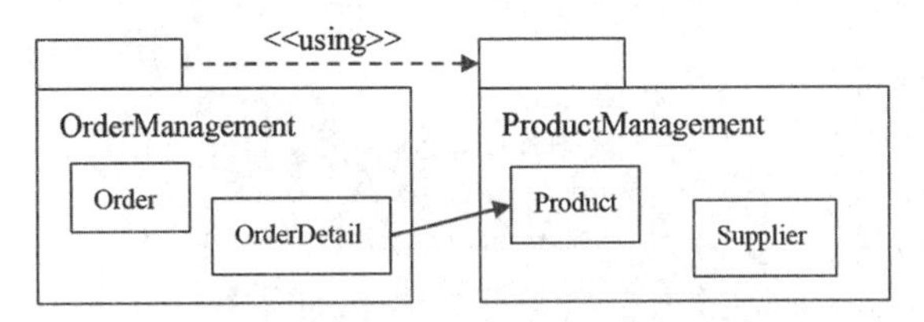

图7-8　UML包图表示的命名空间依赖关系

由图7-8可以看出，OrderDetail跨越了包的边界，关联到了另外一个包中的Product类，这使得两个包之间产生了“引用（using）”的依赖关系。

通过包图也可以更加形象地表达命名空间的封装性。图7-8中的OrderManagement命名空间形成了一个模块及其边界，当我们访问了其中的类Order和OrderDetail进行订单处理的时候，实际上就相当于访问了OrderManagement包的对外接口。ProductManagement命名空间也是如此。

第四节　程序集封装

一、程序集概念

C#中程序集和命名空间是无法严格区分上下位关系的封装控制单元，而C#选择基于程序集实施访问性控制。程序集是.Net中可运行程序的最小单元，以可执行程序（.exe）和动态链接库（.dll）文件形式存在，是由.Net平台编译形成的。程序集与源代码文件之间是编译包含的关系，如图7-9所示。

【思政专栏】
程序集封装

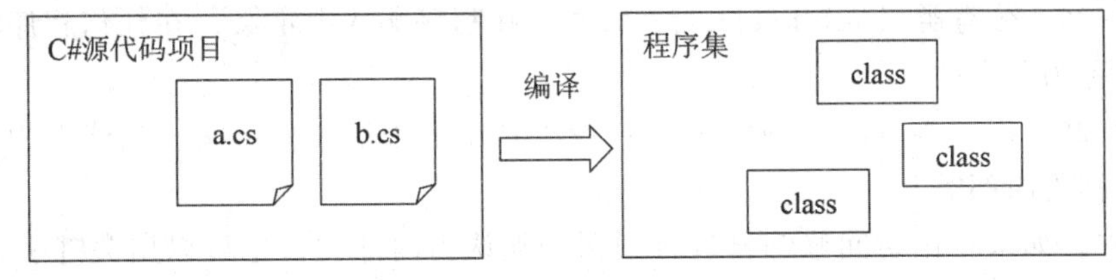

图7-9　C#源代码项目与程序集的关系

C#源代码项目中包含了源代码文件，如“a.cs”“b.cs”，经过编译之后形成的程序集中就不再有源代码文件，而是只包含源代码文件中的class代码，并且这些class代码不再用高级语言形式表示，而是用二进制的机器语言代码形式存储。

我们通过观察本书附带的示例程序中的代码文件，可以更加直观地看到这种源代码文件与程序集的关系。图7-10展示了例题7-14中的代码文件目录结构。从中可以看出，S02.Person目录下存放了C#源代码项目文件S02.Person.csproj，以及源代码文件Program.cs，其中Program.cs源代码文件中包

更多程序集参考

含了Person、Student、Program三个类的定义代码。而bin\Debug\net5.0文件夹中的S02.Person.exe和S02.Person.dll就是经过编译之后的程序集文件，通过dotnet run命令执行的就是这个程序集。

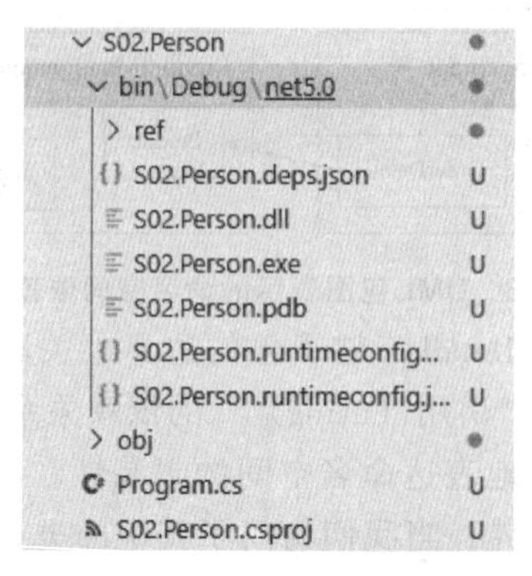

图7-10　代码文件目录结构

通过程序集从可执行文件的物理级别上封装了代码元素的可访问性，而命名空间只是一种逻辑上的封装，一个命名空间的定义会跨越多个程序集。因此，C#发明者将程序集作为可访问性控制的单元，会更加合理。

二、类可访问性

通过上述程序集的介绍，可以看出程序集包含了类，因此从封装性的角度来看，程序集要比类层次的封装性更"宽"，其是以程序集作为封装单元的。前面讨论的"类封装"的控制对象是其成员，即类的"属性"和"方法"，而"程序集封装"的控制对象包括了"类"及其"属性"和"方法"，具体是通过"可访问性"进行封装控制的。

定义7-24　类可访问性（class accessibility）：设类C在程序集A中定义，可访问类C的代码范围，即可实例化类C及调用静态成员的代码范围。

一般情况下，类可访问性从大到小分为两种：公有的、内部的。

定义7-25　公有类（public class）：设类C在程序集A中定义，在任何程序集中均可访问类C，称为公有类。

定义7-26　内部类（internal class）：设类C在程序集A中定义，只能在程序集A中访问类C，称为内部类。

在C#中，如果不用访问修饰符进行说明，默认为内部类，也可以用关键字internal明示类为内部类。如果要说明类为公有类，则需要用public关键字进行特别说明。我们可以用图7-11来举例说明类的可访问性。

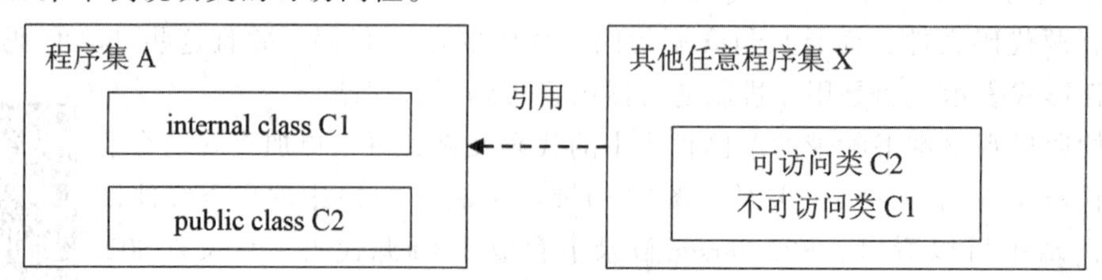

图7-11　类的可访问性

由于类C2用了public进行可访问性修饰，因此可以在其他引用了程序集A的任意程序集中访问类C2。但是，C1用internal明示为内部类，因而其他程序集中均无法访问到类C1，即使引用了程序集A。

三、程序集引用

关于前面提到的程序集引用，下面给出具体的定义：

定义7-27　程序集引用（assembly reference）：设程序集A需要使用来自程序集B中的类，则称程序集A引用程序集B，记作A-->B。

所谓的程序集引用，其本质为一种依赖关系，表示程序集B需要用到程序集A中的类进行实例化，或者调用其静态成员。在C#中，一个程序项目会被编译为一个程序集，如果在当前程序项目中使用来自其他程序集中定义的类，则需要进行程序集引用。下面举例说明如何定义多个程序项目，编译成多个程序集，并进行程序集的引用。

例题7-18　将例题7-14中的Person、Student类定义在程序集PersonLib中，将主函数代码定义在程序集Client中，然后在Client中引用PersonLib。

题解：

1. 在Visual Studio Code中创建文件夹Chapter07\S03.Assembly。
2. 在文件夹S03.Assembly中再创建子文件夹PersonLib。
3. 选中文件夹PersonLib，单击鼠标右键，在快捷菜单中选中“在集成终端中打开”。
4. 在终端控制台中输入命令dotnet new classlib，用于创建不含主函数的类库项目。
5. 将自动生成的Class1.cs文件删除。
6. 在PersonLib中添加一个Person.cs文件。
7. 然后输入以下代码：

例题代码

```
1   using System;
2   namespace Assembly.PersonLib
3   {
4       public enum Degree {
5           None,
6           Bachelor,
7           Master,
8           Doctor
9       }
10      public class Person
11      {
12          public Person(string name) {
13              this.Name = name;
14          }
15          public string Name {
16              get;
17              private set;
```

```
18          }
19          public Degree Degree {
20              get;
21              protected set;
22          }
23          public override string ToString() {
24              return $"{this.Name} 的学位 {this.Degree}";
25          }
26      }
27      public class Student : Person
28      {
29          public Student(string name) : base(name) {
30          }
31          public void BeGrantedDegree(Degree degree) {
32              if(this.Degree < degree) {
33                  this.Degree = degree;
34              } else {
35                  throw new Exception("不能授予更低的学位。");
36              }
37          }
38      }
39  }
```

8. 在终端控制台中输入命令 dotnet build，将该类库项目生成为 PersonLib 程序集。

9. 再到文件夹 S03.Assembly 中创建 Client 子文件夹。

10. 选中文件夹 Client，单击鼠标右键，在快捷菜单中选中“在集成终端中打开”。

11. 在终端控制台中输入命令 dotnet new console，用于创建包含主函数的控制台项目。

12. 在终端控制台中继续输入命令 dotnet add reference ..\PersonLib，用于在 Client 程序集中引用 PersonLib 程序集。

13. 然后在 Program.cs 文件中输入以下代码：

```
1   using System;
2   using Assembly.PersonLib; //引用程序集 PersonLib 中的命名空间
3   namespace Client
4   {
5       class Program
6       {
7           static void Main(string[] args)
8           {
9               Person p = new Person("Zhang");
10              Console.WriteLine(p);
11              //Name 的写入器可访问性为 private
12              //不能在 Person 类代码范围之外访问
13              //p.Name = "Li";
```

```
14              //Degree 的写入器可访问性为 protected
15              //不能在 Person 及其子类代码范围之外访问
16              //p.Degree = Degree.Master;
17              Student s = new Student("Liu");
18              //Name 的写入器可访问性为 private
19              //不能在 Person 类代码范围之外访问
20              //s.Name = "Li";
21              //Degree 的写入器可访问性为 protected
22              //不能在 Person 及其子类代码范围之外访问
23              //s.Degree = Degree.Master;
24              s.BeGrantedDegree(Degree.Master);
25              Console.WriteLine(s);
26          }
27      }
28  }
```

14. 在终端控制台中输入命令 dotnet run，运行程序。

15. 此时在 Visual Studio Code 文件资源面板中可以观察到 S03.Assembly\Client\bin\Debug\net5.0 文件夹中的以下文件（如图 7-12 所示），并且可以看到 PersonLib.dll 程序集文件出现在 Client 的程序集目录中。

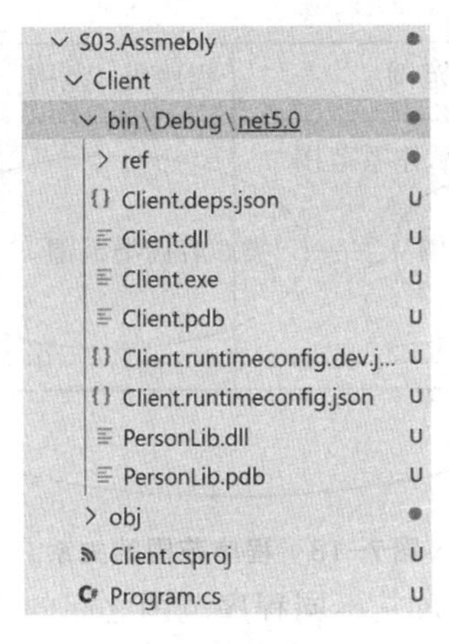

图 7-12　Client 项目中引用 PersonLib 程序集

在例题 7-14 中，PersonLib 程序项目中的 Person、Student 两个类的前面都用 public 修饰符说明为公有类。如果大家把这两个类的 public 修饰符去掉，会造成 Client 程序项目无法编译运行。

四、可访问性封装

类封装考虑其成员的可访问性，而程序集封装不仅需要对类的可访问性进行控制，还需要考虑类成员的可访问性控制。为了更好地说明程序集封装的可访问性，引入以下的程序范围的概念。

定义7-28 程序范围（programming scope）：是指程序代码的区域，在该区域内的任何标识符（变量名、常量名、函数名等）均是唯一的。

定义7-29 类范围（class scope）：是指由类定义代码块所限定的程序范围，记作S_C。

定义7-30 后代类范围（descendent scope）：是指某个类C的所有后代类$D(C)$的程序范围，记作$S_{D(C)}$。

定义7-31 继承体系范围（class family scope）：是指某个C类的及其所有后代类$D(C)$的程序范围，记作$S_{F(C)}$，其等同于$S_{F(C)} = S_C \cup S_{D(C)}$。

定义7-32 程序集范围（assembly scope）：是指由程序集所限定的程序范围，记作S_A。

定义7-33 全局范围（global scope）：是指程序运行期间的所有代码范围，记作S_G。

上述程序范围满足关系：$S_G > S_C \wedge S_G > S_{D(C)} \wedge S_G > S_{F(C)} \wedge S_G > S_A \wedge S_A > S_C$。这说明全局范围要大于所有其他的程序范围，而程序集范围又要大于类范围。但是，程序集范围并未指明大于后代类范围和继承体系范围，这是因为某个类的后代类可以和该类不在一个程序集中定义，甚至后代类也可以分散定义在若干程序集中。我们可以用图7-13来更加清楚地表示这种程序范围的关系。

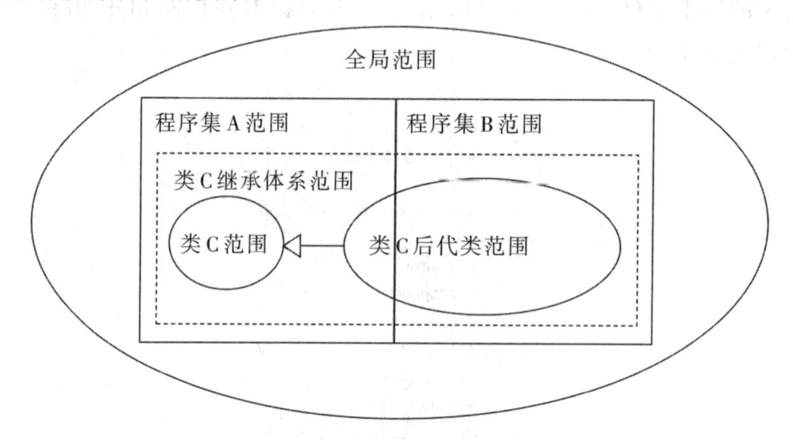

图7-13 程序范围的关系

根据上述程序范围的概念，及其不同程序范围之间的关系，我们可以将不同的可访问性与之对应。例如，对于类成员public访问性对应的是全局范围S_G，private访问性对应的是类范围S_C，而protected访问性对应的则是继承体系范围$S_{F(C)}$。而针对类的internal访问性对应的是程序集范围S_A，public访问性也是全局范围S_G。但如果要将类成员访问性的程序范围限定在$S_A \cap S_{F(C)}$上，则应该使用private protected。而如果要将类成员访问性的程序范围限定在$S_A \cup S_{F(C)}$上，则应该使用protected internal。C#中可访问性与程序范围的对应关系，如图7-14所示。

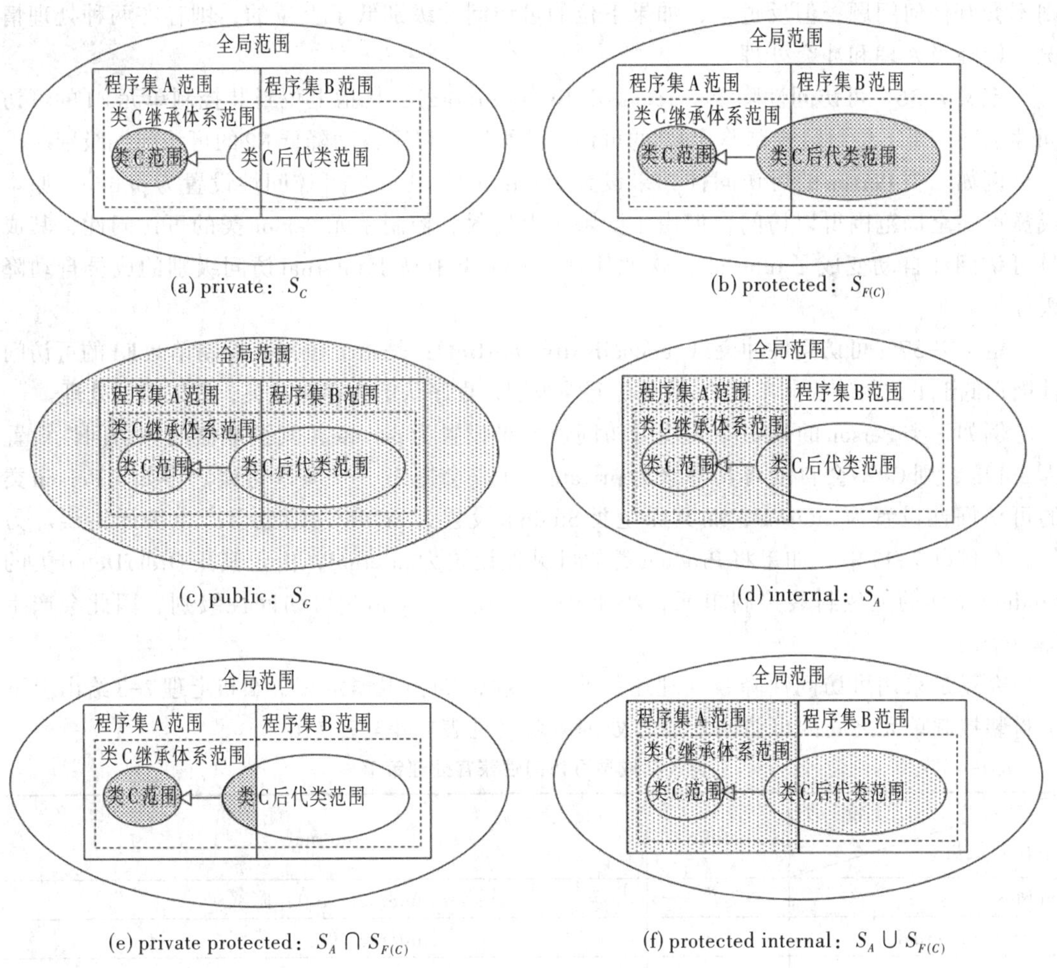

(a) private：S_C　(b) protected：$S_{F(C)}$

(c) public：S_G　(d) internal：S_A

(e) private protected：$S_A \cap S_{F(C)}$　(f) protected internal：$S_A \cup S_{F(C)}$

注：图中阴影部分表示可访问的程序范围

图7-14　C#中可访问性与程序范围的对应关系

从图7-14中不仅可以看出C#中可访问性与程序范围的对应关系，同时也可以了解到基于可访问性的封装级别。

定义7-34　可访问性级别（accessibility level）：是指可访问程序范围之间的包含层级关系，程序范围越大的级别越高，反之则越低。可访问性级别也称为封装级别。

定理7-3　可访问性级别关系定理：C#中封装控制单元的可访问性级别满足以下关系：

private < private protected < (internal, protected) < protected internal < public

上述关系中“<”表示左侧的可访问性级别要低于右侧的。由于protected和internal之间并没有严格意义上的程序范围包含关系，因此被视为同级别的可访问性。

定理7-4　可访问性兼容定理：若E1是E2的上位封装控制单元，那么要求E1的可访问性级别要高于E2的。

定义7-35　可访问性级别倒置（accessibility level inverting）：若E1是E2的上位封装控制单元，且E2的可访问性级别高于E1的，则称为可访问性级别倒置。

由定理7-4和定义7-35可知，如果上位封装控制单元的可访问性级别高于下位的，则不会有任何问题；但反过来，如果下位的可访问性级别低于上位的，则存在两种处理情况，即降级处理和冲突处理。

定义7-36 可访问性降级（accessibility reducing）：是指上位封装控制单元E1的可访问性级别低于下位封装控制单元E2的可访问性级别，程序自动降低E2的可访问性级别。

例如，类Person的可访问性如果设置为internal，其成员可访问性设置为public，原本成员可在全局范围得以访问，但由于受限于上位封装控制单元Person类的可访问性，其成员可访问性自动变成了internal，这就使得Person类中高于internal访问级别的成员自动降级处理。

定义7-37 可访问性冲突（accessibility conflict）：是指上位封装控制单元E1的可访问性级别低于下位封装控制单元E2的可访问性级别，程序认定为存在冲突，并以错误处理。

例如，类Person的Degree属性可访问性如果设置为private，其读取器的可访问性设置为public，则C#不会自动将其降级为private，而是会抛出一个编译错误。再如，Person类的可访问性设置为internal，而其派生类Student设置为public，则也会产生编译错误。另外，在例题7-17中，如果将Product类的可见性设置为internal，由于其是OrderDetail类的Product属性的上位封装控制单元，小于Product属性的public可访问性级别，因此会产生编译错误。

究竟是采用可访问性降级处理还是冲突处理，C#会根据定理7-2和定理7-3给出上下位封装控制单元之间的可访问性兼容处理策略（见表7-4至表7-6）。

表7-4 类及其成员可访问性兼容处理策略

上位：类 下位：成员	public	internal
public	√	internal（S_A）：降级
protected internal	√	internal（S_A）：降级
protected	√	private protected（$S_A \cap S_{F(C)}$）：降级
internal	√	√
private protected	√	√
private	√	√

注：√表示兼容。

表7-5 属性及其读写器可访问性兼容处理策略

上位：属性 下位：读写器	public	protected internal	internal	protected	private protected	private
public	–	×	×	×	×	×
protected internal	√	–	×	×	×	×
protected	√	√	×	–	×	×
internal	√	√	–	×	×	×
private protected	√	√	√	√	–	×
private	√	√	√	√	√	–

注：√表示兼容，×表示采取可访问性冲突策略，- 表示同级可访问性无需显示声明（如果显示声明反而会产生编译错误）。

表7-6　**关联、继承、依赖关系可访问性兼容处理策略**

下位：类A的成员 \ 上位：类B	public	internal
public	√	×
protected internal	√	×
protected	√	×
internal	√	√
private protected	√	√
private	√	√

注：√表示兼容，×表示采取可访问性冲突策略。

从表7-4、表7-5、表7-6可以看出，只有类及其成员之间的可访问性出现倒置的情况，才会进行降级处理，而其他的封装控制单元之间出现倒置则采用的是冲突处理策略。但需要特别注意的是，表7-5中标注了灰色阴影的单元格，由于internal和protected视为同级可访问性，因而当上下位封装控制单元均显示声明了互不相同的可访问性时，则会产生编译错误。

第五节　封装性与接口编程思想

按照封装性的定义，我们定义的类，应该将行为细节隐藏起来，只提供可操纵的接口或部件。这里提及的接口是一种概念上的，并不是指具体语法上的interface，即是一种思想上的。因此，谈到封装性就必须谈及接口编程的思想。

【思政专栏】
接口编程

一、接口编程

定义7-38　接口编程（interface programming）：通过在程序服务端（Server）与客户端（Client）之间建立某种协议（Protocol）的一种编程方式。其中，服务端也称为服务提供者（Provider），客户端也称为服务消费者（Consumer），两者之间遵循的协议也称为契约（Contract）。

接口编程的契约（Contract）体现在：

1.类的名称；

2.类的属性名称；

3.类的方法名称；

4.类方法的参数名称；

5.类属性、方法的调用顺序与规则。

接口编程的关键点在于：

1.服务端代码编写者始终要记住：是站在客户端的角度去考虑编码，即“换位思考”。

2.服务端代码编写者始终要记住：“自己写的类不是自己在用，而是要给别人用”。

3.客户端代码编写者始终要记住：以最常规的思维去考虑如何使用来自服务端的类。

4.客户端代码编写者始终要记住：无需关心服务端的类方法是如何实现的。

上述接口编程的定义和关键点说明这一编程思想，是要让服务端与客户端代码编写者以最“默契”的方式参与到系统开发中，即最理想化的状态是，相互之间无需过多的文档，仅凭服务端“类、属性、方法、参数”这些标识符的名字就可以完成某一系统功能。

既然接口编程思想强调类的设计者需要“换位思考”，即要站在对方的角度去思考类应该具备的功能，那么很多面向对象编程语言都提供了一种带有强制性要求的interface语法成分，显式地给出接口编程的约定。

这种利用语法特性显式编码接口的做法，分为“接口定义”“接口实现”“接口调用”三个部分。

二、接口定义

接口定义是通过关键字interface给出一个代码约定，表示出某个类需要定义的公开属性、方法。其一般代码形式为：

```
[访问修饰符] interface 接口名称 : 父接口
{
   [需要定义的公开属性与方法声明]
}
```

这里需要注意：

1.访问修饰符与class相同：internal和public，其中internal是默认的，可以不用显式给出。

2.接口名称遵循PASCAL命名规范，且以大写字母“I”开头，例如，IEnumerable。

3.接口可以继承，其遵循class继承的规则。

4.接口代码块与class相同。

5.接口代码块中可以加入需要公开的属性与方法，但无需加上任何访问修饰符，因为这些属性与方法必须是public公开的。

6.接口中不能包含构造函数的声明。

例题7-19 假定“接受了高等教育的学生”应该具备“授予学位”行为以及拥有“学位”属性，将其设计为一个接口。

```
1        public interface IWithHighEducation // 表示“接受了高等教育的学生”
2        {
3           Degree Degree { // 声明学位属性
4              get;
5           }
6           void BeGrantedDegree(Degree degree); // 声明授予学位行为
7        }
```

上述代码中，Degree属性和BeGrantedDegree方法均未提供访问修饰符，因为只要是在接口中声明的属性与方法，其一律是public的。另外，Degree属性也只定义了一个读取器，并未定义写入器，这是因为写入行为已经由BeGrantedDegree方法表达了。由于接口只是说明契约，因此，Degree属性和BeGrantedDegree方法都是没有实现部分的，只是给出了声明部分，具体的实现部分应该交由接口实现者来完成。

例题7-20　假定所有学生都应该具备“学号”属性与“学籍注册”行为，将其定义为一个接口IStudent，同时IWithHighEducation接口应该继承于该接口。

例题代码

```
1   public interface IStudent
2   {
3       string StudentNo {
4           get;
5       }
6       void Register(string studentNo);
7   }
8   public interface IWithHighEducation : IStudent // 接口继承的表达
9   {
10      Degree Degree {
11          get;
12      }
13      void BeGrantedDegree(Degree degree);
14  }
```

接口继承实际上遵循了class继承的规则，包括需要满足继承的定义。例如，上述IWithHighEducation接口从语义上来说，“接受了高等教育的学生是学生，但不是所有学生都是接受了高等教育的学生”。同时，接口继承也满足成员继承定理，即派生接口会吸收来自基类接口的所有成员。

三、接口实现

接口的实现必须依靠类来完成。接口的实现分成两个步骤：①为类声明接口；②在类中实现接口定义的属性与方法。

例题7-21　编写一个类Student实现接口IWithHighEducation和IStudent。

例题代码

```
1   public class Student : Person, IWithHighEducation
2   {
3       public Student(string name) : base(name) {
4       }
5       public string StudentNo {
6           get;
7           private set;
8       }
9       public void Register(string studentNo) {
10          if(string.IsNullOrEmpty(studentNo)) {
11              throw new Exception("必须提供学号才能注册学籍。");
12          }
```

```
13            this.StudentNo = studentNo;
14        }
15        public void BeGrantedDegree(Degree degree) {
16            if(this.Degree < degree) {
17                this.Degree = degree;
18            } else {
19                throw new Exception("不能授予更低的学位。");
20            }
21        }
22        public override string ToString() {
23            return $"{this.Name} 的学号 {this.StudentNo}, 学位 {this.Degree}";
24        }
25    }
```

这里的Student类仍然是继承自Person类的，但是其后用逗号接续上需要实现的接口声明。此处只声明了IWithHighEducation接口，由于该接口继承自IStudent接口，因而Student类实际上要实现的是两个接口Degree、StudentNo属性和BeGrantedDegree、Register方法。但Degree属性已经定义在基类Person中了，因此Student无需再实现这个属性。

另外，接口有两种实现方式：①隐式接口实现；②显式接口实现。

定义7-39　隐式接口实现（implicit interface implementation）：直接通过类的属性与方法定义完成接口的实现。

上述示例中的接口实现就是隐式接口实现。但有时，一个类要实现两个接口，而两个接口中都定义了同样名称的属性或方法，或者类要实现的接口中的属性和方法与类当前存在的属性和方法同名，此时就要通过显式接口实现来完成，以避免造成代码的编译错误。

定义7-40　显式接口实现（explicit interface implementation）：在类中通过为实现接口的属性与方法指定所属接口名，以此完成对接口的代码实现。

例题7-22　编写一个接口表示“可转专业”，该接口具备“专业”属性，以及“注册新专业”行为，该接口由Student类实现。

```
1     public interface IMajorChangable // 定义“可转专业”接口
2     {
3         string Major { // 具备专业属性
4             get;
5         }
6         void Register(string newMajor); // 具备注册新专业行为
7     }
8     public class Student : Person, IWithHighEducation, IMajorChangable
9     {
10        public Student(string name) : base(name) {
11        }
12        public string StudentNo {
13            get;
```

例题代码

```
14            private set;
15        }
16        // 实现IMajorChangable接口的Major属性
17        public string Major {
18            get;
19            private set;
20        }
21        // 显式实现IMajorChangable接口的Register行为
22        void IMajorChangable.Register(string newMajor) {
23            if(this.Major == newMajor) {
24                throw new Exception("不能转到相同的专业。");
25            }
26            this.Major = newMajor;
27        }
28        // 隐式实现IStudent接口的Register行为
29        public void Register(string studentNo) {
30            if(string.IsNullOrEmpty(studentNo)) {
31                throw new Exception("必须提供学号才能注册学籍。");
32            }
33            this.StudentNo = studentNo;
34        }
35        public void BeGrantedDegree(Degree degree) {
36            if(this.Degree < degree) {
37                this.Degree = degree;
38            } else {
39                throw new Exception("不能授予更低的学位。");
40            }
41        }
42        public override string ToString() {
43            return $"{this.Name} 的学号 {this.StudentNo}, 授予了{this.Major}{this.Degree}学位。";
44        }
45    }
```

在Student类实现IMajorChangable接口的时候，由于已经存在了Register方法，如果此时直接定义一个实现IMajorChangable接口的Register方法，则会由于同一程序范围内，存在两个名称、参数个数、参数类型完全相同的等价方法，而造成编译错误。为了不改变Student现有的方法声明，而对来自IMajorChangable接口中的Register方法采用显式实现的方式。

四、接口调用

在完成接口定义与实现之后，就可以使用接口来编码客户端的功能。在C#中，对接口有两种使用方法：①隐式接口调用；②显式接口调用。这也是针对两种接口实现的方式而采取的两种调用方式。

定义7-41 隐式接口调用（implicit interface invkoing）：如果类C实现接口I，那么通过类的实例变量访问接口I约定的属性和方法，称为隐式接口调用。

定义7-42 显式接口调用（explicit interface invkoing）：如果类C实现接口I，那么通过接口变量访问其约定的属性和方法，称为显式接口调用。

例题7-23 编写客户端代码，调用来自例题7-22中的Student类和IMajorChangable接口方法，执行Student对象构造、注册学籍、注册新专业功能。

例题代码

```
1   using System;
2   using Interface.PersonLib;
3   namespace Client
4   {
5       class Program
6       {
7           static void Main(string[] args)
8           {
9               Student s = new Student("Liu");
10              s.Register("202010042001"); // 隐式调用IStudent接口的Register方法注册学籍
11              // 将Student对象变量s转换成IMajorChangable接口类型变量mc
12              IMajorChangable mc = s as IMajorChangable;
13              mc.Register("经济学"); // 显式调用IMajorChangable接口的Register方法注册新专业
14              s.BeGrantedDegree(Degree.Bachelor);
15              Console.WriteLine(s);
16          }
17      }
18  }
```

这段客户端代码的第10行，采用的是隐式调用的方式，执行IStudent接口的Register方法注册学籍，第13行代码则是采用显式调用方式执行IMajorChangable接口约定的Register方法注册新专业。但是，在执行第13行代码之前，需要将Student类的实例变量s强制转换成为IMajorChangable接口类型变量mc，否则程序仍然会执行Student本身实现IStudent接口的Register方法。

```
1               Student s = new Student("Liu");
2               s.Register("202010042001"); // 隐式调用IStudent接口的Register方法注册学籍
3               // 将Student对象变量s转换成IMajorChangable接口类型变量mc
4               s.Register("经济学"); // 此处并不是执行IMajorChangable的Register方法
5               s.BeGrantedDegree(Degree.Bachelor);
6               Console.WriteLine(s);
```

如果采用隐式调用方式是无法执行到IMajorChangable接口的Register方法的，这段代码的执行结果将会输出“Liu的学号 经济学，授予了Bachelor学位。”这种奇怪的结果，即“Liu”的学号变成了“经济学”。

五、接口编程原则

面向对象程序设计封装性体现了接口编程思想，而接口设计需要遵循“接口隔离原则”“单一职责原则”。

定义7-43　接口隔离原则（interface separating principle，ISP）：设类$C1$广义依赖于类$C2$，给定$C2$的成员集为M_{C2}，$C1$只需要用到M_{C2}的子集M_{C2}'，那么应该将$C2$的成员子集M_{C2}'定义为一个接口I，且让$C1$广义依赖于接口I，而不再直接广义依赖于类$C2$。

就像上述“Student”的示例，我们定义了IStudent接口表示学生应该具备的属性和方法，接着定义了IWithHighEducation接口表示接受了高等教育的学生具备的属性和方法，最后定义了IMajorChangable接口表示可以转专业的学生应该具备的属性和方法。这些接口使得不同功能之间产生了彼此的隔离，互不影响。

为了能够做到接口隔离，需要遵循另一项接口编程的原则，即“单一职责原则”。原本的单一职责原则是指在设计类功能的时候，要求做到类仅仅完成单一功能，当超过一个功能时，则需要将类分解为若干类。这其实并不容易实现，就像上述“Student”的示例，Student类具备了注册学籍、授予学位、转换专业等多项功能。如果直接将Student拆解成多个类，并不一定是好的做法。首先如何拆解一个类就是一个非常难的问题；其次拆解之后将会产生更多细小的类，这些类之间会有更复杂的关系，从而造成客户端代码更多的调用负担。这一原则相对折中的方式是下面给出的通过接口来分解多项功能。

定义7-44　单一职责原则（single responsibility principle，SRP）：设类C具有多项功能，应该为每项功能定义一个接口，使得每一接口有且仅有一项功能，这也称为单一功能原则。

通过改造之后的单一职责原则将会更好实现，且正好呼应了接口隔离原则。正如IStudent、IWithHighEducation、IMajorChangable三个接口各自具备单一功能，而Student类则实现了这些接口的功能。

我们对上述“Student”示例的客户端进行一个有趣的改造，使得程序代码更能体现这两个原则。

例题7-24　设类DeanOffice代表教务处，其工作职责是为学生注册学籍；类AdmissionOffice代表招生处，其工作职责是为学生更换专业；类DegreeCommittee代表学位委员会，其负责为学生授予学位。

```
1    using System;
2    using Interface.PersonLib;
3    namespace Client
4    {
5      class DeanOffice // 代表教务处
6      { // 为学生注册学籍
7        public void Register(IStudent student, string studentNo) {
```

```
8              student.Register(studentNo);
9           }
10      }
11      class AdmissionOffice // 代表招生处
12      { // 为学生更换专业
13          public void ChangeMajor(IMajorChangable student, string newMajor) {
14              student.Register(newMajor);
15          }
16      }
17      class DegreeCommittee // 代表学位委员会
18      { // 为学生授予学位
19          public void GrantDegree(IWithHighEducation student, Degree degree) {
20              student.BeGrantedDegree(degree);
21          }
22      }
23      class Program
24      {
25          static void Main(string[] args)
26          {
27              Student s = new Student("Liu");
28              AdmissionOffice admission = new AdmissionOffice();
29              admission.ChangeMajor(s, "经济学"); // 更换专业
30              DeanOffice dean = new DeanOffice();
31              dean.Register(s, "202010042001"); // 注册学籍
32              DegreeCommittee committee = new DegreeCommittee();
33              committee.GrantDegree(s, Degree.Bachelor); // 授予学位
34              Console.WriteLine(s);
35          }
36      }
37  }
```

通过改造之后的客户端，可以发现DeanOffice、AdmissionOffice、DegreeCommittee这三个类只有单一职责，而且它们分别依赖于IStudent、IMajorChangable、IWithHighEducation三个具有单一功能的接口。同时，可以看到这样编写出来的代码更加贴近我们真实世界的工作方式，这也显示出面向对象程序设计语言的优势所在。

另外，接口隔离原则和单一职责原则通过接口技术得以反映的同时，实际上正好符合了迪米特法则。所谓迪米特法则，是指一个类对于其他类知道的越少越好，就是说一个对象应当对其他对象有尽可能少的了解，“只和朋友通信，不和陌生人说话”。这种描述很难理解，也无法给编程者一个明晰的做法指引。而实际上，“尽可能少的了解”可以表述为“依赖单一功能接口”，即只需要了解单一功能接口所具备的属性和方法。这正好就将迪米特法则落实在“设计单一功能接口，并依赖该接口”的实际代码编写规则上。据此，给出一个基于接口编程的狭义迪米特法则的定义。

定义7-45　迪米特法则（law of demeter，LOD）：设类$C1$广义依赖于类$C2$，给定$C2$的成员集为M_{C2}，$C1$只需要用到M_{C2}的子集M_{C2}'，那么应该将$C2$的成员子集M_{C2}'定义为一个接口I，且让$C1$广义依赖于接口I，而接口I应该满足单一职责原则。

这个定义几乎与接口隔离原则一样，只是增加了接口单一职责的限制，因而这种狭义的迪米特法则表述，可以等价于“接口隔离原则 + 单一职责原则”。

以上的“Student”示例中，DeanOffice、AdmissionOffice、DegreeCommittee三个类都依赖于Student类，但这三个类并不是直接使用Student，而是分别使用了IStudent、IMajorChangable、IWithHighEducation三个具有单一功能的接口，这使得每个类对Student类的了解是最少的，这实际上体现的就是迪米特法则。

第六节　应用案例

一、矩阵计算

（一）资料

第四章和第六章中的“矩阵计算”案例，存在封装性问题。例如，由于RowCount、ColCount两个属性的set访问器为public可访问性，因此客户端代码可以随意修改，从而造成通过Elements计算的行数、列数与RowCount、ColCount记录的行数、列数不一致的错误。此外，Elements属性的set访问器为public可访问性，这会带来更加严重的后果。客户端代码可以随时采用m.Elements = new double[,] {...}的赋值语句，改变矩阵的元素，从而给矩阵对象维护其自身状态带来极大的困难。这些都是没有遵循封装性带来的问题。据此，通过改造之前的矩阵计算代码，使其达到封装性的要求。

通过本章的“矩阵计算”案例，在保持Matrix现有功能不变的情况下，阻止操控者破坏Matrix的封装性。

（二）题解

1.将RowCount和ColCount属性的set访问器私有化，使其限定在最小程序范围内。

```
1        public int RowCount {
2            get;
3            private set;
4        }
5        public int ColCount {
6            get;
7            private set;
8        }
```

查看完整源代码

2.通过构造函数对RowCount和ColCount属性进行初始化赋值。

```
1        public Matrix(double[,] elements) {
2            this.RowCount = elements.GetLength(0);
3            this.ColCount = elements.GetLength(1);
4        }
```

3.将Elements属性改造成私有字段，并为其提供SetValue和GetValue公有方法实现矩阵元素的赋值与读取操作。

```
1        private double[,] _elements;
2        private void CheckMatrixRowColNumber(int i, int j) {
3            if( i >= this.RowCount || i < 0 ||
4                j >= this.ColCount || j < 0) {
5                    throw new IndexOutOfRangeException("矩阵行列号超出了范围");
6            }
7        }
8        public double GetValue(int i, int j) {
9            CheckMatrixRowColNumber(i, j);
10           return _elements[i, j];
11       }
12       public void SetValue(int i, int j, double value) {
13           CheckMatrixRowColNumber(i, j);
14           _elements[i, j] = value;
15       }
```

注意，此处增加了一个私有的CheckMatrixRowColNumber方法，其目的是在Matrix的内部重用矩阵行列号范围检查的代码。

通过上述改造之后，Matrix的所有属性的写入操作均由Matrix自身方法完成，从而避免了操控者直接修改所带来的封装性破坏。

二、订单业务

（一）资料

我们通过改造第五章中“订单业务”案例的代码，使其满足封装性的要求。

（二）题解

1.首先简化关联网络。

根据导航性复杂度假设（定理5-2），尽可能保持关联关系为单向导航，并且根据多重性复杂度假设（定理5-3）尽量保留“多对一”方向的导航。但依据组合保留假定（定理5-5），保留Order(1)—(*)OrderDetail的双向导航关联。业务平台作为容器类保持向其他实体对象方向的集合属性。最终的UML类图，如图7-15所示。

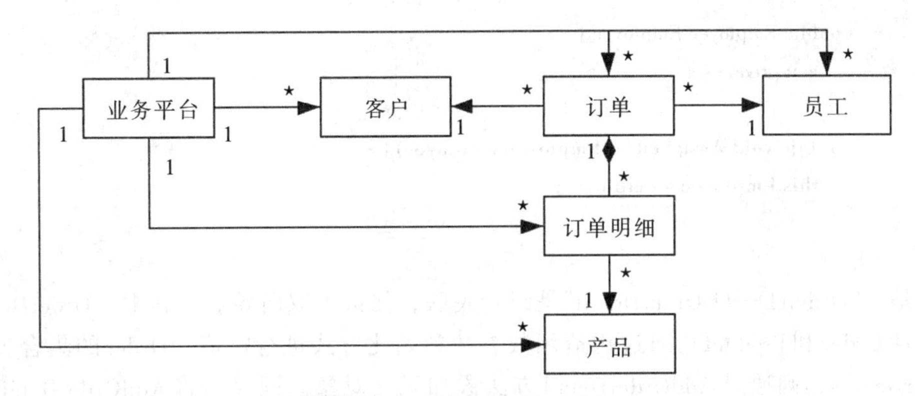

图7-15　经过简化后的关联关系

2.将所有类定义在一个类库型程序集中。

在Visual Studio Code中用“dotnet new classlib”命令创建“OrderLib”类库项目，并根据上述简化后的关联关系定义出实体类型框架代码，这样可以强制与客户端主程序实现隔离，并通过类访问性进行封装控制。同时，将类的所有属性都定义为只读属性和只读集合属性，这样，只有每个类自己才能改变其属性，从而在类级别上达到封装性要求。但这样需要采用构造函数参数初始化方式对实体类的非关联属性进行初始化赋值，具体代码扫描二维码查看。

查看完整源代码

3.对关联属性进行赋值。

由于所有属性都设计为只读属性，而关联属性的初始化不是通过构造函数参数方式完成的，这就需要设计专门的方法对关联属性进行赋值。

设计“订单(*)→(1)客户”的关联属性Customer赋值方法SignedWith(Customer)表示“当前订单是与某位客户签订的”。

```
1    class Order
2    {
3        …
4        public Customer Customer {
5            get; private set;
6        }
7        public void SignedWith(Customer customer) {
8            if(this.Customer != null) {
9                throw new Exception("订单已经签约");
10           }
11           this.Customer = customer;
12       }
13   }
```

设计“订单(*)→(1)员工”的关联属性Employee赋值方法AssignedTo(Employee)表示“当前订单由某位员工负责”。

```
1    class Order
2    {
3        …
```

```
4        public Employee Employee {
5            get; private set;
6        }
7        public void AssignedTo(Employee employee) {
8            this.Employee = employee;
9        }
10   }
```

但是，“Order(1)—(*)OrderDetail”是组合关联，保留了双向导航。其中，OrderDetail的关联属性Order和Product均通过构造函数参数初始化方式进行赋值。Order的集合关联属性OrderDetails，则通过AddOrderDetail方法添加元素对象。同时，将AddOrderDetail方法设置为internal访问性，以防止客户端主程序调用此方法。这是由于组合关联对于客户端主程序来说，应该是一个完整的存在，不应该由客户端来维护两者的关联。

```
1    class OrderDetail
2    {
3        …
4        List<OrderDetail> _orderDetails;
5        public ReadOnlyCollection<OrderDetail> OrderDetails {
6            get {
7                return _orderDetails.AsReadOnly();
8            }
9        }
10       internal void AddOrderDetail(OrderDetail orderDetail) {
11           if(!_orderDetails.Contains(orderDetail)) {
12               _orderDetails.Add(orderDetail);
13           }
14       }
15   }
```

另外，在BusinessPlatform中只保留了Order的集合属性Orders，而OrderDetail的集合属性只定义了私有字段_orderDetails，并未提供公有的属性，这同样是由于在组合关系中，容器类只公开了代表整体部分的Order类。这一设计理念可以参考“领域驱动设计”中的聚合根设计。

通过这样的改造，不但简化了原本的完全双向导航的编码，而且通过封装技术尽可能地阻止了客户端代码破坏实体对象的状态约束。相关完整代码可参阅Gitee库。

领域驱动设计

三、问卷系统

(一) 资料

第六章中的“问卷系统”案例，并没有达到封装性的要求，因此本章将对其进行改造。

（二）题解

1.首先分别创建类库与控制台两个程序集。

在 Visual Studio Code 中创建文件夹 QuestionnaireLib，并在该文件夹下通过命令 dotnet new classlib 创建类库程序集；再创建文件夹 Client，通过命令 dotnet new console 创建控制台主程序；并使用命令 dotnet add reference ../QuestionnaireLib 引用类库程序集。

2.将实体类隔离定义到 QuestionnaireLib 类库程序集中。

3.将所有属性只读化。

4.非关联属性初始化。

通过构造函数参数初始化方式为非关联属性赋值。但是，QuestionItem 的 OrderNo 序号属性的 set 访问器设置为 internal 访问性，其目的在于 Questionnaire 的 AddItem 方法可以设置题目序号，同时也阻止了客户端主程序为其赋值，也就是说，OrderNo 的封装范围限定在 QuestionnaireLib 程序集中。

同样，对于 ItemOption 中 OptionNo 属性的 set 访问器也设置为 internal 访问性，在 ChoiceQuestionItem 的 AddOption 方法中可以通过算法自动生成并赋值选项序号，但阻止了客户端主程序对其赋值的操作。

此外，Answer 的 AnswerTime 属性为构造函数初始化，这是由于可以通过 DateTime.Now 将其在构造函数中初始化为当前时间，这符合实际应用情况，即表示只要构造了一份答卷，同时就开始计时，并记为答卷时间。

5.关联属性赋值。

对于“ChoiceQuestionItem(1)→(*)ItemOption”中的关联集合属性“Options”通过 AddOption 方法添加选项。

对于“Questionnaire(1)→(*)QuestionItem”中的关联集合属性“Items”通过 AddItem 方法添加题项。

对于“Questionnaire(1)→(*)Answer”中的关联集合属性“Answers”通过 Issue 方法添加答卷。

对于“Answer(1)→(*)QuestionItemAnswer”中的关联集合属性“ItemAnswers”通过 AnswerQuestionItems 方法按照问卷题项逐一添加回答。

对于“QuestionItemAnswer(*)→(1)Answer”中的关联属性“Answer”，则是通过 AnswerQuestionItems 方法中的初始器进行初始赋值，但由于 set 访问器设置为 internal，因而也阻止了客户端主程序对其赋值。

经过改造之后的 QuestionnaireLib 类库程序集扫描二维码查看。

要达到封装性的要求，应主要做到以下几点：首先要将属性只读化，对非关联属性采用构造函数参数初始化；其次将实体类与主程序通过程序集隔离开来；再次根据实际需要精细化控制一些属性 set 访问器的可访问性，在保证必要访问范围的前提下，尽可能阻止主程序直接对属性进行赋值，以破坏对象的封装性。

查看完整源代码

本章练习

一、单项选择题

1.以下关于封装性的说法错误的是：(　　)

A.对象隐藏自己的行为细节

B.对象对外只提供操作接口

C.封装可以简化对象的使用

D.阻止对象破坏自身的状态

2.以下代码存在破坏封装性的是：(　　)

A.

```
public class Person {
    public Person(string name) {
        this.Name = name;
    }
    public string Name {
        get; private set;
    }
}
```

B.

```
public class Person {
    public Person(string name) {
        this.Name = name;
    }
    public string Name {
        get; set;
    }
}
```

C.

```
public class Person {
    public string Name {
        get; private set;
    }
    public void ChangeName(string name) {
        this.Name = name;
    }
}
```

D.

```
public class Person {
    string _name;
    public string Name {
        get { return _name; }
    }
    public void ChangeName(string name) {
        _name = name;
    }
}
```

3.若类A→B，以下关于上位、下位封装控制单元的描述正确的是：(　　)

A. B是上位单元，A是下位单元

B. B是下位单位，A的成员是上位单元

C. A是上位单元，B是下位单元

D. A是下位单元，B的成员是下位单元

4.以下关于成员可访问性封装的说法错误的是：(　　)

A. public成员可以在任何地方访问

B. private成员只可以在定义class代码块中访问

C. protected成员只能在派生类中访问

D. private成员的可访问范围是最小的

5.以下关于命名空间的说法错误的是：(　　)

A. namespace可以起到归类的作用

B. 未定义在namespace代码块中的类默认包裹在global命名空间中

C. namespace可以嵌套定义

D. namespace不可跨越源码文件定义

6. 以下关于程序集可访问性封装的描述错误的是：(　　)

A. private成员的可访问范围是S_C

B. protected成员的可访问范围是$S_{F(C)}$

C. internal成员的可访问范围是$S_A \cap S_{F(C)}$

D. protected internal成员的可访问范围是$S_A \cup S_{F(C)}$

7. 若上位单元是属性代码块，下位单元是读写器代码块，以下会产生可访问性冲突的是：(　　)

A. 上位protected internal，下位protected

B. 上位internal，下位protected

C. 上位protected，下位private protected

D. 上位protected，下位private

二、多项选择题

1. 以下能够体现接口编程契约的有：(　　)

A. 类名称的可读性

B. 方法参数名称的可读性

C. 方法调用的顺序

D. 属性名称的可读性

2. 以下关于接口实现的说法正确的有：(　　)

A. 类在实现接口的时候，必须实现接口中定义的属性与方法

B. 接口中定义的方法在实现的时候必须为public可访问性

C. 隐式接口实现的方法与属性名无需给出接口名前缀

D. 显式接口实现的方法与属性需要通过接口才能调用

3. 以下关于接口编程原则的说法正确的有：(　　)

A. 接口隔离原则要求依赖于接口，而不是依赖于类

B. 单一职责原则要求为每项功能定义一个接口

C. 迪米特法则体现了接口隔离原则+单一职责原则

D. 接口编程原则可以降低程序之间的耦合性

三、设计题

通过改造第六章“本章练习”中的打车APP平台设计题，使其满足封装性与接口编程的要求。

资料：乘客在打车APP平台用昵称和联系电话进行注册，当需要打车的时候，输入起始地点和目的地之后，平台按空闲出租车派单并提供服务，系统应该在订单中将出租车的司机姓名、联系电话、车牌号、车辆型号、车辆颜色显示给乘客，同时司机也能在订单中看到乘客的出发地点、联系电话。在结束服务之后，根据出租车服务类型，按照里程数，以不同方式计价结算。服务类型与计价方式见表7-7。

表 7-7　不同服务类型的计价方法

服务类型	计价方法
快车	里程数×单价
顺风车	里程数×单价×（1÷拼车人数）
优享	里程数×单价×1.2

要求：①识别破坏封装性的代码；②修正代码使其满足封装性与接口编程的原则。

第八章　面向对象的数据分析编程

【学习要点】

- 常见的数据分析需求
- 定义出数据分析类型框架
- 实现常见的数据分析方法

【学习目标】

以案例学习为主，用面向对象的思维方法，构建起符合数据分析需求的类型框架系统，并学会用代码实现常见的数据分析方法。

【应用案例】

基于“矩阵”的数据分析：在之前的矩阵代码基础上，增加数据索引、切片、描述性统计、相关性分析等代码的实现。

利用“矩阵”对象，实现“订单”与“客户”案例中的客户分类。

利用“矩阵”对象，针对“订单业务”案例中的产品盈利进行分析。

利用“矩阵”对象，针对“订单业务”案例中的销售业绩进行方差分析。

第一节 扩充矩阵对象的数据分析功能

大多数的数据分析软件都是基于二维表的数据集进行处理的。例如，Python中的数据分析基础库NumPy，其核心对象ndarray多维数组，最常用的就是二维数组的应用。而在NumPy基础上构建的Pandas库，更是直接提供了DataFrame对象，就是一种类似数据库二维表的结构。那么，基于这种二维表的常见操作包括数据索引、切片、描述性统计、相关性分析、方差分析、线性回归等。本章将按照面向对象的程序设计思维扩展先前的案例，利用C#以实现这些常见的数据操作，以便于从事数据分析工作的读者了解一些基本的数据结构操作及其应用。

【思政专栏】
数据分析编程

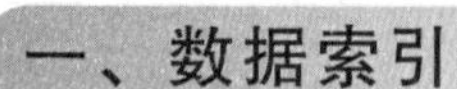

一、数据索引

定义8-1 数据索引（data index）：是通过数据索引号获得指定某个数据的操作。

实际上，本书在第三章中就已经探讨了集合类型数据的索引操作。我们定义的矩阵（Matrix）也应该具备索引操作。

矩阵的索引操作分为两种：

1.按照指定行号、列号获得某个行列交叉点的数值；

2.通过指定的行号或列号获得某行或某列数据。

查看完整源代码

（一）索引行列交叉点数值

这种索引在之前定义的Matrix类中已经通过GetValue方法实现了，这里将介绍C#中的一种特殊语法“索引器”，并将其应用于矩阵索引操作。

```
1    public class Matrix {
2        …
3        public double this[int rowIndex, int colIndex] {
4            get {
5                return this.GetValue(rowIndex, colIndex);
6            }
7            set {
8                this.SetValue(rowIndex, colIndex, value);
9            }
10       }
11   }
12   class Program {
13       Matrix matrix = new Matrix(new double[,] {
14           {1,2},
15           {3,4}
```

```
16         });
17         Console.WriteLine(matrix[1,1]); // 通过索引器像二维数组一样获取数据
18     }
```

可以看到，上述代码中的第3~9行，定义了一个索引器，用于接收两个参数：rowIndex行索引号，colIndex列索引号。索引器的语法构成非常类似于属性的定义，也有get和set访问器，但用this关键字作为属性名称，并且还用中括号带上参数。与属性一样，索引器的get访问器用于读取数据，在这个例子中将读取操作转移给了GetValue方法；索引器的set访问器用于写入数据，此例中转移给了SetValue方法。在主程序的第17行代码中，通过类似二维数组的数据访问方式获得指定行、列上的数据。

（二）获得指定行号的某行数据

```
1   public class Matrix {
2       …
3       public double[] GetRow(int rowIndex) {
4           return _elements[rowIndex];
5       }
6   }
```

我们将之前定义的私有字段_elements改成了交错数组，因此直接用交错数组的一维索引就可以获得指定行号的某行数据，GetRow方法返回的是一个一维数组，而且就是这个交错数组的第rowIndex行。

（三）获得指定列号的某列数据

```
1   public class Matrix {
2       …
3       public double[] GetCol(int colIndex) {
4           double[] c = new double[this.RowCount];
5           for(int i = 0; i < this.RowCount; i++) {
6               c[i] = _elements[i][colIndex];
7           }
8           return c;
9       }
10  }
```

由于是用交错数组来表示_elements的，因此获得某列数据要稍微复杂一些，通过遍历交错数组的每一行，将指定列号的数值取出，赋值给新的一维数组c。与GetRow不同，GetCol方法返回的一维数组是重新创建的，这样会消耗更多的内存资源。更好的做法是，通过一种特殊的迭代返回值形式，让程序不用重新分配内存资源。

```
1   public class Matrix {
2       …
3       public IEnumerable<double> GetCol(int colIndex) {
4           double[] c = new double[this.RowCount];
5           for(int i = 0; i < this.RowCount; i++) {
```

```
6                yield return _elements[i][colIndex];
7            }
8        }
9    }
```

这里将GetCol方法返回值定义为泛型接口IEnumerable<double>，并在for循环体内用yield return关键字，逐次迭代地返回每一行的指定列上的数值。这种做法的好处是，只有当切实要访问指定列上的数据时，程序才会去迭代每个数据。有关这方面更多的内容，可以参考IEnumerable泛型接口的文档。本书考虑到与GetRow返回值类型保持一致，仍然采用了第一种方法获得指定列号的某列数据。

二、数据切片

定义8-2 数据切片（data slice）：是将二维数据中某块数据取出的操作。

相对于索引操作来说，切片操作是按照指定的行号范围以及列号范围限定的某块区域获取数据的操作（如图8-1所示）。

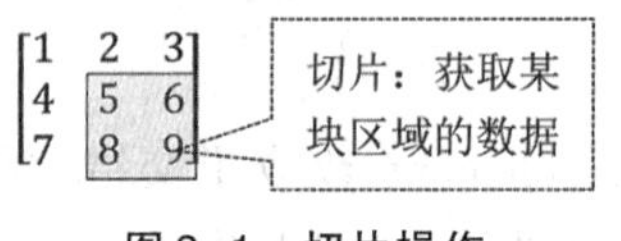

图8-1 切片操作

```
1    public class Matrix {
2        …
3        public Matrix Slice(
4            int rowStartIndex, int rowEndIndex,
5            int colStartIndex, int colEndIndex) {
6            Matrix matrix = new Matrix(
7                rowEndIndex - rowStartIndex, colEndIndex - colStartIndex);
8            for(int i = 0; i < rowEndIndex - rowStartIndex; i++) {
9                for(int j = 0; j < colEndIndex - colStartIndex; j++) {
10                   matrix[i, j] = this[rowStartIndex + i, colStartIndex + j];
11               }
12           }
13           return matrix;
14       }
15   }
```

通过给定行范围参数rowStartIndex、rowEndIndex，以及列范围参数colStartIndex、colEndIndex，获取该区域范围的数据，并构建为一个新的矩阵对象作为方法Slice的返回值。

为了方便客户端的操作，为Slice提供两个重载方法，其中一个只指定行号范围Slice(int rowStartIndex, int rowEndIndex)，默认取所有列，另外一个通过一对数组参数，指定行号与列号范围Slice(int[] rowRange, int[] colRange)。这两个重载版本均符合第二章中介绍的“函数代理调用”定理的要求。

```
1    public class Matrix {
2        …
3        public Matrix Slice(int rowStartIndex, int rowEndIndex) {
4            return Slice(rowStartIndex, rowEndIndex, 0, this.ColCount);
5        }
6        public Matrix Slice(int[] rowRange, int[] colRange) {
7            int rowStartIndex = 0,
8                rowEndIndex = this.RowCount,
9                colStartIndex = 0,
10               colEndIndex = this.ColCount;
11           if(rowRange.Length == 1) {
12               rowStartIndex = rowRange[0];
13           }
14           if(rowRange.Length > 1) {
15               rowStartIndex = rowRange[0];
16               rowEndIndex = rowRange[1];
17           }
18           if(colRange.Length == 1) {
19               colStartIndex = colRange[0];
20           }
21           if(colRange.Length > 1) {
22               colStartIndex = colRange[0];
23               colEndIndex = colRange[1];
24           }
25           return Slice(rowStartIndex, rowEndIndex, colStartIndex, colEndIndex);
26       }
27   }
```

三、描述统计

在数据统计中描述数据基本特征的方法有："求和""均值""频数""众数""中位数""标准差"等。这里给出基于矩阵的这些数据特征值的求解方法。

（一）求和

本书在第三章中已经介绍过集合数据的求和方法。我们这里提供两种求和的方式：对每行数据求和；对每列数据求和。

1.对每行数据求和

```
1    public class Matrix {
2        …
3        //给定行号,求解矩阵中这行数据的和
4        public double SumOnRow(int rowIndex) {
5            //这是最原始的求和算法
```

```
6              double s = 0;
7              for(int j = 0; j < this.ColCount; j++) {
8                 s += _elements[rowIndex][j];
9              }
10             return s;
11          }
12          // 给定起止行号,获得指定范围的每行数据和,并构建成一个新的矩阵对象返回
13          public Matrix SumOnRows(int rowStartIndex, int rowEndIndex) {
14             List<double> r = new List<double>();
15             for(int i = rowStartIndex; i < rowEndIndex; i++) {
16                r.Add(SumOnRow(i));
17             }
18             return new Matrix(r.ToArray());
19          }
20          // 获得从指定起始行号及之后的所有行的每行数据和,并构建成一个新的矩阵对象返回
21          public Matrix SumOnRows(int rowStartIndex) {
22             return SumOnRows(rowStartIndex, this.RowCount);
23          }
24          // 求解每一行的数据和,并构建成一个新的矩阵对象返回
25          public Matrix SumOnRows() {
26             return SumOnRows(0, this.RowCount);
27          }
28       }
```

2.对每列数据求和

```
1        public class Matrix {
2           …
3           // 给定列号,求解矩阵中这列数据的和
4           public double SumOnCol(int colIndex) {
5              double s = 0;
6              for(int i = 0; i < this.RowCount; i++) {
7                 s += _elements[i][colIndex];
8              }
9              return s;
10          }
11          // 给定起止列号,获得指定范围的每列数据和,并构建成一个新的矩阵对象返回
12          public Matrix SumOnCols(int colStartIndex, int colEndIndex) {
13             List<double> r = new List<double>();
14             for(int j = colStartIndex; j < colEndIndex; j++) {
15                r.Add(SumOnCol(j));
16             }
17             return new Matrix(new double[][]{r.ToArray()});
18          }
19          // 获得从指定起始列号及之后的所有列的每列数据和,并构建成一个新的矩阵对象返回
```

```
20        public Matrix SumOnCols(int colStartIndex) {
21            return SumOnCols(colStartIndex, this.ColCount);
22        }
23        // 求解每一列的数据和,并构建成一个新的矩阵对象返回
24        public Matrix SumOnCols() {
25            return SumOnCols(0, this.ColCount);
26        }
27    }
```

在这个实例中，并未使用第三章中介绍的集合数据求和方法Sum，而采用了最原始的求和算法，这样可以更加清楚地了解求和的代码实现。另外，对于每行数据求和SumOnRows、每列数据求和SumOnCols，均提供了三个版本的重载方法，以便于客户端代码的撰写，同时也提供了单独一行求和SumOnRow、单独一列求和SumOnCol方法，并且均在对应的SumOnRows、SumOnCols方法中调用。同样，这种函数嵌套调用以及重载函数代理调用的做法，在第二章中已经做了介绍。

（二）均值

在C#中，对集合数据求均值已经通过功能函数得以实现。我们这里对矩阵数据按行、按列求均值，可以利用集合数据功能函数Average完成。

```
1     public class Matrix {
2         …
3         // 求指定行的数据均值
4         public double GetMeanOnRow(int rowIndex) {
5             return this.GetRow(rowIndex).Average();
6         }
7         // 求指定列的数据均值
8         public double GetMeanOnCol(int colIndex) {
9             return this.GetCol(colIndex).Average();
10        }
11        // 求所有行的数据均值,并构建一个新的矩阵对象返回
12        public Matrix GetMeanOnRows() {
13            List<double> r = new List<double>();
14            for(int i = 0; i < this.RowCount; i++) {
15                r.Add(this.GetMeanOnRow(i));
16            }
17            return new Matrix(r.ToArray());
18        }
19        // 求所有列的数据均值,并构建一个新的矩阵对象返回
20        public Matrix GetMeanOnCols() {
21            double[][] r = new double[1][];
22            List<double> cols = new List<double>();
23            for(int j = 0; j < this.ColCount; j++) {
24                cols.Add(this.GetMeanOnCol(j));
```

```
25              }
26              r[0] = cols.ToArray();
27              return new Matrix(r);
28          }
29      }
```

上述代码中嵌套调用了GetRow、GetCol方法，以获得指定行、指定列的一组数据。同时，利用集合数据的功能函数Average进行数据均值求解。同时注意到，在求解所有行的数据均值和所有列的数据均值的时候，实现算法上稍微有些不同。列均值求解的方法GetMeanOnCols中，首先构造了一个交错数组，且这个交错数组就只有一行数据，这一行数据也是一个数组cols.ToArray()。这主要是利用了Matrix的输出，行均值以垂直方向展示结果，列均值以水平方向展示结果。

例如，矩阵的原始数据如下：

```
3,4,5
6,6,2
9,4,3
7,3,6
```

按行求解均值的结果输出，如图8-2所示。

```
4
4.66666666666667
5.33333333333333
5.33333333333333
```

图8-2 程序输出结果（按行求解）

按列求解均值的结果输出，如图8-3所示。

```
6.5 4 4
```

图8-3 程序输出结果（按列求解）

（三）频数

频数统计是描述性统计中一种重要的方法，根据频数统计结果可以进行数据分组、绘制直方图、求解众数等一系列分析。

```
1       public class Matrix {
2           …
3           // 私有的，专门求解一组样本数据的频数，
4           // 返回的结果为一个字典，Key是样本中的数据，Value是这个数据在样本中出现的频数
5           private ReadOnlyDictionary<double, int> GetFrequency(double[] array) {
6               Dictionary<double, int> r = new Dictionary<double, int>();
7               foreach(var g in array.GroupBy(p=>p)) { // 对样本数据分组，且遍历每个分组
8                   r[g.Key] = g.Count(); // 统计每组数据个数作为频数存入字典
9               }
10              return new ReadOnlyDictionary<double, int>(r);
11          }
```

```
12            public ReadOnlyDictionary<double, int> GetFrequencyOnRow(int rowIndex) {
13                return this.GetFrequency(this.GetRow(rowIndex));
14            }
15            public ReadOnlyDictionary<double, int> GetFrequencyOnCol(int colIndex) {
16                return this.GetFrequency(this.GetCol(colIndex));
17            }
18        }
```

这里定义了三个方法，其中，GetFrequecy方法专门求解一组样本数据的频数，由于这个方法是一个基础方法，且不是针对矩阵的，因此被设置为private，以禁止客户端代码访问；而GetFrequencyOnRow和GetFrequencyOnCol则是两个针对矩阵指定行、指定列求频数的方法，且这两个方法通过嵌套调用GetFrequency方法完成频数求解。

根据上述原始数据，以下是每行、每列数据求出的频数统计结果（如图8-4所示）：

```
第 1 行频数：
3:1
4:1
5:1
第 2 行频数：
6:2
2:1
第 3 行频数：
9:1
4:1
3:1
第 4 行频数：
7:1
3:1
6:1
第 1 列频数：
3:1
6:1
9:1
7:1
第 2 列频数：
4:2
6:1
3:1
第 3 列频数：
5:1
2:1
3:1
6:1
```

图8-4　程序输出结果（频数）

客户端代码如下：

```
1    using System;
2    using System.Collections.Generic;
3    using MatrixLib;
4    namespace MatrixClient
5    {
6      class Program
7      {
8        // 专门输出字典数据的函数
9        static void Output<TKey, TValue>(IDictionary<TKey, TValue> dict) {
10         foreach(TKey key in dict.Keys) {
11           Console.WriteLine($"{key}:{dict[key]}" );
12         }
13       }
14       static void Main(string[] args)
15       {
16         // 调用Matrix静态方法LoadFromFile从指定文件中加载数据构建成矩阵对象
17         Matrix matrix = Matrix.LoadFromFile("TestData.txt", ",", "\r\n");
18         // 遍历每行数据,求解并输出频数统计
19         for(int i = 0; i < matrix.RowCount; i++) {
20           Console.WriteLine($"第 {i+1} 行频数:");
21           Output(matrix.GetFrequencyOnRow(i));
22         }
23         // 遍历每列数据,求解并输出频数统计
24         for(int j = 0; j < matrix.ColCount; j++) {
25           Console.WriteLine($"第 {j+1} 列频数:");
26           Output(matrix.GetFrequencyOnCol(j));
27         }
28       }
29     }
30   }
```

其中，用到了Matrix的静态方法LoadFromFile从指定文件中加载数据构建成矩阵对象。这个方法的代码具体参见Gitee的源码项目。

（四）众数

众数是在一组数据中出现频数最高的那个数，其借助GetFrequency方法先要求解出频数，才能计算出众数。

```
1      public class Matrix {
2        …
3        // 私有的,在一个字典数据中寻找出现频数最多的那些数据
4        private double[] GetMode(IDictionary<double, int> dict) {
5          var f = dict;
```

```
6            int max = f.Max(p=>p.Value); // 求解出频数最大值
7            // 首先用集合功能函数Where筛选出字典中频数最大的数据
8            // 其次用集合功能函数Select将字典中的Key，即样本数据取出
9            // 最后将取出的数据转换成为数组返回
10           return f.Where(p=>p.Value == max).Select(q=>q.Key).ToArray();
11        }
12        // 求解指定行数据的众数
13        public double[] GetModeOnRow(int rowIndex) {
14           return this.GetMode(this.GetFrequencyOnRow(rowIndex));
15        }
16        // 求解指定列数据的众数
17        public double[] GetModeOnCol(int colIndex) {
18           return this.GetMode(this.GetFrequencyOnCol(colIndex));
19        }
20     }
```

由于众数可能会有多个，所以上述方法返回结果为数组。

客户端代码如下：

```
1            for(int i = 0; i < matrix.RowCount; i++) {
2               Console.WriteLine($"第 {i+1} 行众数:");
3               Output(matrix.GetModeOnRow(i));
4            }
5            for(int j = 0; j < matrix.ColCount; j++) {
6               Console.WriteLine($"第 {j+1} 列众数:");
7               Output(matrix.GetModeOnCol(j));
8            }
```

众数统计结果，如图8-5所示。

```
第 1 行众数:
3 4 5
第 2 行众数:
6
第 3 行众数:
9 4 3
第 4 行众数:
7 3 6
第 1 列众数:
3 6 9 7
第 2 列众数:
4
第 3 列众数:
5 2 3 6
```

图8-5　程序输出结果（众数）

（五）中位数

中位数是一组数据经过排序后，处于中间位置的数据。其分为两种情况：如果这组数据为奇数个，那么就取中间索引号位置的数据为中位数；如果为偶数个，那么取中间两个位置的数据的平均数为中位数。

```
1   public class Matrix {
2       …
3       // 私有方法,求解一组数据的中位数
4       private double GetMedian(double[] array) {
5           var x = array.OrderBy(p=>p); // 首先排序数据
6           if(array.Length % 2 != 0) { // 判断数据个数是否为奇数
7               return x.ElementAt(array.Length / 2); // 奇数的情况
8           } else { // 偶数的情况
9               return (x.ElementAt(array.Length / 2 - 1) + x.ElementAt(array.Length / 2)) / 2.0;
10          }
11      }
12      // 求解指定行的中位数
13      public double GetMedianOnRow(int rowIndex) {
14          return this.GetMedian(this.GetRow(rowIndex)); // 嵌套调用 GetMedian 私有方法
15      }
16      // 求解所有行的中位数,并构建为一个新的矩阵作为返回值
17      public Matrix GetMedianOnRows() {
18          List<double> r = new List<double>();
19          for(int i = 0; i < this.RowCount; i++) {
20              r.Add(this.GetMedian(_elements[i])); // 嵌套调用 GetMedian 私有方法
21          }
22          return new Matrix(r.ToArray());
23      }
24      // 求解指定列的中位数
25      public double GetMedianOnCol(int colIndex) {
26          return this.GetMedian(this.GetCol(colIndex)); // 嵌套调用 GetMedian 私有方法
27      }
28      // 求解所有列的中位数,并构建为一个新的矩阵作为返回值
29      public Matrix GetMedianOnCols() {
30          double[][] r = new double[1][];
31          List<double> cols = new List<double>();
32          for(int j = 0; j < this.ColCount; j++) {
33              cols.Add(this.GetMedianOnCol(j));
34          }
35          r[0] = cols.ToArray();
36          return new Matrix(r);
37      }
38  }
```

这里定义的私有方法GetMedian只负责从一组数据中求解中位数，其他的基于矩阵行、列求中位数的方法均嵌套调用这个方法完成中位数求解。

客户端代码如下：

```
1    Console.WriteLine(matrix.GetMedianOnRows()); // 输出所有行的中位数
2    Console.WriteLine(matrix.GetMedianOnCols()); // 输出所有列的中位数
```

中位数统计结果，如图8-6所示。

```
4
6
4
6

6.5 4 4
```

图8-6　程序输出结果（中位数）

（六）标准差

标准差在实际数据分析与应用中有着重要的地位，反映了数据的离散程度。

```
37    public class Matrix {
38        …
39        // 私有方法,求解一组数据的标准差
40        private double GetStdDev(double[] array) {
41            // 首先调用集合数据功能函数Average求解平均值
42            double mean = array.Average();
43            // 再用Sum功能函数计算每个数据与均值的平方和
44            // 将算出的平方和除以自由度array.Length-1
45            // 最后用Math.Sqrt静态方法求解平方根即为标准差
46            return Math.Sqrt(array.Sum(p=>Math.Pow(p - mean, 2)/(array.Length - 1)));
47        }
48        // 求解指定行数据的标准差
49        public double GetStdDevOnRow(int rowIndex) {
50            return this.GetStdDev(this.GetRow(rowIndex));
51        }
52        // 求解每一行数据的标准差,并将结果构造成一个矩阵返回
53        public Matrix GetStdDevOnRows() {
54            List<double> r = new List<double>();
55            for(int i = 0; i < this.RowCount; i++) {
56                r.Add(this.GetStdDevOnRow(i));
57            }
58            return new Matrix(r.ToArray());
59        }
60        // 求解指定列数据的标准差
61        public double GetStdDevOnCol(int colIndex) {
```

```
62              return this.GetStdDev(this.GetCol(colIndex));
63          }
64          // 求解每一列数据的标准差,并将结果构造成一个矩阵返回
65          public Matrix GetStdDevOnCols() {
66              double[][] r = new double[1][];
67              List<double> cols = new List<double>();
68              for(int j = 0; j < this.ColCount; j++) {
69                  cols.Add(this.GetStdDevOnCol(j));
70              }
71              r[0] = cols.ToArray();
72              return new Matrix(r);
73          }
74      }
```

客户端代码如下：

```
1       Console.WriteLine(matrix.GetStdDevOnRows());// 求解所有行的标准差
2       Console.WriteLine(matrix.GetStdDevOnCols());// 求解所有列的标准差
```

标准差统计结果，如图 8-7 所示。

```
1
2.309401076758503
3.214550253664318
2.0816659994661326

2.5 1.2583057392117916 1.8257418583505536
```

图 8-7 程序输出结果（标准差）

上述运行结果中的前四行数据为所有行的标准差，最后一行的三个数据为所有列的标准差。

第二节 客户分类分析

客户分类是基于客户的属性特征所进行的有效性识别与差异化区分。客户分类以客户属性为基础，通常依据客户的社会属性、行为属性和价值属性。我们按照客户的价值属性，即成交金额、订单数，这两项数据进行客户分类，具体的分类决策见表 8-1。

表 8-1 客户分类决策表

成交金额	订单数	分 类
成交金额排名≥前 30%	订单数≥前 30%	高优客户
	后 30%<订单数<前 30%	优质客户
	订单数≤后 30%	潜优客户
后 30%<成交金额排名<前 30%	订单数≥前 30%	高频客户
	后 30%<订单数<前 30%	大众客户
	订单数≤后 30%	潜力客户
成交金额排名≤后 30%	订单数≥前 30%	尾端客户
	后 30%<订单数<前 30%	次级客户
	订单数≤后 30%	偶然客户

我们将用到第七章中“订单业务”案例的数据并作为实例进行客户分类分析。

一、获得客户数据

为了获得客户的成交金额、订单数的数据，需要借助第七章中的“订单业务”OrderLib项目，同时还需要将获得的客户数据构建成为一个矩阵。其具体步骤如下：

1. 首先用dotnet new console创建一个C#控制台应用工程“CsutomerClassfication”。

2. 然后在这个工程文件夹中用dotnet add reference ..\..\Chapter07\CASE03.Order\OrderLib命令引入OrderLib项目。

3. 再用dotnet add reference ..\MatrixLib命令引入MatrixLib项目。

4. 在“CsutomerClassfication”工程的主程序中编写代码，用于获取客户数据。

查看完整源代码

```
1   using System;
2   using System.Linq;
3   using OrderLib.Entities; // 引入OrderLib实体类的命名空间
4   using MatrixLib; // 引入矩阵的命名空间
5   namespace CustomerClassfication
6   {
7     class Program
8     {
9       static void Main(string[] args)
10      {
11        // 获得订单业务平台对象
12        BusinessPlatform platform = BusinessPlatform.Platform;
13        // 构造客户价值数据矩阵,第一列数据为成交金额,第二列数据为订单数
14        // 用lambda匿名函数构造矩阵的每一行数据
15        Matrix matrix = new Matrix(platform.Customers.Count, 2, i => {
16          Customer customer = platform.Customers[i]; // 获得第i行客户
17          double salesAmount = // 计算成交金额
18            platform.Orders.Where( // 先找出该客户的订单
19              o=>o.Customer == customer).Sum( // 再汇总订单明细的金额
20                c=>c.OrderDetails.Sum(od=>od.Amount));
21          double orderCount = // 计算订单数
22            platform.Orders.Count(o=>o.Customer == customer);
23         // 将成交金额和订单数构建成一个数组作为lambda匿名函数返回值
24          return new double[]{salesAmount, orderCount};
25        });
26        Console.WriteLine(matrix);
27      }
28    }
29  }
```

程序运行结果，如图8-8所示。

```
538.7 1
2587.9500000000003 6
7515.349999999999 7
13315 12
26968.149999999998 18
3239.8 7
19088 11
6383.8 4
25302.45 19
```

图8-8 程序输出结果（获得客户数据）

其中，第一列数据为成交金额，第二列数据为订单数。

二、计算百分位点数

为了能够计算成交金额和订单数的排名百分位点数情况，需要在Matrix对象中增加百分位点数的求解方法。

```
1    public class Matrix {
2        …
3        // 计算一组数 array 的百分位点 quantilePoints 数值
4        private double[] GetPercentQuantile(double[] array, params double[] quantilePoints) {
5            List<double> r = new List<double>();
6            int n = array.Length;
7            var oa = array.OrderBy(p=>p);
8            for(int k = 0; k < quantilePoints.Length; k++) {
9                double rankPercent = (n - 1) * quantilePoints[k];
10               double i = Math.Floor(rankPercent);
11               double j = rankPercent - i;
12               double oai1 = oa.ElementAt((int)i);
13               double oai2 = oa.ElementAt((int)i + 1);
14               r.Add((1-j)*oai1 + j*oai2);
15           }
16           return r.ToArray();
17       }
18       // 计算某一行的百分位点 quantilePoints 数值
19       public double[] GetPercentQuantileOnRow(int rowIndex,
20           params double[] quantilePoints) {
21           return this.GetPercentQuantile(this.GetRow(rowIndex), quantilePoints);
22       }
23       // 计算某一列的百分位点 quantilePoints 数值
24       public double[] GetPercentQuantileOnCol(int colIndex,
25           params double[] quantilePoints) {
26           return this.GetPercentQuantile(this.GetCol(colIndex), quantilePoints);
27       }
```

这里引入了计算百分位点数值的算法，通过GetPercentQuantile方法实现该算法。例如，给定 quantilePoints=[0.3, 0.7]，用于计算30%和70%的百分位点数值。这个函数相当于Excel中的PERCENTILE函数。

在主程序中增加一个数组输出函数，以及求解成交金额和订单数的[0.3, 0.7]的百分位点数值的代码如下：

```
1    class Program {
2        …
3        static void Output(double[] array) { // 输出数组
4            foreach(double x in array) {
5                Console.Write($"{x} ");
6            }
7            Console.WriteLine();
8        }
9        static void Main(string[] args)
10       {
11           …
12           double[] percentQuantileOfSalesAmount = // 求解成交金额的30%、70%百分位点数
13               matrix.GetPercentQuantileOnCol(0, 0.3, 0.7);
14           Output(percentQuantileOfSalesAmount);
15           double[] percentQuantileOfOrderCount = // 求解订单数的30%、70%百分位点数
16               matrix.GetPercentQuantileOnCol(1, 0.3, 0.7);
17           Output(percentQuantileOfOrderCount);
18       }
19   }
```

程序运行结果，如图8-9所示。

```
3490.02 16617.1
5 11
```

图8-9 程序输出结果（计算百分位点数）

其中，第一行为成交金额的两个百分位点数，第二行为订单数的两个百分位点数。

三、构造分类决策矩阵

在获得了成交金额和订单数的百分位点数之后，可以构造一个分类决策矩阵。

```
1        static void Main(string[] args)
2        {
3            …
4            // 调用Matrix包含lambda匿名函数的构造函数构建客户分类矩阵
5            Matrix customerClassMatrix = new Matrix(matrix.RowCount, 4, i => {
6                double salesAmount = matrix[i, 0]; // 获得第i行的成交金额
7                double orderCount = matrix[i, 1]; // 获得第i行的订单数
8                double customerCategory = 0; // 定义客户分类的标识变量
9                // 按照决策表中的两个条件构造多路分支if else语句，用于赋值客户分类标识变量
```

```
10            if( salesAmount >= percentQuantileOfSalesAmount[1] &&
11              orderCount >= percentQuantileOfOrderCount[1]) {
12                customerCategory = 1;
13            } else if(
14              salesAmount >= percentQuantileOfSalesAmount[1] &&
15              orderCount < percentQuantileOfOrderCount[1] &&
16              orderCount > percentQuantileOfOrderCount[0]) {
17                customerCategory = 2;
18            } else if(
19              salesAmount >= percentQuantileOfSalesAmount[1] &&
20              orderCount <= percentQuantileOfOrderCount[0]) {
21                customerCategory = 3;
22            } else if(
23              salesAmount < percentQuantileOfSalesAmount[1] &&
24              salesAmount > percentQuantileOfSalesAmount[0] &&
25              orderCount >= percentQuantileOfOrderCount[1]) {
26                customerCategory = 4;
27            } else if(
28              salesAmount < percentQuantileOfSalesAmount[1] &&
29              salesAmount > percentQuantileOfSalesAmount[0] &&
30              orderCount < percentQuantileOfOrderCount[1] &&
31              orderCount > percentQuantileOfOrderCount[0]) {
32                customerCategory = 5;
33            } else if(
34              salesAmount < percentQuantileOfSalesAmount[1] &&
35              salesAmount > percentQuantileOfSalesAmount[0] &&
36              orderCount <= percentQuantileOfOrderCount[0]) {
37                customerCategory = 6;
38            } else if(
39              salesAmount <= percentQuantileOfSalesAmount[0] &&
40              orderCount >= percentQuantileOfOrderCount[1]) {
41                customerCategory = 7;
42            } else if(
43              salesAmount < percentQuantileOfSalesAmount[0] &&
44              orderCount < percentQuantileOfOrderCount[1] &&
45              orderCount >= percentQuantileOfOrderCount[0]) {
46                customerCategory = 8;
47            } else if(
48              salesAmount <= percentQuantileOfSalesAmount[0] &&
49              orderCount <= percentQuantileOfOrderCount[0]) {
50                customerCategory = 9;
51            }
52            // 构造包含成交金额、订单数、客户分类标识三个数据的数组
```

```
53            return new double[]{salesAmount, orderCount, customerCategory};
54        });
```

四、输出分类决策矩阵

为了能够更好地输出客户分类决策矩阵，先要为Matrix定义一个按行格式输出矩阵内容的ToString重载方法。

```
1    public class Matrix {
2        …
3        // 该方法定义了一个lambda匿名函数作为参数
4        // 该lambda匿名函数带两个参数：
5        //   第一个参数为int类型,用于指明矩阵行号
6        //   第二个参数为double[]类型,用于给定该行数据
7        //   返回值是经过了格式化的该行数据字符串
8        public string ToString(Func<int, double[], string> format) {
9            StringBuilder sb = new StringBuilder();
10           for(int i = 0; i < this.RowCount; i++) {
11               sb.Append(format(i, _elements[i]));
12               sb.Append("\n");
13           }
14           return sb.ToString();
15       }
16   }
```

在主程序中调用该方法用于格式化输出客户分类矩阵。

```
1        static void Main(string[] args)
2        {
3            …
4            // 调用Matrix的ToString重载方法
5            Console.WriteLine(customerClassMatrix.ToString((i, row) => {
6                // row[0]为第i个客户的成交金额
7                // row[1]为第i个客户的订单数
8                // row[2]为第i个客户的分类标识
9                // 用嵌套的条件运算符将客户分类标识转换成可读的友好字符串
10               return string.Format("{0,15:C}{1,10}\t{2}\t{3}", row[0], row[1],
11                   row[2] == 1 ? "高优客户" :
12                   row[2] == 2 ? "优质客户" :
13                   row[2] == 3 ? "潜优客户" :
14                   row[2] == 4 ? "高频客户" :
15                   row[2] == 5 ? "大众客户" :
16                   row[2] == 6 ? "潜力客户" :
17                   row[2] == 7 ? "尾端客户" :
18                   row[2] == 8 ? "次级客户" :
```

```
19                  row[2] == 9 ? "偶然客户" :
20                  "未分类客户",
21                  // 从订单平台的客户列表中获取第i个客户的公司名称
22                  platform.Customers[i].CompanyName
23              );
24          }));
25      }
```

程序的部分输出结果，如图8-10所示。

```
    ￥538.70       1      偶然客户      三川实业有限公司
  ￥2,587.95       6      次级客户      东南实业
  ￥7,515.35       7      大众客户      坦森行贸易
 ￥13,315.00      12      高频客户      国顶有限公司
 ￥26,968.15      18      高优客户      通恒机械
  ￥3,239.80       7      次级客户      森通
 ￥19,088.00      11      高优客户      国皓
  ￥6,383.80       4      潜力客户      迈多贸易
 ￥25,302.45      19      高优客户      祥通
 ￥22,607.70      14      高优客户      广通
  ￥6,967.90      11      高频客户      光明杂志
  ￥1,814.80       6      次级客户      威航货运有限公司
    ￥100.80       1      偶然客户      三捷实业
```

图8-10　程序的部分输出结果

通过这个例子可以看出，基于矩阵的数据处理对于我们分析数据非常有帮助。

第三节　产品盈利分析

在“订单业务”案例中除了可以对客户进行分类分析，还可以利用矩阵对产品的盈利能力进行分析。下面我们就“销售利润排名前10的产品”和“订单平均销售利润排名前10的产品”两个问题进行求解。

一、获得产品销售数据

首先要获得产品的销售数据，包括产品编号、订单数、销售成本、销售收入、销售利润、订单平均销售利润。

由于本实例的代码较少，因此先给出所有主程序的代码。

1.创建Profit文件夹，并在Visual Studio Code的终端执行dotnet new console命令创建控制台应用。

2.执行dotnet add reference ..\MatrixLib命令，引入MatrixLib类库项目。

3.执行dotnet add reference ..\..\Chapter07\CASE03.Order\OrderLib命令，引入“订单业务”的类库项目。

4.在主程序Program.cs文件中输入以下代码：

查看完整源代码

```
1	using System;
2	using System.Linq;
3	using OrderLib.Entities;
4	using MatrixLib;
5	namespace Profit
6	{
7	   class Program
8	   {
9	      static void Main(string[] args)
10	      {
11	         //获得订单业务平台及加载所有数据
12	         BusinessPlatform platform = BusinessPlatform.Platform;
13	         //构建产品销售数据矩阵
14	         //构造函数第一个参数用于指定矩阵行数
15	         //构造函数第二个参数用于指定矩阵列数
16	         //构造函数第三个参数用于指定构建矩阵行数据的lambda匿名函数,参数i表示矩阵行号
17	         Matrix matrix = new Matrix(platform.Products.Count, 6, i => {
18	            var product = platform.Products[i]; //从平台的产品集中获得第i个产品
19	            double pid = product.ProductID; //获得产品编号
20	            double orderCount = platform.Orders.Where(
21	               o=>o.OrderDetails.Count(od=>od.Product == product) > 0
22	            ).Count(); //利用集合功能函数求解产品订单数
23	            double cost = platform.Orders.Sum(
24	               o=>o.OrderDetails.Where(
25	                  od=>od.Product == product).Sum(
26	                     pod=>pod.Quantity * product.UnitPrice * 0.6 //由于原始数据的成本价高于售价,
   为了说明本实例的问题,按原始数据的60%计算成本价
27	                  )
28	            ); //利用集合功能函数求解产品的销售成本
29	            double sale = platform.Orders.Sum(
30	               o=>o.OrderDetails.Where(
31	                  od=>od.Product == product).Sum(
32	                     pod=>pod.Amount
33	                  )
34	            ); //利用集合功能函数求解产品的销售收入
35	            //将上述求得的产品编号、订单数、销售成本、销售收入、利润、订单平均利润
36	            //构造成数组作为lambda匿名函数的返回值,以构建矩阵的一行数据
37	            return new double[]{
38	              pid, orderCount, cost, sale, sale - cost, (sale - cost)/orderCount};
39	         });
40	         //输出产品销售数据
41	         Console.WriteLine(matrix.ToString((i, row)=>{
42	            return string.Format("{0,-10}{1,-5:#}{2,10:#.00}{3,10:#.00}{4,10:#.00}{5,10:#.00}",
```

```
43                  row[0], row[1], row[2], row[3], row[4], row[5]);
44              }));
45              // 输出销售利润排名前10的产品
46              Console.WriteLine(matrix.OrderByCol(4, true).Slice(0,10).ToString((i, row)=>{
47                return string.Format("{0,-10}{1,-5:#}{2,10:#.00}{3,10:#.00}{4,10:#.00}{5,10:#.00}\t{6}",
48                  row[0], row[1], row[2], row[3], row[4], row[5],
49                  platform.Products.FirstOrDefault(p=>p.ProductID == row[0]).Name);
50              }));
51              // 输出订单平均销售利润排名前10的产品
52              Console.WriteLine(matrix.OrderByCol(5, true).Slice(0,10).ToString((i, row)=>{
53                return string.Format("{0,-10}{1,-5:#}{2,10:#.00}{3,10:#.00}{4,10:#.00}{5,10:#.00}\t{6}",
54                  row[0], row[1], row[2], row[3], row[4], row[5],
55                  platform.Products.FirstOrDefault(p=>p.ProductID == row[0]).Name);
56              }));
57          }
58      }
59  }
```

程序的输出结果，如图8-11所示。

```
38        24     98496.30 149984.20  51487.90   2145.33 绿茶
29        32     55408.40  87736.40  32328.00   1010.25 鸭肉
59        54     49368.00  76296.00  26928.00    498.67 光明奶酪
60        51     32170.80  50286.00  18115.20    355.20 花奶酪
62        48     32035.14  49827.90  17792.76    370.68 山楂片
51        39     28174.80  44742.60  16567.80    424.82 猪肉干
56        51     28819.20  45159.20  16340.00    320.39 白米
17        38     23166.00  35650.20  12484.20    328.53 猪肉
18        27     20212.50  31987.50  11775.00    436.11 墨鱼
28        33     17510.40  26865.60   9355.20    283.49 烤肉酱

38        24     98496.30 149984.20  51487.90   2145.33 绿茶
29        32     55408.40  87736.40  32328.00   1010.25 鸭肉
9         5       5529.00   8827.00   3298.00    659.60 鸡
27        9       9614.10  15231.50   5617.40    624.16 牛肉干
20        16     15211.80  23635.80   8424.00    526.50 桂花糕
59        54     49368.00  76296.00  26928.00    498.67 光明奶酪
18        27     20212.50  31987.50  11775.00    436.11 墨鱼
51        39     28174.80  44742.60  16567.80    424.82 猪肉干
8         13      8928.00  13760.00   4832.00    371.69 胡椒粉
62        48     32035.14  49827.90  17792.76    370.68 山楂片
```

图8-11　程序的输出结果

上述输出结果中的第一列到第七列的数据分别代表：产品编号、订单数、销售成本、销售收入、销售利润、订单平均销售利润、产品名称。并且，输出的上半部分为销售利润排名前10的产品信息，下半部分为订单平均销售利润排名前10的产品信息。输出结果中忽略了第41~44行代码对产品销售数据的全部输出。

产品销售数据的获取是通过第17~39行代码完成的，主要用到矩阵带lambda表达式的构造函数。其中，构造函数的前两个参数指定了矩阵的行数、列数，第三个参数为lambda匿名函数，该函数的参数i表示矩阵的第i行，以便于通过这个参数从业务平台的产品集合中把第i个产品找出来。程序中比较难以理解的是求解订单数、销售成本、销售收入的代码，通过嵌套使用集合数据的功能函数来完成。例如，求解产品product订单数的时候，首先使用Where功能函数把订单集合中满足订单明细包含product产品的订单筛选出来，然后再调用Count功能函数对筛选出来的订单对象进行计数，即得到产品product的订单数。而在筛选产品product订单的时候，又用到Count计数功能函数，用于判断订单"o"的明细中是否存在product产品，即Count计数的结果大于0，就表明明细中存在该产品，那么该订单"o"要被筛选出来。另外，需要注意的是原始数据中产品的UnitPrice单价要大于订单明细中的UnitPrice，本实例为了说明问题，特意将产品的UnitPrice按60%计算，以便于计算出来的利润为正数。

程序中的第41~44行代码，采用了之前增加的Matrix.ToString方法的一个重载版本，对矩阵进行格式化输出。

二、求销售利润排名前10的产品

上述代码中，第46~50行用于计算销售利润排名前10的产品信息。其中调用了Matrix.OrderByCol方法用于按照指定列号为4，即销售利润排序整个矩阵，且该方法的第二个参数取值为true，表示降序排列。该方法返回值为一个经过排序后的新矩阵对象，因此用级联调用的形式，调用了Matrix.Slice方法，进行数据的切片操作，即取出按照销售利润排序后的前10行数据。随后，继续采用级联调用方式调用Matrix.ToString方法格式化矩阵中的每行数据。

```
45          //输出销售利润排名前10的产品
46          Console.WriteLine(matrix.OrderByCol(4, true).Slice(0,10).ToString((i, row)=>{
47              return string.Format("{0,-10}{1,-5:#}{2,10:#.00}{3,10:#.00}{4,10:#.00}{5,10:#.00}\t{6}",
48                  row[0], row[1], row[2], row[3], row[4], row[5],
49                  platform.Products.FirstOrDefault(p=>p.ProductID == row[0]).Name);
50          }));
```

三、求订单平均销售利润排名前10的产品

该部分代码的第52~56行基本上与求解销售利润排名前10的产品一样，只是将排序列号改为5，由此按照订单平均销售利润进行降序排列矩阵。

```
51          //输出订单平均销售利润排名前10的产品
52          Console.WriteLine(matrix.OrderByCol(5, true).Slice(0,10).ToString((i, row)=>{
53              return string.Format("{0,-10}{1,-5:#}{2,10:#.00}{3,10:#.00}{4,10:#.00}{5,10:#.00}\t{6}",
54                  row[0], row[1], row[2], row[3], row[4], row[5],
55                  platform.Products.FirstOrDefault(p=>p.ProductID == row[0]).Name);
56          }));
```

第四节 销售业绩方差分析

方差分析技术是指检验两组及两组以上的样本数据在总体上的均值是否存在显著差异。在“订单业务”案例中，销售人员的业绩是否存在差异，可用来检验销售人员的能力是否对公司业绩产生影响。

例如，我们按照月份来比较“张颖”和“王伟”两位销售人员的业绩，可以得到以下的样本数据（如图8-12所示）：

```
199607      2018.60   1176.00
199608      6007.10   1814.00
199609      6883.70   2950.80
199610      4061.40   5725.70
199611     10261.20   4759.00
199612      9557.00   6409.20
199701      7331.60   3150.20
```

图8-12 期望得到的数据形式

其中，第一列数据为表示年份+月份的时间，第二列是张颖的销售业绩，第三列是王伟的销售业绩。如果将销售人员看成是影响公司业绩的因素，那么张颖和王伟代表了这个因素的两个水平。下面从方差分析的角度，检验两位销售人员的业绩是否存在显著差异。

一、获得销售人员业绩数据

首先获得销售人员的业绩数据，这个需要借助“订单业务”的OrderLib类库项目。

1.新建文件夹Anova。

2.在Visual Studio Code终端打开Anova文件夹，并输入命令dotnet new console，创建主程序项目。

3.继续在终端输入命令dotnet add reference ..\Chapter07\CASE03.Order\OrderLib，添加对OrderLib类库项目的引用。

4.在终端输入命令dotnet add reference ..\MatrixLib，添加矩阵操作的类库项目引用。

5.在主程序项目Program.cs文件中输入以下代码，用于构造张颖、王伟两位销售人员每个月份的销售业绩矩阵。

```
1    using System;
2    using System.Linq;
3    using System.Text;
4    using OrderLib.Entities;
5    using MatrixLib;
6    namespace Anova
7    {
8        class Program
9        {
```

查看完整源代码

```
10          static void Main(string[] args)
11          {
12              // 获得订单业务平台对象
13              BusinessPlatform platform = BusinessPlatform.Platform;
14              // 根据平台订单集合，构造出"年份+月份"的时间数据集
15              var yearMonth = platform. Orders. Select(o=>o. OrderDate. Year * 100.0 + o. OrderDate. Month).
        Distinct().ToArray();
16              // 按照年月时间数据集计算样本数
17              int sampleCount = yearMonth.Count();
18              // 构造矩阵对象，行数为样本数，列数为3
19              // 通过lambda匿名函数构造矩阵的每行数据，即按年份和月份计算的业绩样本
20              Matrix matrix = new Matrix(sampleCount, 3, i=> {
21                  // 计算张颖 yearMonth[i] 这个月份的业绩
22                  double zperf = platform.Orders.Where(
23                      o=>o.Employee.Name == "张颖" &&
24                          o.OrderDate.Year * 100.0 + o.OrderDate.Month == yearMonth[i]).Sum(
25                      eo=>eo.Amount);
26                  // 计算王伟 yearMonth[i] 这个月份的业绩
27                  double wperf = platform.Orders.Where(
28                      o=>o.Employee.Name == "王伟" &&
29                          o.OrderDate.Year * 100.0 + o.OrderDate.Month == yearMonth[i]).Sum(
30                      eo=>eo.Amount);
31                  // 构造数组，数据依次为：时间、张颖业绩、王伟业绩
32                  return new double[]{yearMonth[i], zperf, wperf};
33              });
34              // 利用Matrix.ToString重载方法格式化输出矩阵数据
35              Console.WriteLine(matrix.ToString((i, row)=>{
36                  return string.Format("{0}\t{1,10:#.00}{2,10:#.00}", row[0], row[1], row[2]);
37              }));
38          }
39      }
40  }
```

这段代码的运行结果，如上图8-12所示。

二、扩展矩阵功能

为了能够进行方差计算，需要扩展Matrix类的一些功能。

（一）遍历矩阵的行与列

提供矩阵遍历所有行以及所有列的功能方法。

```
1       public class Matrix {
2           …
```

```
3        //遍历每一列,参数为lambda表达式,用于处理遍历到的每一列的数据
4        public void ForEachCol(Action<int, double[]> action) {
5          for(int j = 0; j < this.ColCount; j++) {
6            action(j, this.GetCol(j));
7          }
8        }
9        //遍历每一行,参数为lambda表达式,用于处理遍历到的每一行的数据
10       public void ForEachRow(Action<int, double[]> action) {
11         for(int i = 0; i < this.RowCount; i++) {
12           action(i, this.GetRow(i));
13         }
14       }
15     }
```

(二) 修改矩阵的每个数值

为了减少客户端代码，当需要修改矩阵数据值的时候，无需撰写循环语句，需要扩展出 Matrix.ChangeValues 方法。

```
1      public class Matrix {
2        …
3        public void ChangeValues(Func<int, int, double> changing) {
4          for(int i = 0; i < this.RowCount; i++) {
5            for(int j = 0; j < this.ColCount; j++) {
6              _elements[i][j] = changing(i, j); // 调用lambda表达式用于计算修改值
7            }
8          }
9        }
10     }
```

这个方法参数是一个 lambda 表达式，用于处理遍历到的每个矩阵数值，该 lambda 表达式代表的匿名函数带有两个参数 i、j，分别表示遍历到的当前行号、列号，其返回值是经过修改之后的数值。

(三) 计算整个矩阵的均值

之前提供的求均值方法只针对行或者列，没有针对整个矩阵。为此，增加一个对整个矩阵数值求均值的方法。

```
1      public class Matrix {
2        …
3        public double GetMean() {
4          return _elements.Average(p=>p.Average());
5        }
6      }
```

（四）矩阵的值乘运算

矩阵的值乘运算不同于矩阵的相乘，也不同于矩阵的数乘。值乘运算是将两个行数、列数完全相同的矩阵的每一位数值进行相乘，以获得一个新的同行数、同列数矩阵（如图 8-13所示）。

$$\begin{bmatrix}1 & 2 & 3\\4 & 5 & 6\end{bmatrix}\text{值乘}\begin{bmatrix}4 & 5 & 9\\3 & 2 & 1\end{bmatrix}=\begin{bmatrix}4 & 10 & 27\\12 & 10 & 6\end{bmatrix}$$

图 8-13　矩阵的值乘

```
1    public class Matrix {
2        …
3        // 两个矩阵之间的值乘运算
4        public Matrix ValueMultiple(Matrix other) {
5            Matrix matrix = new Matrix(this.RowCount, this.ColCount, i => {
6                double[] r = new double[this.ColCount];
7                for(int j = 0; j < this.ColCount; j++) {
8                    r[j] = this.GetValue(i, j) * other.GetValue(i, j);
9                }
10               return r;
11           });
12           return matrix;
13       }
14       // 重载一个版本,参数为一个数值,这等价于数乘运算
15       public Matrix ValueMultiple(double value) {
16           Matrix matrix = new Matrix(this.RowCount, this.ColCount, i => {
17               double[] r = new double[this.ColCount];
18               for(int j = 0; j < this.ColCount; j++) {
19                   r[j] = this.GetValue(i, j) * value;
20               }
21               return r;
22           });
23           return matrix;
24       }
25   }
```

（五）矩阵的值加运算

矩阵的值加运算，其与值乘运算是一样的，只是由乘法运算改成了加法运算。

```
1    public class Matrix {
2        …
3        // 两个矩阵对应位置上的数值相加,构成一个新的矩阵
4        public Matrix ValueAdd(Matrix other) {
5            Matrix matrix = new Matrix(this.RowCount, this.ColCount, i => {
6                double[] r = new double[this.ColCount];
```

```
7               for(int j = 0; j < this.ColCount; j++) {
8                   r[j] = this.GetValue(i, j) + other.GetValue(i, j);
9               }
10              return r;
11          });
12          return matrix;
13      }
14      // 重载一个版本,参数为一个数值,这等价于数加运算
15      public Matrix ValueAdd(double value) {
16          Matrix matrix = new Matrix(this.RowCount, this.ColCount, i => {
17              double[] r = new double[this.ColCount];
18              for(int j = 0; j < this.ColCount; j++) {
19                  r[j] = this.GetValue(i, j) + value;
20              }
21              return r;
22          });
23          return matrix;
24      }
25  }
```

三、计算方差

为了能够计算方差，在主程序中定义一个专门用于方差分析的class。

1.由于要计算F-Value的概率分布值，因此引入Math.NET的第三方NuGet开源库。

2.在终端执行命令dotnet add package Math.Net.Numerics。

3.实际上，Math.NET中包括了方差分析的功能，但我们为了说明问题，通过操作来实现一个方差分析类，以了解整个方差分析的数据计算过程。

4.在主程序中增加命名空间引入“using MathNet.Numerics.Distributions;”。

5.在主程序中定义出Anova类及其属性。

```
1   class Anova {
2       public Anova(Matrix matrix, double signification) {
3           this.Matrix = matrix;
4           this.Signification = signification;
5           this.DegreeOfFree1 = this.Matrix.ColCount - 1;
6           this.DegreeOfFree2 =
7               this.Matrix.RowCount * this.Matrix.ColCount - this.Matrix.ColCount;
8       }
9       public double DegreeOfFree1 { // 自由度1
10          get; private set;
11      }
12      public double DegreeOfFree2 { // 自由度2
13          get; private set;
```

```
14        }
15        public double Signification { // 显著性水平
16          get; private set;
17        }
18        public Matrix Matrix { // 用于方差分析的数据矩阵
19          get; private set;
20        }
21        public Matrix SampleCount { // 每个水平的样本数
22          get; private set;
23        }
24        public Matrix SampleSum { // 每个水平的样本和
25          get; private set;
26        }
27        public Matrix SampleAvg { // 每个水平的样本均值
28          get; private set;
29        }
30        public Matrix SampleVar { // 每个水平的样本方差
31          get; private set;
32        }
33        public double SSB { // 组间变异
34          get; private set;
35        }
36        public double MSB { // 组间均方
37          get; private set;
38        }
39        public double SSE { // 组内变异
40          get; private set;
41        }
42        public double MSE { // 组内均方
43          get; private set;
44        }
45        public double FValue { // F值
46          get; private set;
47        }
48        public double FCritical { // F临界值
49          get; private set;
50        }
51        public bool IsAccepted { // 是否接受原假设,即"无差异"时为 true
52          get; private set;
53        }
```

Anova类的构造函数定义了两个参数。其中，一个参数是用于方差分析的数据矩阵，这个矩阵以每一列的数据代表一个因素水平；另一个参数是用于计算是否接受原假设下的显著性水平，一般取值为0.05、0.01、0.001等。

6.方差分析结果求解。

上述属性主要是用来描述方差分析结果的，构造函数是用来接受方差分析数据的，但还需要定义一个方法用来求解方差分析结果。

```
1       class Anova {
2         …
3         // 方差分析结果求解
4         public void Solve() {
5           // 为每个水平构建一个样本数,以矩阵形式记录
6           this.SampleCount = new Matrix(1, this.Matrix.ColCount, i=> {
7             double[] r = new double[this.Matrix.ColCount];
8             for(int j = 0; j < this.Matrix.ColCount; j++) {
9               r[j] = this.Matrix.RowCount;
10            }
11            return r;
12          });
13          // 求解每个水平的样本和,以矩阵形式记录
14          this.SampleSum = this.Matrix.SumOnCols();
15          // 求解每个水平的样本均值,以矩阵形式记录
16          this.SampleAvg = this.Matrix.GetMeanOnCols();
17          // 求解每个水平的样本方差,以矩阵形式记录
18          this.SampleVar = this.Matrix.GetStdDevOnCols(); // 先求标准差
19          // 再用新增的 Matrix.ChangeValues 方法修改标准差矩阵的数值为样本方差
20          this.SampleVar.ChangeValues((i,j)=> Math.Pow(this.SampleVar[i,j], 2));
21          // 求解所有样本数据的均值
22          double meanOfAll = this.Matrix.GetMean();
23          // 求解组间变异:SSB = ∑_{j=1}^{c} n_j(x̄_j - x̿)^2,c 为水平数,n_j 为第 j 个水平样本数
24          // 首先针对每个水平均值进行矩阵值加运算,得到 c 个(x̄_j - x̿)值
25          // 然后用矩阵值乘运算求解平方,得到 c 个(x̄_j - x̿)^2 值
26          // 再次对矩阵值乘样本数矩阵,得到 c 个 n_j(x̄_j - x̿)^2 值
27          // 最后对矩阵求和,得到∑_{j=1}^{c} n_j(x̄_j - x̿)^2,即算出 SSB
28          this.SSB = this.SampleAvg.ValueAdd(-meanOfAll).ValueMultiple(
29            this.SampleAvg.ValueAdd(-meanOfAll)).ValueMultiple(
30            this.SampleCount).Sum();
31          // 用 SSB 除以第一个自由度,即得到 MSB
32          this.MSB = this.SSB / this.DegreeOfFree1;
33          // 遍历每个水平的样本,求解 SSE
34          this.Matrix.ForEachCol((j, col)=> {
35            // 求解第 j 个水平的∑_{i=1}^{n_j}(x_ij - x̄_j)^2,并累加到 SSE 属性
```

```
36              this.SSE += col.Select(p=>Math.Pow((p - this.SampleAvg[0, j]), 2)).Sum();
37          });
38          // 用SSE除以第二个自由度，即得到MSE
39          this.MSE = this.SSE / this.DegreeOfFree2;
40          // 求出MSB/MSE的比值，即得到FValue
41          this.FValue = this.MSB / this.MSE;
42          // 利用 MathNet.Numerics 中的F分布对象求解 F_sig.(df1,df2) 临界值
43          FisherSnedecor fs = new FisherSnedecor(this.DegreeOfFree1, this.DegreeOfFree2);
44          this.FCritical = fs.InverseCumulativeDistribution(1 - this.Signification);
45          // 根据 F < F_sig.(df1,df2) 判定是否接受原假设，即各水平之间的总体均值无差异
46          this.IsAccepted = (this.FValue < this.FCritical);
47      }
48  }
```

7.重写ToString方法，用于格式化输出方差分析结果。

```
1       public override string ToString()
2       {
3           StringBuilder sb = new StringBuilder();
4           sb.AppendFormat("SUMMARY\n");
5           sb.AppendFormat("-----------------------------\n");
6           sb.AppendFormat("GROUP  CNT     SUM     AVG      VAR\n");
7           sb.AppendFormat("-----------------------------\n");
8           for(int j = 0; j < this.Matrix.ColCount; j++) {
9               sb.AppendFormat("{0,-5} {1,5:#} {2,10:#.00} {3,10:#.00} {4,10:#.00}\n",
10                  j,
11                  this.SampleCount[0,j],
12                  this.SampleSum[0, j],
13                  this.SampleAvg[0, j],
14                  this.SampleVar[0, j]);
15          }
16          sb.AppendFormat("-----------------------------\n");
17          sb.AppendFormat("ANALYSIS\n");
18          sb.AppendFormat("----------------------------------------\n");
19          sb.AppendFormat("DIFFS          SS   df       MS     FVal     FCri \n");
20          sb.AppendFormat("----------------------------------------\n");
21          sb.AppendFormat("GROUP-B {0,15:#.00} {1,5:#} {2,15:#.00} {3,10:#.00} {4,10:#.00}\n", this.
    SSB, this.DegreeOfFree1, this.MSB, this.FValue, this.FCritical);
22          sb. AppendFormat("GROUP-E {0, 15: #. 00} {1, 5: #} {2, 15: #. 00}\n", this. SSE, this.
    DegreeOfFree2, this.MSE);
23          sb.AppendFormat("----------------------------------------\n");
24          sb.AppendFormat("RESULT: {0}", this.IsAccepted);
25          return sb.ToString();
26      }
```

8.在主函数中增加对Anova对象的Solve方法的调用，以得到方差分析结果。

```
1        static void Main(string[] args) {
2            …
3            Anova anova = new Anova(matrix.Slice(0, matrix.RowCount, 1, 3), 0.05);
4            anova.Solve();
5            Console.WriteLine(anova);
6        }
```

程序的运行结果，如图8-14所示。

```
SUMMARY
--------------------------------------------
GROUP  CNT       SUM        AVG         VAR
--------------------------------------------
0       23  202525.21   8805.44 33769473.55
1       23  177749.26   7728.23 62788837.08
--------------------------------------------
ANALYSIS
------------------------------------------------------------------
DIFFS               SS    df              MS        FVal      FCri
------------------------------------------------------------------
GROUP-B      13344515.18   1     13344515.18         .28      4.06
GROUP-E    2124282833.74  44     48279155.31
------------------------------------------------------------------
RESULT: True
```

图8-14　程序的运行结果

最终的结果RESULT为：True表明张颖和王伟两位销售人员在销售水平上无显著差异，他们对企业销售业绩的影响不分伯仲。

我们可以将主函数中的人员换成其他几位销售人员，例如，张颖和张雪眉，其结果是存在显著差异的。读者可以自行修改销售人员进行测试，以观察不同的销售人员之间的水平差异。

本章练习

一、简答题

1.请简述矩阵运算中的索引和切片操作的区别。

2.请简述矩阵运算在数据分析中的作用。

3.请简述数据分析中常用的集合数据功能函数有哪些。

二、设计题

1.请利用“订单业务”案例中的数据及OrderLib类库与MatrixLib类库，编写主程序代码用于分析销售波动最大的前3个产品。

2.请利用“订单业务”案例中的数据及OrderLib类库与MatrixLib类库，以及Anova程序集，编写主程序代码用于分析销售人员职位（Employee.Title）对销售业绩的影响是否存在显著差异。

参考文献

［1］ IVANOVA A, SRIKANT S, FEDORENKO E, et al. Comprehension of computer code relies primarily on domain-general executive brain regions ［EB/OL］. ［2020-12-15］. https://elifesciences.org/articles/58906, MIT.

［2］ WHITE G, SIVITANIDES M. Cognitive differences between procedural programming and object oriented programming ［J］. Information Technology and Management, 2005, 6(10): 333-350.

［3］ JOST J. Object oriented models vs. data analysis-Is this the right alternative?. In: Lenhard J., Carrier M. (eds) Mathematics as a Tool ［J］. Boston Studies in the Philosophy and History of Science, 2017, 327(4): 253-286.

［4］ MARRON J S, ALONSO A M. Overview of object oriented data analysis ［J］. Biometrical Journal, 2014, 56(5): 732-753.

［5］ SUZUKIA J, NAKATANIB T, OHHARA T, et al. Object-oriented data analysis framework for neutron scattering experiments ［J］. Nuclear Instruments and Methods in Physics Research Section A: Accelerators, Spectrometers, Detectors and Associated Equipment, 2009, 6(1): 123-125.

［6］ DAWSON L. Cognitive processes in object-oriented requirements engineering practice: Analogical reasoning and mental modelling ［C］. Information Systems Development, Springer, New York, 2013: 115-128.

［7］ KHIALIA L, IENCOAB D, TEISSEIRE M. Object-oriented satellite image time series analysis using a graph-based representation ［J］. Ecological Informatics, 2018, 43(1): 52-64.

［8］ ALESSANDRA M, PIERCESARE S. Statistical analysis of complex and spatially dependent data: A review of object oriented spatial statistics ［J］. European Journal of Operational Research, Elsevier, 2017, 258(2): 401-410.

［9］ PEDRONI M, MEYER B. Object-oriented modeling of object-oriented concepts. In: Hromkovič J., Královič R., Vahrenhold J. (eds) Teaching Fundamentals Concepts of Informatics. ISSEP 2010 ［J］. Lecture Notes in Computer Science, 2010, 5941: 155-169.

［10］ OLDFORD R W, PETERS S C. Object-oriented data representations for statistical data analysis ［M］. COMPSTAT , 1986.

［11］ 陈良敏. C#面向对象设计教学做一体化教程 ［M］. 合肥：安徽大学出版社，2016.

［12］ 丁智国，钱婕. 面向对象程序设计课程教学改革 ［J］. 计算机教育，2011(9): 9-12.

［13］ 何林波，昌燕，索望. 面向对象程序设计（Java）［M］. 西安：西安电子科技大

学出版社，2016.

［14］李春葆，曾平，喻丹丹．C#程序设计教程［M］．北京：清华大学出版社，2010.

［15］李梅莲，等．面向对象C++程序设计［M］．北京：中国电力出版社，2014.

［16］林南．面向对象程序设计课程的研究［J］．计算机光盘软件与应用，2013(7)：176-177.

［17］刘瑞新，等．面向对象程序设计教程（C#版）［M］．北京：机械工业出版社，2018.

［18］马石安，魏文平．面向对象程序设计教程（C++语言描述）［M］．北京：清华大学出版社，2007.

［19］阮敬．提升编程能力在数据科学领域占有一席之地［J］．中国统计，2020(1)：15-16.

［20］石兵，等．数据科学与大数据技术专业建设研究与实践［J］．计算机教育，2021(4)：88-92.

［21］史伟，等．面向对象的课程立体化教材探析——以高职护理课程为例［J］．新校园（上旬刊），2014(7)：89-89.

［22］宋海玉，等．面向对象程序设计课程建设的探索与实践［J］．计算机教育，2009(5)：91-94.

［23］杨晓燕．基于应用的Java面向对象程序设计课程研究与教材建设［J］．计算机教育，2012(3)：42-45.

［24］杨选辉，等．信息系统分析与设计［M］．北京：清华大学出版社，2007.

［25］叶乃文，等．面向对象程序设计Java版［M］．北京：清华大学出版社，2004.

［26］殷朝晖，刘子涵．知识管理视域下新工科人才培养模式研究［J］．高校教育管理，2021，15(3)：83-91.

［27］詹自胜．案例教学法在面向对象程序设计教学中的探索与实践［D］．浙江师范大学，2006.

［28］赵艳芳，潘文林．数据科学与大数据技术专业程序设计课程教学初探［J］．云南民族大学学报（自然科学版），2021，30(3)：298-300.

［29］郑金洲．行动研究：一种日益受到关注的研究方法［J］．上海高教研究，1997(1)：27-31.